Die Isolierung elektrischer Maschinen.

Von

H. W. Turner, und **H. M. Hobart,**
Associate A. I. E. E.   M. I. E. E., Mem. A. I. E. E.

Deutsche Bearbeitung

von

A. von Königslöw und **R. Krause,**
Ingenieure.

Mit 166 Textfiguren.

Berlin.
Verlag von Julius Springer.
1906.

ISBN-13:978-3-642-89187-8   e-ISBN-13:978-3-642-91043-2

DOI: 10.1007/978-3-642-91043-2

Softcover reprint of the hardcover 1st edition 1906

Vorwort der Übersetzer.

Das im Anfang dieses Jahres erschienene Buch der beiden auch in Deutschland geschätzten Verfasser, der Herren H. W. Turner und H. M. Hobart, The Insulation of Electric Machines, ist das erste, welches das Verhalten und die Verwendung der gebräuchlichen Isoliermittel zusammenhängend und umfassend behandelt.

Da die Isolation eine Lebensfrage der elektrischen Maschine ist und da in der deutschen Literatur nur verhältnismäßig wenige Abhandlungen über die in Frage kommenden Verhältnisse veröffentlicht sind, die obendrein meist nur ein eng begrenztes Spezialgebiet von wenig praktischem Interesse behandeln, so schien es wünschenswert, das Werk der englischen Verfasser dem weiteren deutschen Leserkreise durch Übersetzung ins Deutsche zugänglicher zu machen.

Die Übersetzer sind den Verfassern für die Zuvorkommenheit, mit der sie ihre Zustimmung zu der Übersetzung gaben, zu großem Danke verpflichtet. Ferner möchten die Übersetzer auch an dieser Stelle besonders Herrn H. M. Hobart für das rege Interesse und die zahlreichen Unterstützungen während der Übersetzung ihren verbindlichsten Dank aussprechen.

Die Übersetzung hält sich im allgemeinen streng an den Originaltext; es sind nur wenige Änderungen in der Anordnung des Stoffes vorgenommen, die der besseren Übersichtlichkeit wegen ratsam erschienen; ferner wurden nach Möglichkeit Fabrikate und Isolierungsmethoden deutscher Firmen berücksichtigt. Wenn in der Übersetzung eigentlich nur die Ansichten englischer und amerikanischer Autoren wiedergegeben wurden, so hat das eben seinen Grund darin, daß bisher von seiten der deutschen hierzu berufenen Autoritäten aus Praxis und Wissenschaft eine Veröffentlichung der

Erfahrungen und Untersuchungen auf dem Isolationsgebiet anscheinend nicht für der Mühe wert erachtet worden ist.

Die Vernachlässigung eines so wichtigen Gegenstandes zeigt sich auch deutlich darin, daß nicht nur einheitliche Bezeichnungen für die in Frage kommenden Erscheinungen fehlen, sondern daß auch die Erscheinungen selbst nicht genügend beobachtet, zum wenigsten nicht beschrieben und erklärt sind.

Hierin lag auch eine der Hauptschwierigkeiten der Übersetzung, die z. B. bei Hochspannungsisolationen auftretenden störenden Einflüsse zu beschreiben. Es sei hier speziell an Oberflächenleitung, Büschelentladung, Spannungserhöhungen erinnert, alles Erscheinungen, die dem Fachmann scheinbar vertraut sind, über die aber genaue Untersuchungen, die wenigstens für die Praxis brauchbar wären, nicht vorliegen.

Vielleicht ist der Grund in der zu großen Ausdehnung des Gebietes der elektrotechnischen Wissenschaft zu suchen, die es dem einzelnen unmöglich macht, neben dem allgemeinen das Spezialgebiet genau genug zu durchforschen, während der Spezialist zu leicht den Zusammenhang mit dem Allgemeinen verliert und sich mit seinen Untersuchungen immer mehr in ihn vielleicht besonders interessierende, für die Allgemeinheit aber unfruchtbare Einzelheiten verliert.

Daß ein Werk, welches auf einem so dürftig bearbeiteten Gebiet als erstes eine umfassende Behandlung vornimmt, nicht ein nach jeder Richtung hin abgeschlossenes Ganzes bilden kann, ist klar; ferner ist ebenso selbstverständlich, daß das Buch nicht jedem Konstrukteur die auf seinen Fall zugeschnittenen Anweisungen gibt.

Dagegen gibt das Buch dem Konstrukteur, dem Fabrikanten von Isoliermaterial und dem konsultierenden Ingenieur, der die Lieferungsbedingungen aufstellt und die fertige Anlage prüft, einen vorzüglichen Überblick über das, was Isolation leisten muß, und das, was sie leisten kann, ferner darüber, wie er die Eigenschaften im einzelnen Fall zu beurteilen und zu prüfen hat.

Wer der Überzeugung ist, daß wir es durch praktische Erfahrung auf dem Gebiete der Isolation schon weit genug gebracht hätten, der möge sich überlegen, weshalb die Einführung des elektrischen Antriebes für Wasserhaltungen und Förderanlagen im Bergbau auf so große Schwierigkeiten stößt. Er wird finden, daß der Bergbau die Elektrizität als bequemes Hilfsmittel überall gern verwendet, nur nicht dort, wo es sich um eine Lebensfrage für ihn handelt, nämlich bei der Wasserhaltung und Förderung. Dafür ist ihm die elektrische Maschine nicht „zuverlässig" genug. Das liegt aber hauptsächlich in der Vernachlässigung des Studiums der Isolation und ihrer Eigenschaften.

Kurz vor der Drucklegung erschien noch eine interessante Abhandlung von KINZBRUNNER, Wiener Zeitschrift, 1905, No. 38, über den Einfluß der Zeit auf die Durchschlagsspannung, auf die an dieser Stelle hingewiesen sein möge.

Den deutschen Firmen, welche die Übersetzer durch Mitteilungen über ihr Material, sowie durch Abbildungen in liebenswürdiger Weise unterstützten, sagen wir unseren besten Dank.

Mittweida i. S., im Dezember 1905.

Die Übersetzer.

Inhalt.

IX. Kapitel.

Wärmeableitende Imprägniermaterialien.

X. Kapitel.

Öl für Isolierungszwecke.

XI. Kapitel.

Die Untersuchung von flüssigen Isoliermaterialien.

XII. Kapitel.

Insolationseigenschaften von Papier und anderen Fasermaterialien in dünnen Schichten.

XIII. Kapitel.

Imprägnierte Gewebe.

XIV. Kapitel.
Einfluß der Temperatur auf Fasermaterialien und Gewebe.

XV. Kapitel.
Isoliereigenschaften von Zelluloid · · · · · · 200

XVI. Kapitel.
Isolierung von Leitergruppen in Anker-Nuten.

XVII. Kapitel.
Raumausnutzung der Wicklung.

XVIII. Kapitel.
Die Isolation der Feldspulen.

XIX. Kapitel.
Die Isolierung von Transformatoren.

Seite

XX. Kapitel.

Die Isolation von Ankerscheiben und Blechen.

XXI. Kapitel.

Bandumwickelmaschinen und Bänder.

XXII. Kapitel.

Das Austrocknen von Isolationsmaterial und die
Vakuum-Trockenöfen.

XXIII. Kapitel.

Werkzeuge und Hilfsmittel für die Isolierung.

XXIV. Kapitel.
Vorschriften für Isolationen und Isolationsmessungen.

Erstes Kapitel

Einleitende Betrachtungen.

In der Herstellung elektrischer Maschinen, speziell was die angewandten Isolierungsmethoden anbelangt, sind in den letzten Jahren sehr erhebliche Fortschritte gemacht. Trotzdem scheint es, als ob man gerade auf diesem Gebiete mehr als nötig im Dunkeln tappt, und es ist die Absicht der Verfasser, die über diesen Gegenstand gesammelten Beobachtungen und Erfahrungen in brauchbarer Form zusammenzufassen.

In vielen Fällen sind diese Erfahrungen vollständige und von entschieden praktischer Bedeutung, sie können als Gewinn der letzten 20 Jahre gelten, als Nutzen der Bemühungen auf dem Gebiete des Entwurfs, der Ausführung und Prüfung von Wicklungs- und Isolierungsarten seitens der bedeutendsten Fabriken in Europa und Amerika.

In der elektrischen Maschine ist die Isolation eine Lebensfrage. Trotzdem liegen genügend Beweise vor, daß in der Praxis gerade auf dem Gebiete der Isolierung im allgemeinen mehr die zufällige und persönliche Ansicht maßgebend ist, als ein eingehendes Studium der besonderen Anforderungen jedes einzelnen Falles. Auch für deutsche Verhältnisse sind diesbezügliche Aussprüche amerikanischer Autoren durchaus zutreffend: „Es ist eine feststehende Tatsache, daß die Elektrotechniker bei dem wichtigsten Bestandteil ihrer Erzeugnisse die Methoden der angewandten Chemie vernachlässigt haben.[1]) Sie sind munter immer weiter und weiter fortgeschritten, unbekümmert um wichtige, allbekannte chemische Gesetze, und haben sich auf die Geschicklichkeit ihrer Verkaufsabteilungen verlassen, nämlich den Käufern die Verantwortlichkeit für die aus Störungen an den elektrischen Maschinen entstehenden Verluste in die Schuhe

---

[1]) C. E. Farrington, Franklin-Institute, 12. März 1903.

zu schieben, anstatt selbst durch gewissenhaftes Studium die Ursachen der Störungen zu vermeiden."

„Die Ursache für die Unklarheit auf diesem Gebiete hat ihren Grund darin, daß im allgemeinen die Isolierungsabteilung einem jüngeren Ingenieur mit geringer praktischer Erfahrung unterstellt ist. Häufig ist der Betreffende vielleicht eine tüchtige und geeignete Kraft; er macht dann eine Unmenge von Versuchen, die schon aber und abermals von anderen bereits angestellt, aber nicht veröffentlicht sind; dadurch meint er allerhand Gutes gefunden zu haben; wenn er nun nach einem Jahr vielleicht allmählich sieht, mit welchen Defekten seine Maschinen zur Reparatur kommen, und nun anfängt tatsächlich etwas zu lernen, so rückt er in eine bessere Stellung ein und dem nächsten geht es genau ebenso."[1])

Die wichtigsten Anforderungen, die man an gute Isolationsmaterialien stellen muß, sind folgende:

1. hohes Isolationsvermögen;
2. zäh und widerstandsfähig gegen mechanische Beanspruchung, besonders gegen Erschütterungen;
3. biegsam und nicht brüchig;
4. lange Lebensdauer;
5. dicht gegen Feuchtigkeit, nicht hygroskopisch;
6. hitzebeständig;
7. unempfindlich gegen Säuren;
8. derartige Verwendungsart und -form, daß eine gute Raumausnutzung möglich ist.

Die Notwendigkeit der aufgezählten Eigenschaften ergibt sich im allgemeinen ohne weiteres, zu 7 sei indes folgendes bemerkt: Neu gewickelte Anker zeigen häufig anfangs starke elektrolytische Tätigkeit, selbst wenn sie nicht imprägniert sind. Diese wird hervorgerufen durch die Säuren und die Feuchtigkeit, die in der Baumwollumhüllung des Kupferleiters enthalten sind. Die elektrolytische Tätigkeit durchtränkt die Baumwollschicht mit Kupfersalzen und hebt die isolierende Wirkung auf.[2])

Durch Trocknen des Ankers im Ofen wird diese elektrolytische Tätigkeit beseitigt, wenn die Atmosphäre nicht zuviel Feuchtigkeit enthält, da die Ankerisolation diese leicht in sich aufnehmen würde.

---

[1]) Fessenden, Insulation and Conduction; Trans. Amer. Inst. Elec. Engrs. 1898, S. 156.

[2]) Aus einer Veröffentlichung der Massachusetts Chemical Co.

Die chemischen Vorgänge werden sichtbarer und verderblicher, wenn sie in Ankern auftreten, welche mit Lacken behandelt sind, die Schellack, Kopal, Kauri, Zansibar-Gummi enthalten, aus dem einfachen Grunde, weil diese Stoffe aus schlecht gebundenen Harzen und Gummisäuren zusammengesetzt sind. Diese Säureverbindungen werden durch die elektrolytischen Vorgänge und durch Oxydation zersetzt, greifen, sobald sie frei sind, den Kupferleiter an und verursachen einen außerordentlichen Abfall der Isolationswirkung; daher rührt also die so oft in Anker- und Feldspulen beobachtete Grünspanbildung.

Bezüglich der Bezeichnung des Isolierungsvermögens herrscht auch jetzt noch ziemlich häufig Unsicherheit. Während man früher fast ganz allgemein das Isolierungsvermögen eines Körpers durch den Isolationswiderstand in Megohm ausdrückte und das Material für das beste hielt, welches den höchsten Ohmschen Widerstand zeigte, verlangt man heute in der Regel von einem Material eine große Widerstandsfähigkeit gegen hohe Spannungen. Man bezeichnet die Spannung, bei der irgend ein Materialstück durchgeschlagen wird, als Durchschlagsspannung, die auf eine bestimmte Materialstärke bezogene Durchschlagsspannung als „elektrische Bruchfestigkeit“ oder **„Durchschlagsfestigkeit“**. Allerdings herrscht bezüglich des Ausdruckes „Durchschlagsfestigkeit“ noch keine Einheitlichkeit; der eine bezieht die Durchschlagsfestigkeit auf eine Plattenstärke von 1 mm, der andere auf eine solche von 1 cm. In einem Artikel über „Ein Verfahren zur Bestimmung der elektrischen Durchschlagsfestigkeit hochisolierender Substanzen“ ETZ. 1903 S. 796—802 schlägt Dr. Walter als Definition für „Durchschlagsfestigkeit“ diejenige Funkenlänge in Luft vor, welche der auf eine Materialstärke von 1 cm bezogenen Durchschlagsspannung entspricht.

Fig. 1 gibt Dr. Walters Meßanordnung. Das Materialstück PP wird zwischen Spitzenelektroden durchschlagen; parallel dazu ist eine Funkenstrecke geschaltet, die so lange vergrößert wird, bis der Durchschlag bei T erfolgt; bezeichnet F' die aus mehreren Versuchen erhaltene mittlere Funkenstrecke in Zentimeter, d die Materialdicke in Zentimeter, so nennt Dr. Walter $F = \dfrac{F'}{d}$ „die absolute kritische Funkenlänge“ oder die „Durchschlagsfestigkeit“.

Diese Definition hat aber nicht allgemeine Zustimmung gefunden, erstens weil die Meßbedingungen außergewöhnlich sind und

zweitens weil man in der Praxis mit Spannungen, nicht mit Funkenlängen rechnet.[1])

Die Definition der Durchschlagsfestigkeit ist deshalb sehr
schwierig, da die in Frage kommende Durchschlagsspannung wesentlich von den Versuchsbedingungen abhängig ist, wie späterhin noch
im einzelnen gezeigt werden wird. Man wird deshalb bei Angabe
der Durchschlagsfestigkeit stets die näheren Umstände angeben
müssen.

Für elektrische Apparate kommt in erster Linie in Frage
hohe Durchschlagsfestigkeit, d. h. die Fähigkeit, hohe Spannungen
auszuhalten, ohne Schaden zu leiden oder mit der Zeit beeinträchtigt
zu werden. Die sich auf moderne Apparatkonstruktionen beziehenden.
Angaben und Prüfungsergebnisse sollten in erster Linie die Sicherheit geben, daß der betreffende komplette Apparat bei der Prüfung
eine beträchtlich höhere Spannung aushalten kann, als seiner höchsten
Betriebsspannung entspricht.

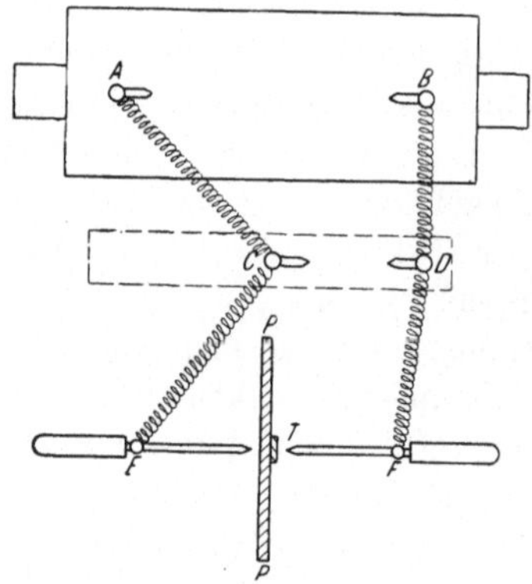

Fig. 1. Schematische Darstellung der Apparate für Dr. WALTERS Durchschlags-Versuche.

Für die Prüfung elektrischer Apparate ist eine genaue Fest-
legung sämtlicher Einzelheiten dringend erforderlich, namentlich
bezüglich folgender Fragen: Soll die Prüfung in kaltem oder warmem
Zustande des Apparates ausgeführt werden, längere Zeit oder nur
für einen Augenblick, mit welcher Spannung, mit beliebiger Stromart, oder mit Wechselstrom bestimmter Wellenform und Periode
und von einer Stromquelle mit vorgeschriebener minimaler Größe.

Die Normalien zur Prüfung von elektrischen Maschinen und
Transformatoren geben in den Abschnitten §§ 26—33 verschiedene
Vorschriften, die zum Teil obige Fragen beantworten. Es ist indes
zu bemerken, daß die danach geforderten Isolationsbedingungen
ziemlich gering sind, so daß man allerdings einen Apparat, der ihnen
nicht entspricht, direkt als „schlecht" bezeichnen kann, während

---

[1]) WEICKER, ETZ. 1903 S. 873; Dr. P. HOLITSCHER, ETZ. 1903
S. 893.

man durchaus nicht die Sicherheit hat, daß ein Apparat, der ihnen entspricht, wirklich in dieser Beziehung als „gut" zu bezeichnen ist, namentlich auf die Dauer.

Bezüglich der zu verwendenden Stromart helfen sich die Normalien damit, daß sie den Betriebsstrom vorschreiben und angeben, daß die Gleichstromspannung einem 0,7fachen Wert der Wechselstromspannung, umgekehrt die Wechselstromspannung dem 1,4fachen Wert der Gleichstromspannung entspricht; der Einfluß von Periode, Wellenform und Größe des stromgebenden Apparates wird nicht berücksichtigt.

Man muß also auch mit Rücksicht hierauf die Bedingungen der Normalien als unterste zulässige Grenze, nicht aber als Beweis für die Güte der Maschine ansehen.

Das überraschende Fehlen der erwähnten Einzelheiten in den zugänglichen Prüfungsprotokollen von Isoliermaterialien beschwört immer die Versuchung herauf, alle als wertlos in den Papierkorb zu werfen und von frischem anzufangen.

Trotzdem sind viele in anderer Beziehung sehr mühsame und sorgfältige Ergebnisse doch von allgemeinem Nutzen, und es sollen daher einige der brauchbarsten als Einleitung zu unseren weiteren Betrachtungen hier gegeben werden.

In der Regel weichen die für ein Material angegebenen Werte weit voneinander ab.

Diese mangelhafte Übereinstimmung der Versuchsresultate ist oft auf die Schwierigkeit zurückzuführen, zu bestimmen, in welchem Maße die Feuchtigkeit aus den Probestücken entfernt ist, und es ist nur zu oft offensichtlich, daß keine genügenden Vorkehrungen getroffen waren, die Feuchtigkeit bis auf ein mögliches Minimum zu beseitigen.

Immerhin geben uns die in den Kurven der Fig. 2 zusammengestellten Resultate wenigstens eine gewisse Vorstellung über die Größenordnungen. Wir sehen, daß Platten von 1 mm Stärke der sehr verschiedenen Isoliermaterialien für 5000 Volt (effektive Spannung) ausreichen und daß die meisten bei normalen Temperaturen sogar für 7000 Volt und mehr genügen.

Nichtsdestoweniger erfordert es in der Praxis die größte Aufmerksamkeit und Sorgfalt in der Einzelausführung sowohl, wie in der Wahl der Materialien, einen Anker mit einer Isolation von 1 mm Gesamtstärke zwischen Kupferleiter und Eisenkern zu bauen, der, um ein Beispiel zu nehmen, eine Minute lang bei 20° C. 5000 Volt effektive Wechselstromspannung aushält. Wenigen Fabriken wird es gelingen, nur den halben Wert als Prüfspannung bei der vorgeschriebenen Isolationsstärke zu erreichen.

Wir müssen also zugeben: 1 mm Isolationsdicke ist bei so strenger Prüfung nicht genügend, wenn man nicht in der Lage ist, auf diesen Teil der Ankerkonstruktion viel mehr Sorgfalt und Kosten zu verwenden, als gewöhnlich üblich ist.

Die Isolationsdicke zu vergrößern hat aber nicht immer großen Wert, wie folgende Überlegung zeigt. Nehmen wir an, es sei uns schließlich gelungen, eine Reihe von Maschinen durch sehr sorgfältigen Entwurf mit nur 1 mm Isolationsstärke so herzustellen, daß 95 % derselben erst bei 5000 Volt durchgeschlagen werden, so ist es keineswegs ohne weiteres möglich, die doppelte Dicke desselben Isoliermaterials für Apparate anzunehmen, welche 10000 Volt Prüfspannung aushalten müssen.

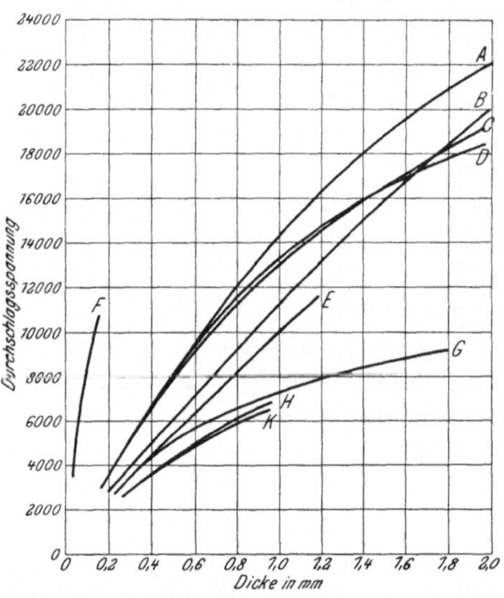

Fig. 2. Durchschlagsspannung für verschiedene Materialien.

A Pappe, lackiert; B Pappe; C Hanfpapier, lackiert; D Lederpapier, lackiert; E Empire Cloth (mit Leinöl präparierter Battist); F Glimmer; G geöltes Segeltuch; H Packpapier; K geöltes Leinen.

Diese Tatsache, daß bei vielen Materialien die doppelte Stärke viel weniger als die doppelte Spannung aushält, ist eine Eigentümlichkeit der Isolatoren, die vorläufig noch nicht genügend erklärt ist, auch noch nicht gesetzmäßig festgelegt ist.

Jedenfalls wird sie genügend illustriert durch die Kurven der Figuren 82, 83, 86, 88, 90, in denen als Abszissen die Schichtenzahl der einzelnen Materialien und als Ordinaten die Durchschlagsspannungen pro Schicht aufgetragen sind. Zum Beispiel bei rohem

Preßspan hält eine Platte von 0,2 mm Stärke im Mittel 2700 Volt, zwei Platten 2400, drei Platten 2250, vier Platten 2100 Volt pro Platte aus, die Spannung pro Platte nimmt also mit wachsender Plattenzahl stark ab.

Dies ist um so wichtiger, als man gerade bei der Prüfung mehrerer Platten zusammen erwarten sollte, daß die schwachen Stellen der einen durch die guten Stellen der anderen ergänzt würden, und daß der Mittelwert pro Platte infolgedessen um so größer sein würde, je größer die Plattenzahl ist. Diese Überlegung drängt sich unwillkürlich auf; daher muß die tatsächliche Erscheinung, daß die Durchschlagsspannung pro Platte mit der Plattenzahl abnimmt, noch mehr ins Gewicht fallen, als sie durch die Kurven der Figuren 82, 83, 86, 88, 90 ausgedrückt wird.

Verschiedene Materialien zeigen erhebliche Abweichungen in bezug auf diese Erscheinung, was bei der Auswahl des Materials und seiner Behandlung nicht außer acht gelassen werden darf.

So ist zum Beispiel bei „Expresspapier" und „Empire Cloth" (Fig. 87, 89) die Durchschlagsspannung nahezu proportional der Anzahl der Schichten. Aber es genügt nicht, daß das rohe Material diese gute Eigenschaft hat. In der modernen Herstellungsart sind diese Materialien oft nur sozusagen das Skelett oder Netzwerk, das zum Halten der eigentlichen Isolierschicht, wie Öl oder Lack, bestimmt ist. Das Netzwerk muß nun äußerst glatt und eben sein, da alle Vorsprünge der Oberfläche — wie Adern, Fäden, Fasern und Staub — die Gleichmäßigkeit der Isolierschicht zerstören. Deshalb sollten diese Stoffe, soweit möglich, heiß gewalzt werden, bevor sie mit der Öl- oder Lackschicht versehen werden.

In Fig. 80 sind die Prüfungsresultate für in Leinöl gekochten Preßspan und Hornfiber gegeben; bei diesen findet keine Proportionalität zwischen Plattenzahl und Durchschlagsspannung statt, wenn auch gegenüber dem unbehandelten Material eine wesentliche Erhöhung der tatsächlichen Durchschlagsfestigkeit eingetreten ist.

Die Kenntnis dieses tatsächlichen Einflusses der Verstärkung der Isolierschicht auf die Durchschlagsspannung ist um so wichtiger, als man aus der gewohnten und auch notwendigen Praxis, für höhere Spannungen eine erheblich geringere Stärke der Isolierschicht pro Volt Spannung zu nehmen, gerade das Gegenteil schließen wollte. So stellt zum Beispiel PARSHALL[1] folgenden Grundsatz auf: „Die

---

[1] PARSHALL, Traction und Transmission.

Ankerisolation soll bei 500 Volt ungefähr 1,27 mm (0,05 Zoll) dick sein und bei höheren Spannungen proportional der Quadratwurzel der Spannung zunehmen." Daraus ergibt sich folgende Tabelle.

Tabelle I. Dicke der Nuten-Isolation, abhängig von der Spannung.

Normale Spannung des Ankers in Volt	Dicke der Nuten-Isolation in mm	Volt auf 1 mm
500	1,27	394
1000	1,80	555
2000	2,54	785
4000	3,60	1110
10000	5,70	1760

Daß derartig bemessene Isolationen in keinem Fall die gleiche Sicherheit geben, ist ohne weiteres klar; es bedarf deshalb auch keiner weiteren Begründung, daß man allgemein 500 Voltanker mit der 5—8 fachen Wechselstromspannung prüft, während 10000 Volt-Wicklungen sehr oft von der doppelten oder gar anderthalbfachen Prüfspannung durchgeschlagen werden. Dabei ist noch darauf hingewiesen, daß, selbst wenn die Maschine mit der doppelten normalen Betriebsspannung geprüft ist, damit noch keine Sicherheit gegeben ist, daß sie ihre Betriebsspannung auch auf die Dauer ohne Schaden aushält.

Bei 10000 Volt-Maschinen wird natürlich besseres Material gebraucht und größere Sorgfalt auf jede Einzelheit der Ausführung verwendet.

Würde man aber das gleiche Material und die gleiche Sorgfalt wie bei einer 500 Volt-Maschine aufwenden, so müßte, wenn die Durchschlagsfestigkeit unabhängig von der Isolationsdicke wäre, bei einer dreimal kleineren Sicherheit die Stärke der Nuten-Isolation für die 10000 Volt-Maschine $\frac{10000}{500} \cdot \frac{1}{3} \cdot 1{,}27 = 8{,}5$ mm betragen. Man könnte also aus PARSHALLS Angabe, daß 5,7 mm in diesem Fall genügen, schließen, daß für 10000 Volt-Maschinen rund 50 % $\left(\frac{8{,}5}{5{,}7} = 1{,}5\right)$ Sorgfalt bei Auswahl und Bearbeitung des Materials mehr aufgewendet werden als für 500 Volt-Maschinen, und zwar müßte dieses ziemlich allgemein der Fall sein.

Man geht wohl nicht fehl in der Annahme, daß auch die bedeutendsten Firmen auf diesem Gebiet verhältnismäßig wenig unterrichtet sind; man braucht nur zu berücksichtigen, wie verschieden die Ansichten über manche Isoliermaterialien und über zweckmäßige Ausführung der Isolation namentlich bei hohen Spannungen sind, ferner wie oft Durchschläge bei der ersten Prüfung aufgestellter Hochspannungsmaschinen auftreten.

Nur umfassende und außerordentlich sorgfältige Untersuchungen einer großen Anzahl von Materialien können hierin Wandel schaffen. Die Untersuchungen müssen sich erstrecken auf das Material roh, mit verschiedenen Lackarten behandelt und den verschiedensten Prozessen unterworfen.

Ferner ist der Einfluß der Materialdicke und Schichtenzahl, der Einfluß der Temperatur zu beobachten. Schließlich muß das Altern, die hygroskopischen und mechanischen Eigenschaften des Materials und der Imprägnierungen berücksichtigt werden.

Erfahrungsgemäß müssen die Größe der Prüfelektroden und der Auflagedruck bei allen Versuchen gleich sein, wenn man zu übereinstimmenden Resultaten gelangen will.

Fig. 3 gibt eine einfache Anordnung für solche Messungen. Die kreisförmigen Prüfbacken legen sich von selbst richtig auf, da ihre Führungen lose in den Rohren sitzen, und können, wenn nötig,

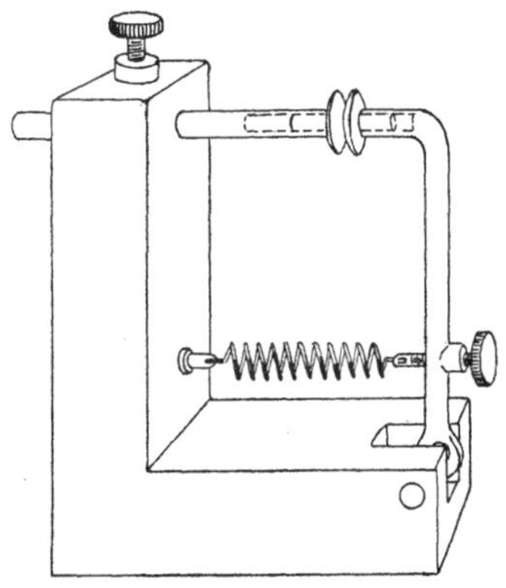

Fig. 3. Halter für Proben, die auf Durchschlagsfestigkeit untersucht werden sollen.

durch andere Elektroden ersetzt werden. Indes genügen Scheiben von 25 mm Durchmesser mit gut abgerundeten Kanten, so daß die aufliegende Fläche nur ca. 15 mm Durchmesser hat, allen Anforderungen der Praxis.

Der Auflagedruck kann durch die Spannung einer Feder reguliert werden.

Für jedes endgültige Resultat muß man möglichst eine größere Zahl verschiedener Probestücke untersuchen, um ein Bild über Ungleichmäßigkeit bezw. Gleichmäßigkeit des Materials zu haben.

Bei solchen Prüfungen ist zu berücksichtigen, daß eine dauernd wirkende Spannung oft ein Probestück durchschlägt, welches der gleichen Spannung für kurze Zeit widerstehen würde. (Also wesentlich ist der Einfluß der Prüfzeit.) Ebenso ist es sehr wesentlich, daß das Material vor der Prüfung vollständig getrocknet und der Zutritt von Feuchtigkeit verhindert wird.

Namentlich Materialien, welche beständig hohe Temperaturen auszuhalten haben, sollten längere Zeit in einem Vakuum-Ofen bei mäßiger Temperatur getrocknet werden.

Es ist von außerordentlicher Bedeutung, daß alle diese Einzelheiten bezüglich der Behandlung des Materials vor und während der Untersuchung auf das peinlichste beobachtet werden.

Eine Methode zur Untersuchung von Isoliermaterialien, die sehr gute Resultate ergeben hat, ist beschrieben in PARSHALL und HOBART, Electric Generators. Der dort beschriebene Apparat ist ganz roh, enthält aber das Wesentliche, was bei Isolationsmessungen erforderlich ist, wie früher erörtert.

In demselben Werke sind Versuchsreihen wiedergegeben, die mit diesem Apparat erzielt worden sind.

Die geprüften Materialien waren Mikanittuch, -leinen, Schellackpapier und rotes Hanfpapier. Die drei ersten werden augenblicklich nicht mehr viel verwendet, da sie durch entsprechenderes Material ersetzt sind. Rotes Hanfpapier wird augenblicklich noch in erheblichem Maße bei elektrischen Apparaten gebraucht; es soll deshalb auch an dieser Stelle eine Beschreibung der Untersuchungen und Resultate für dieses Material folgen, um ein anschauliches Bild der mühevollen und sorgfältigen Untersuchung zu geben, die für eine einigermaßen ausreichende Kenntnis der Eigenschaften eines einzigen Materials erforderlich ist.

Das untersuchte Papier hatte im Mittel eine Stärke von 0,148 mm, jedes Probestück bestand aus 4 Papierschichten. Hierdurch wurde die Durchschlagsspannung in das Meßbereich des verwendeten Voltmeters gebracht; gleichzeitig sollten die Resultate hierdurch gleichmäßiger werden durch die erhöhte Wahrscheinlichkeit, daß Fehlstellen einzelner Schichten ausgeglichen würden. 180 solche Probestücke aus je 4 Schichten wurden hergestellt und mindestens 24 Stunden lang vor dem Versuch bei 60° C. getrocknet.

Bei jeder Prüfung wurden jedesmal 5 Probestücke zwischen 5 besondere Prüfbacken gesetzt und alle parallel auf eine geeignete

Stromquelle geschaltet. Die Spannung wurde stufenweise erhöht und bei jeder Stufe wurde die Zahl der unverletzten Probestücke notiert.

Jede Versuchsreihe wurde unterbrochen, sobald 4 Sätze von je 5 Probestücken durchgeschlagen waren.

Auf diese Weise genügten die 180 Proben für 9 Versuchsreihen, deren Resultate in Tabelle II zusammengestellt sind. Diese 9 Gruppen entsprachen drei verschiedenen Temperaturen (25⁰ C., 60⁰ C. und 100⁰ C.) bei drei verschiedenen Prüfungszeiten (5 Sekunden, 10 Minuten, 30 Minuten).

Tabelle II. Isolationsprüfung von rotem Hanfpapier (4 Bogen).

Wirkende Spannung	Zeit: 5 Sekunden. Zahl der unversehrten Proben				$^0/_0$	Zeit: 10 Minuten. Zahl der unversehrten Proben				$^0/_0$	Zeit: 30 Minuten. Zahl der unversehrten Proben				$^0/_0$
Temperatur 25⁰.															
2500	5	5	5	5	100	5	5	5	5	100	5	5	5	5	100
3000	5	5	5	5	100	5	5	5	5	100	5	5	5	5	100
3500	5	4	5	5	95	3	4	5	1	65	2	4	2	0	40
4000	4	0	1	3	40	0	0	0	0	0	1	0	0	0	5
4500	0	0	0	0	0	0	0	0	0	0	0	0	0	0	0
5000	0	0	0	0	0	0	0	0	0	0	0	0	0	0	0
Temperatur 60⁰.															
2500	5	5	5	5	100	5	5	5	5	100	5	5	5	5	100
3000	5	5	5	4	95	5	5	5	5	100	4	2	2	5	65
3500	0	1	2	1	20	3	1	1	0	25	0	1	1	1	15
4000	0	0	0	0	0	0	0	0	0	0	0	0	0	0	0
4500	0	0	0	0	0	0	0	0	0	0	0	0	0	0	0
5000	0	0	0	0	0	0	0	0	0	0	0	0	0	0	0
Temperatur 100⁰.															
2500	5	5	5	5	100	5	5	5	5	100	5	5	5	5	100
3000	5	5	5	5	100	3	2	2	3	50	3	3	2	1	45
3500	2	3	2	3	50	1	0	0	0	5	0	1	0	0	5
4000	0	0	0	0	0	0	0	0	0	0	0	0	0	0	0
4500	0	0	0	0	0	0	0	0	0	0	0	0	0	0	0
5000	0	0	0	0	0	0	0	0	0	0	0	0	0	0	0

Die Resultate sind auch in den Kurven Figuren 4—9 zusammengefaßt. Sie zeigen, daß 4 Lagen von je 0,148 mm in jedem Falle
eine effektive Spannung von 2500 Volt, d. h. 4200 Volt pro Millimeter aushalten.

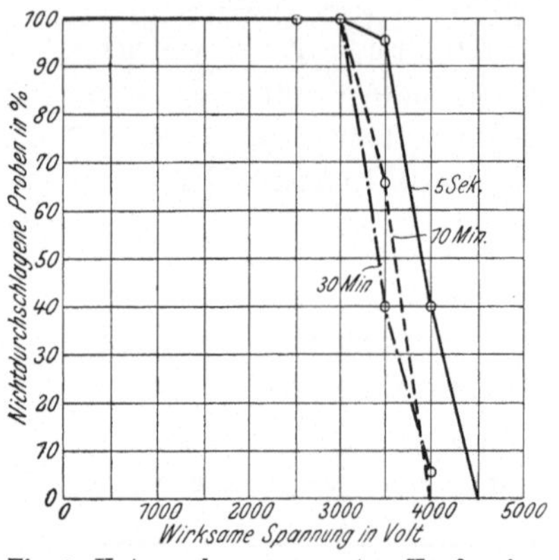

Fig. 4. Untersuchungen an rotem Hanfpapier
bei 25°.

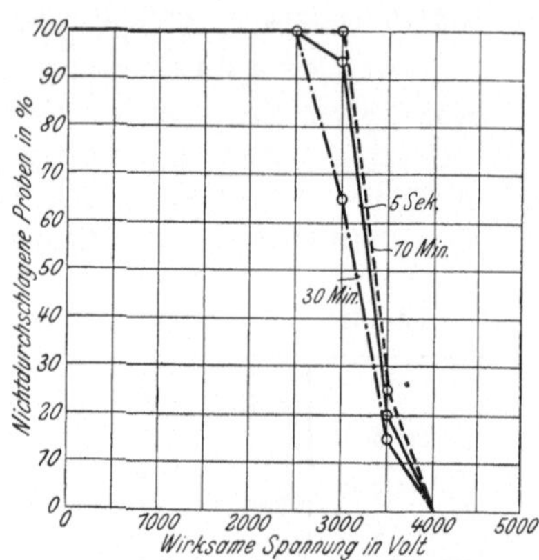

Fig. 5. Untersuchungen an rotem Hanfpapier
bei 60°.

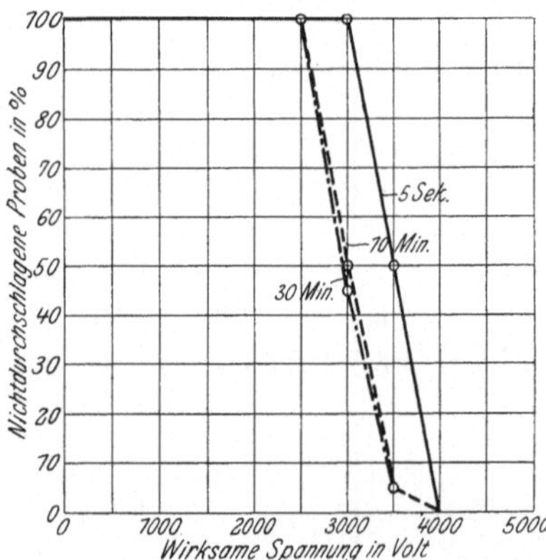

Fig. 6. Untersuchungen an rotem Hanfpapier
bei 100°.

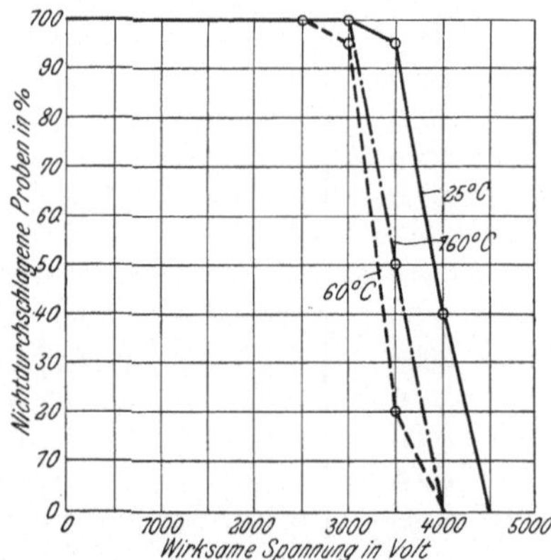

Fig. 7. Untersuchungen an rotem Hanfpapier.
Zeitdauer 5 Sekunden.

Bei fertigen Maschinen würde das Material natürlich nur etwa
die halbe Spannung aushalten können.

Die Kurven zeigen ferner, daß die Durchschlagsfestigkeit des
roten Hanfpapieres sehr gleichmäßig und von der Temperatur und

der Zeitdauer der Beanspruchung innerhalb gewisser Grenzen nahezu
unabhängig ist. Andere Untersuchungen desselben Materials haben
ergeben, daß die Durchschlagsspannung nahezu proportional der
Anzahl der benutzten Schichten ist, das ergibt sich auch aus
Fig. 85.

Dies ist, wie wir bereits gesehen haben, eine ziemlich seltene
Eigenschaft und ist ebenfalls bei demselben Material zu beobachten,
wenn es mit anderen Isoliermitteln imprägniert ist, wie die obere
Kurve in Fig. 85 zeigt, die sich auf geöltes rotes Hanfpapier bezieht. Rotes Hanfpapier ist ein faseriges Material, mechanisch fest
und sehr gleichmäßig in der Dicke, was für die Praxis wichtig ist.

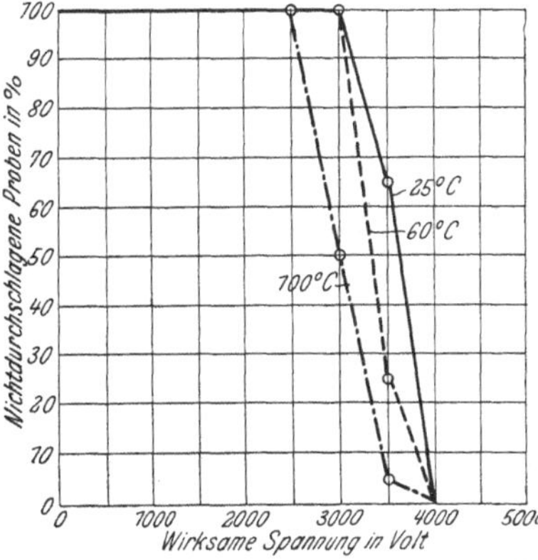

Fig. 8. Untersuchungen an rotem Hanfpapier. Zeitdauer 10 Minuten.

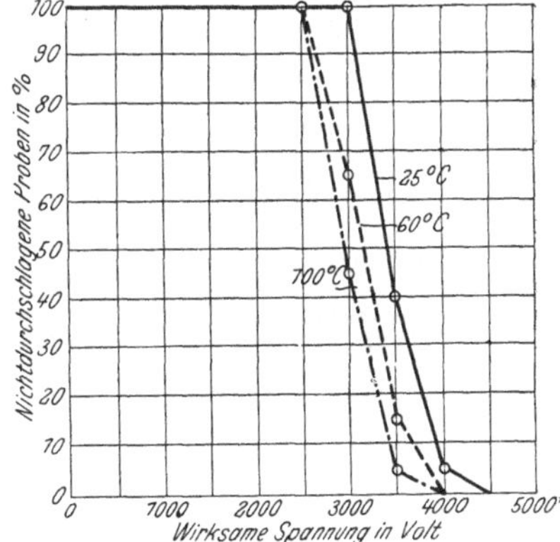

Fig. 9. Untersuchungen an rotem Hanfpapier. Zeitdauer 30 Minuten.

Das beschriebene Verfahren wird genügen, um zu zeigen, daß
eine vernünftige Anwendung irgend eines Isoliermaterials nur möglich
ist, wenn Resultate vorliegen, die durch sachgemäße und gründliche
Versuche gewonnen sind.

Aber nicht nur andere Materialien sollten so eingehend untersucht werden, sondern eben dasselbe Material sollte noch weiter
untersucht werden in bezug auf den Einfluß der Materialdicke und
der verschiedenen Imprägnierungen.

Die rohen Materialien zeigen in der Regel eine weit geringere
Abhängigkeit der Durchschlagsfestigkeit von der Schichtenzahl, als
wenn sie mit Leinöl oder isolierenden Firnissen behandelt sind.
Durch die Imprägnierung wird meist die Durchschlagsfestigkeit pro-

Schicht erhöht, aber abhängiger von der Schichtenzahl. Man hat hierfür verschiedene Erklärungen zu geben versucht; die eine sieht den Grund der Erscheinung in der Ungleichmäßigkeit, indem die Sättigung des Materials mit dem Imprägnierungsstoff bei größerer Dicke nach dem Inneren zu abnehmen soll; eine andere schiebt die Schuld auf die geringe Wärmeleitfähigkeit, durch die eine um so höhere Erwärmung an besonderen Stellen hervorgerufen wird, je größer die Materialdicke ist.

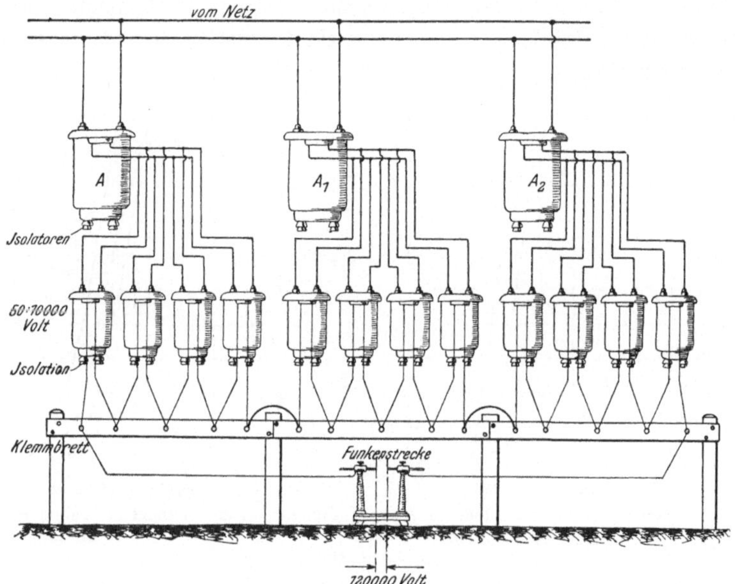

Fig. 10. Schaltung zur Prüfung von Isoliermaterial.

Eine interessante Erscheinung beobachtet man bei dem Vergleich von rohem und geöltem Preßspan. Für geölten Preßspan, (Fig. 82) ergibt sich eine höhere Durchschlagsspannung pro Schicht; dabei nimmt jedoch die Dicke bei dem Tränken mit Öl derartig zu, daß, wenn die Durchschlagsfestigkeit in Abhängigkeit von der Stärke in Millimeter aufgetragen wird (Fig. 76), sich für rohen Preßspan von 0,7 mm Stärke aufwärts eine größere Durchschlagsfestigkeit pro Millimeter ergibt.

Eine sehr brauchbare Anordnung für Materialprüfungen ist schematisch in Fig. 10 gegeben (ausgeführt von der Stanley Electric

Manufacturing Co.). Die 3 Transformatoren A, A_1, A_2 liegen je zwischen Leitungsnetz und einer Gruppe von Spezial-Hochspannungs-Transformatoren.

Die Hochspannungs-Transformatoren, deren Sekundärwicklungen in Serie geschaltet sind, sind sorgfältig auf Holzrahmen mit Hochspannungs-Isolatoren montiert. Diese Anordnung hat den Vorzug, daß zwischen 2 Punkten mit dem Potentialunterschied von z. B.

Fig. 11. Prüfstand für elektrische Isoliermaterialien der Firma MEIROWSKY & Co., Köln-Ehrenfeld.

40000 Volt die Isolation von 4 Transformatoren liegt, die einzeln sehr genau geprüft sind. Die Prüfleitungen können beliebig an entsprechende Kontaktstellen angeschlossen werden, so daß die Prüfspannung (nach Fig. 10) von 10000—120000 Volt in Abstufungen von je 10000 Volt verändert werden kann; kleinere Abstufungen können durch Regulierung der Spannung im Leitungsnetz bewirkt werden. Es ist selbstverständlich, daß die Prüfleitungen nicht berührt werden dürfen, solange sie unter Spannung stehen; trotzdem sollten sie sehr gut isoliert sein; außerdem ist, bevor die Anschlüsse gemacht werden, stets der Hebelschalter auf der Niederspannungsseite zu öffnen.

In den Fig. 11 und 11 a sind Einrichtungen des Prüfstandes der Firma Meirowsky & Co., Köln-Ehrenfeld und Urbach bei Köln abgebildet. Die Photographien wurden den Übersetzern dieses Werkes von der erwähnten Firma bereitwilligst zur Verfügung gestellt und aus dem Begleitschreiben derselben mögen nachstehende Erläuterungen hier Platz finden.

Fig. 11 a. Zerreißmaschine für Excelsiormaterial der Firma Meirowsky & Co., Köln-Ehrenfeld.

Der links sichtbare große Transformator liefert im Maximum 0,1 Ampere bei 100 000 Volt sekundär; durch Umschaltung seiner Klemmen lassen sich außerdem noch 50 000 Volt und 25 000 Volt erreichen, alles bei einer Primärspannung von 120 Volt, welche eine einphasige 4 KW.-Wechselstrommaschine erzeugt. Durch Ändern des Erregerstromes dieser Maschinen kann man ihre Spannung von 120 bis auf 15 Volt herunter regulieren, so daß der große Transformator zwischen den angegebenen Werten noch alle möglichen Zwischenspannungen liefern kann.

Drei kleinere Transformatoren gestatten noch die Abnahme der Versuchsspannungen von 51000 bis 17000 Volt herunter.

Der große Transformator besitzt die Megohmit-Isolation der Firma Meirowsky & Co. in Öl, außerdem sind sämtliche Spulen mit dem Excelsior-Lack No. 4 imprägniert.

Die Isolierröhren werden bei der Prüfung innen mit Kupferstäben ausgefüllt und außen mit Stanniol belegt, dessen Abstand von den Enden der Röhre sich nach der Spannung richtet und so groß sein muß, daß eine Funkenentladung über die Luftstrecke nicht eintritt. Bei großen Büchsen tritt an Stelle des Stanniolbelages eine Zinkblechumkleidung, wie solche an der Büchse in Fig. 11 zu erkennen ist; letztere ist für das Elektrizitätswerk Caffaro in Italien bestimmt und soll im Betriebe eine Spannung von 40000 Volt aushalten, während die Prüfspannung 80000 Volt beträgt.

Die neben der Zerreißmaschine in Fig. 11a stehenden Büchsen sind bestimmt für das Elektrizitätswerk an der Urpher Talsperre in der Eifel, welches mit 38000 Volt arbeitet, zurzeit wohl die höchste Spannung in Deutschland.

Die Zerreißmaschine in Fig. 11a ist bestimmt zur Prüfung von Abspannisolatoren für elektrische Vollbahnen aus Excelsiormaterial, die die Firma zum Patent angemeldet hat und welche für 15000 Volt und höher anwendbar sind. Spezielle Versuchsergebnisse über Excelsior-Isoliermaterial für elektrische Maschinen folgen später.

Für die Spannungsmessung kann bei Durchschlagsversuchen eine einstellbare Funkenstrecke nach Fig. 12 benutzt werden. Fig. 13 gibt eine Kurve für die Abhängigkeit der Funkenlänge von der effektiven Wechselstromspannung. Die Funkenstrecke muß natürlich für die höchste Meßspannung gebaut sein. Die Grundplatte besteht aus bestem Hartgummi und mißt 450×120 cm bei ca. 20 mm Stärke. Besondere Isolation ist für die vier Füße vorgesehen. Die einstellbaren Spitzenkontakte werden von Hartgummisäulen getragen, die zur Vergrößerung des Widerstandes mit eingedrehten Rillen versehen sind.

Die von dem American Institute of Electrical Engineers angegebenen Schlagweiten in Luft für die verschiedenen Spannungen

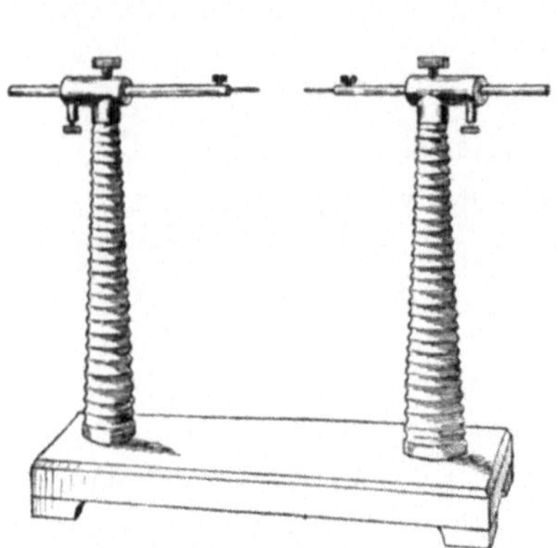

Fig. 12. Einstellbare Funkenstrecke.

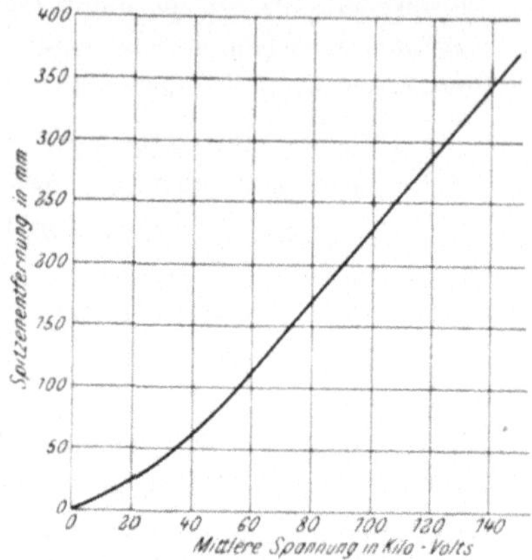

Fig. 13. Schlagweite in Luft, festgestellt
zwischen scharfen Nadelspitzen für
Wechselstrom mit Sinusform (nach
American Inst. of Elec. Engineers).

sind indes nicht für alle Verhältnisse maßgebend, wie deutlich die
großen Abweichungen zeigen, die für dieselben Beziehungen bei

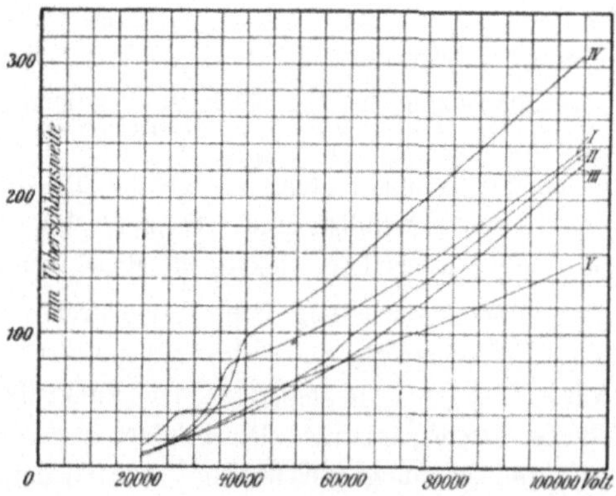

Fig. 14. Beobachtung von Grob über die Abhängigkeit der Durchschlagsspannung für Luft von der Kapazität der Elektroden.
I. Stahlkugeln von 10 mm Durchmesser. II. u. III. Stahlkugeln wie vorher,
dabei waren kreisförmige Metallscheiben auf die Stiele der Elektroden gesetzt. IV. Mit Serienschaltung einer kleinen Funkenstrecke. V. Bei hornartig gebogenen Kupferdrähten von 12 mm Durchmesser.

Untersuchungen verschiedener Autoren aufgetreten sind.[1]) Es seien hier in Fig. 14 nur die Kurven wiedergegeben, die von GROB in einem Aufsatz der ETZ. 1904, S. 951 veröffentlicht sind.

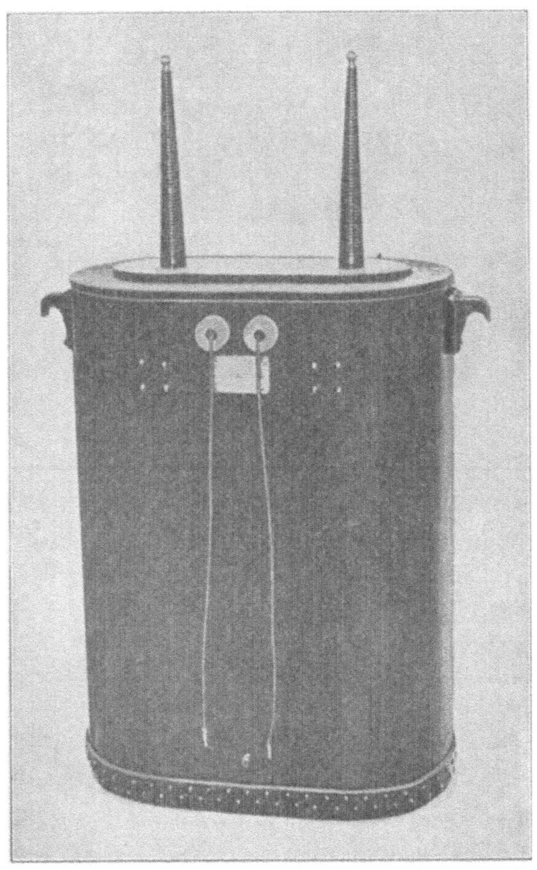

Fig. 15. Großer Prüftransformator der General Electric Co.

Die Resultate wurden gewonnen mit Wechselstrom aus einem Generator mit rein sinusförmiger Kurve zwischen Stahlkugeln von

---

[1]) Dieser und der folgende Absatz mit Fig. 14 sind von den Übersetzern hinzugefügt.

2*

10 mm Durchmesser (Kurve I). Durch Verschiebung von kreisförmigen Metallscheiben von 1 dm Durchmesser auf den Stielen der Elektroden wurden die Kurven erheblich abgeändert (Kurven II und III); durch Serienschaltung einer besonderen kleinen Funkenstrecke ergab sich Kurve IV, für die Schlagweite schließlich zwischen zwei hornartig abgebogenen Kupferdrähten von 12 mm Durchmesser gilt Kurve V.

Es empfiehlt sich also, vor Benutzung der Funkenstrecke zur Messung die Funkenstrecke durch Bestimmung des Übersetzungsverhältnisses oder in anderer Weise zu eichen.

Statt der schon beschriebenen Anordnung (Fig. 10) verwendet man oft einen einzelnen Prüftransformator. Wenn dieser auch, um seinen Zweck zu erfüllen, ziemlich groß und teuer ausfällt, so hat er doch den Vorzug der Einfachheit. Fig. 15 gibt einen derartigen Transformator wieder.

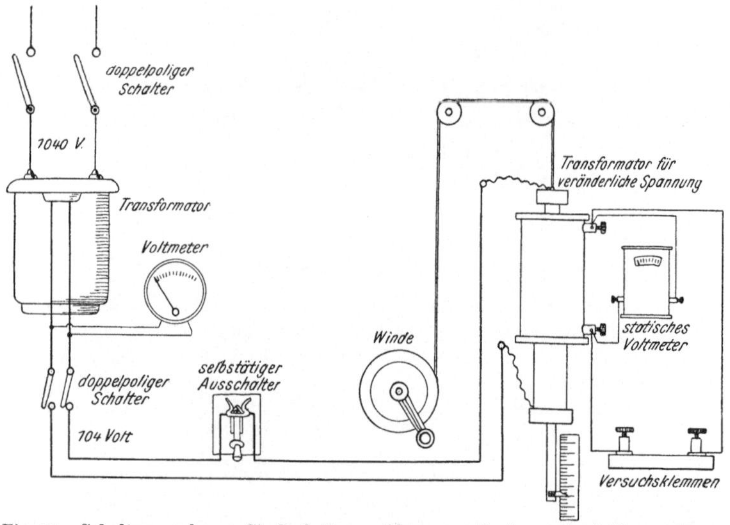

Fig. 16. Schaltungsschema für Isolationsprüfungen mit einem einstellbaren Kern-Transformator.

In Deutschland sind bekanntlich die Sicherheitsvorschriften sehr streng und es ist ein besonderer Prüfraum vorgeschrieben, in dem alle Untersuchungen vorzunehmen sind.

Tür und Hauptschalter sind derartig gekuppelt, daß bei offener Tür der Schalter nicht geschlossen werden kann. Auf diese Weise ist die Lebensgefahr auf ein Minimum reduziert.

Eine bequeme Anordnung gibt auch ein Transformator mit einstellbarem Kern in Parallelschaltung mit einem elektrostatischen Voltmeter nach Fig. 16.

In England sind fahrbare Transformatoren, wie in Fig. 17 dargestellt, mit Widerständen und biegsamen Leitungen, die an ein Wechselstromnetz an beliebigen Stellen der Werkstatt angeschlossen werden können, vielfach in Gebrauch.

Fig. 17. Fahrbarer Prüftransformator zur Prüfung der Isolation von Maschinen während ihrer Herstellung.

Sie dürfen natürlich nicht von ungeschultem Personal bedient werden und müssen von Zeit zu Zeit auf ihren Isolationszustand geprüft werden.

Für die Prüfung der Materialien bei verschiedenen Temperaturen ist eine Vorrichtung von Köhler angegeben, ein sogenannter Thermostat (Fig. 18). Vergl. ETZ. 1902, S. 170.

Die Hochspannungsleitungen sind an beiden Seiten eingeführt durch die Isolierbüchsen SS. Die Temperatur bleibt in dem Apparat konstant auf der gewünschten Höhe mit einer Abweichung von nur 3⁰ C. nach oben und unten.

Die Brenner „*B B*" heizen die Luft, welche durch den Mantel des Gefäßes hindurchstreicht und bei „*O*" entweicht. Das Thermometer ist bei „*T*" mit einer Asbestbüchse eingeführt. Die luftgefüllte Stahlflasche „*R*" dient als Regulator, sie steht durch die Röhre „*K*" mit einem „U"-förmigen Rohrstück, das Quecksilber enthält, in Verbindung.

Das Gas tritt bei *g* in den Regulierapparat ein und verläßt ihn bei *a*. Wird die Temperatur zu hoch, so dehnt sich die in *R* eingeschlossene Luft aus; infolgedessen steigt das Quecksilber in dem rechten Rohrstück und verschließt den Gaseinlaß bei *v*; umgekehrt, bei zu niedriger Temperatur, sinkt das Quecksilber und gibt den Einlaß frei. Ein

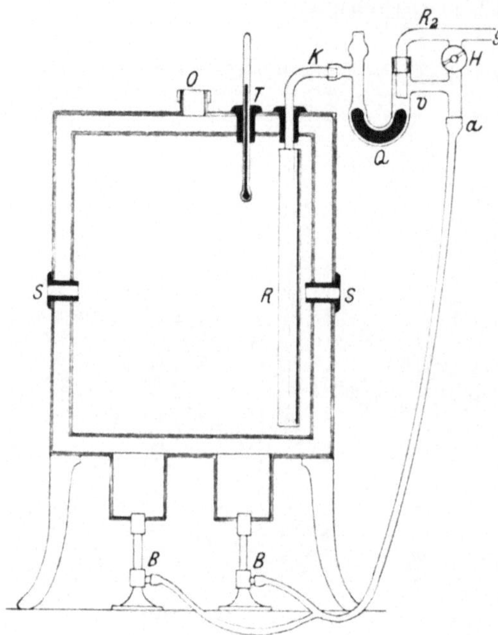

Fig. 18. Thermostat von Köhler zu Isolationsprüfungen bei verschiedenen Temperaturen.

zweiter Weg für das Gas geht durch den Hahn *H*; hierdurch ist ein völliges Verlöschen der Flamme verhindert und durch Einstellung dieses Hahnes wird die Höhe der Temperatur bestimmt.

Das spezielle Studium der Einwirkung der Kapazität auf die elektrischen Durchschläge hat zu einer höchst eigentümlichen Beobachtung[1]) geführt.

Zwei Platten (Fig. 19) *B* und *E* sind 10 mm voneinander entfernt und an die Klemmen einer 10 000 Volt-Wechselstrommaschine

---

[1]) Fessenden, Trans. Am. Inst. Elec. Engrs. 1898, S. 140.

angeschlossen. Nehmen wir zunächst an, die Luftschicht hält pro Zentimeter eine $50\,^0/_0$ höhere Spannung, also 15000 Volt aus, und bringen nun zwei Glasplatten (C und D) von je 2,5 mm mit einer 8 mal größeren spezifischen Kapazität als Luft in den Zwischenraum. Es verteilt sich nun die Spannung über den ganzen Zwischenraum umgekehrt proportional der Kapazität, und so ergibt sich zwischen C und D folgender Spannungsunterschied:

Bezeichnen wir die Spannung zwischen B und E mit $\mathscr{E}$, die zwischen C und D in der Luft mit $\mathscr{E}_L$, die zwischen B und C bezw. D und E auf das Glas wirkende Spannung mit $\dfrac{\mathscr{E}_g}{2}$, so gilt, weil die Glasdicke $2 \cdot 2{,}5 = 5$ mm und die Dicke der Luftschicht ebenfalls 5 mm beträgt; für die Kapazitäten das Verhältnis $\dfrac{5 \cdot 8}{5 \cdot 1}$, mithin:

$$\frac{\mathscr{E}_g}{\mathscr{E}_L} = \frac{1}{8}; \qquad \mathscr{E} = \mathscr{E}_L + \mathscr{E}_g;$$

$$\mathscr{E} = \mathscr{E}_L\left(1 + \frac{1}{8}\right); \quad \mathscr{E}_L = \frac{8}{9}\cdot\mathscr{E} = \frac{8}{9}\cdot 10000 = 8890 \text{ Volt.}$$

Dies entspricht 17800 Volt pro Zentimeter, und wenn die Luft nur 15000, wie angenommen, aushält, so wird zwischen C und D bei jedem Stromrichtungswechsel ein Funke übergehen, das Glas wird sich erhitzen und leitend werden, damit tritt die volle Spannung von 10000 Volt zwischen C und D auf und es bildet sich ein

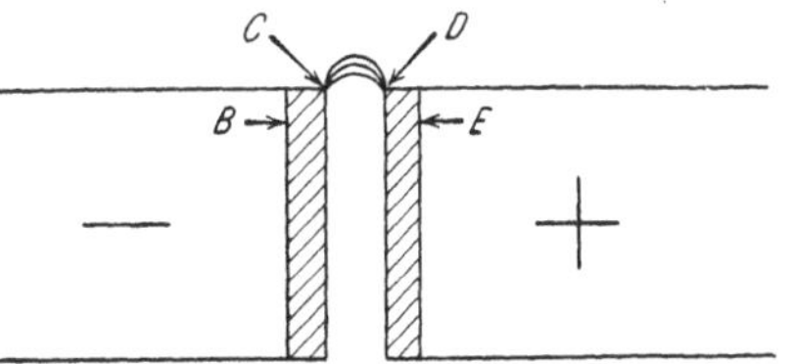

Fig. 19. Versuch von FESSENDEN.

stehender Lichtbogen. So kann die Einführung eines guten Isolators bei intermittierendem oder Wechselstrom den scheinbar widersinnigen Erfolg haben, daß die Isolation geschwächt wird, vorausgesetzt, daß nicht der ganze Zwischenraum von diesem Material ausgefüllt wird. Dieser Vorgang tritt nicht immer sofort auf, da der Durchschlagsfunke einige Zeit braucht, um sich seinen Weg durch das Material zu bahnen, und daher stellt sich bei manchen Spulen das Durchschlagen erst nach einiger Betriebszeit ein.

Dieselbe Erscheinung ist bei Kabelisolationen beobachtet und von O'GORMAN[1]) in folgender Weise erklärt: „Der Einfluß der

---

[1]) „Insulation on Cables." Proc. Inst. Elec. Engrs. 1901, S. 621.

blasigen Beschaffenheit des Isoliermaterials wird noch nicht genügend gewürdigt. Mit Rücksicht auf das Vorhandensein einer Blase ist nicht nur eine Verstärkung der gesamten Isolierhülle und somit eine Vergrößerung der Materialkosten erforderlich, sondern auch diese Verstärkung wird nicht einmal dieselbe Sicherheit gewähren wie eine dünne Isolierschicht mit durch und durch gleichmäßigem Material. Dieser geringe Erfolg der Verstärkung der Isolierschicht (wenn die Verstärkung nicht dem Durchmesser einer Blase gleichkommt) wird durch ein Experiment nachgewiesen, das vielleicht viel zu wenig bekannt ist.

Ordnen wir nämlich zwei Leiter A und C (Fig. 20) in solcher Entfernung voneinander an, daß die Luftschicht grade eine Spannung von sagen wir 10000 Volt auf die Dauer aushält, und bringen wir nun zwischen beide Leiter zwei Platten (Fig. 20a) aus Glas oder Hartgummi, so wird die Isolierschicht durchgeschlagen, obwohl Glas

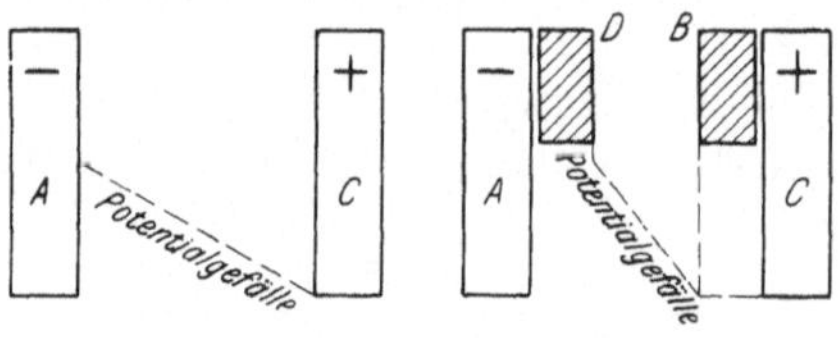

Fig. 20. Fig. 20a.
Beispiel zu FESSENDENS Entdeckung nach O'GORMAN.

allein eine höhere Durchschlagsfestigkeit hat wie Luft. Diese Erscheinung wurde zuerst durch TESLA nachgewiesen und sollte zeigen, daß Hartgummi schlechter isolierte, als man gewöhnlich annimmt.

Die richtige Erklärung ist jedoch eine ganz andere und sehr einfache. Der Spannungsabfall pro Zentimeter Luftschicht ist der größte, den Luft aushalten kann; da Glas eine höhere spezifische Kapazität hat, ist die Linie des Spannungsabfalles in Glas weniger steil als in Luft (die Spannung ist umgekehrt proportinal der Kapazität), dementsprechend muß bei eingeschobenen Glasplatten die Spannungslinie in Luft steiler werden und die Luftschicht wird durchgeschlagen; bei Wechselstrom wird nun das Glas allmählich heiß und für den Strom direkt durchlässig.

Diese Erscheinung zeigt, wie wesentlich die Gleichmäßigkeit des Gewebes bei allen Isolationsarten ist, welche aus aufeinanderfolgenden dünnen Schichten zusammengesetzt sind, namentlich wenn diese Schichten wie bei Papierkabeln mit Rücksicht auf die Biegsamkeit nicht zu fest aufeinandergepreßt werden dürfen, oder wenn die Schichten wie bei Gummikabeln aus verschiedenen Stoffen bestehen, um an diesen teuren Stoffen möglichst zu sparen, oder um das Kupfer nicht direkt mit dem vulkanisierten Gummi in Berührung zu bringen.

„Bei unseren heutigen Herstellungsverfahren sollte es eigentlich nicht schwer fallen, die erforderliche Sicherheit in dieser Beziehung zu geben, indem in dem einen Falle nur Öl von nahezu gleicher Kapazität, wie sie das Papier besitzt, zum Imprägnieren und nur ganz glattes Papier verwendet wird und indem im anderen Falle ein zu großer Unterschied der einzelnen Umhüllungen vermieden wird.“

Zweites Kapitel

Einige Eigenschaften der Isoliermaterialien.

Die außerordentlichen Abweichungen in den Versuchsergebnissen verschiedener Forscher bezüglich der Isolationseigenschaften der einzelnen Materialien beruhen auf verschiedenen Ursachen.

I. Einflufs der Feuchtigkeit.

Bei der sorgfältigen Vorbereitung der Versuchsstücke bereitet die Beseitigung der Feuchtigkeit bis auf den letzten Rest häufig große Schwierigkeit. Weiterhin ist die Frage von großer Wichtigkeit, in welchem Maße das Material vor der Prüfung ausgetrocknet werden soll, da man durch die günstigen Resultate eines vollkommen trockenen Materials zu einer höheren Beanspruchung verleitet werden kann, als dem Material bei normalem Betriebszustande entspricht. Zwischen den äußersten Grenzen, nämlich der erreichbaren Austrocknung des Materials im Vakuum-Ofen und dem natürlichen Zustand, läßt sich nun außerordentlich schwer eine den praktischen Verhältnissen entsprechende Zwischenstufe aufstellen. Dr. HOLITSCHER gibt hierfür folgende Anweisung:[1] „In Feuchtigkeit wird das Material dadurch untersucht, daß es ca. 5 Stunden hindurch über Wasserdampf gehalten wird (ca. 50 cm hoch über Wasserspiegel bei frei aufsteigenden Dämpfen). Danach wird es zwischen einem Löschblatt getrocknet und der Hochspannung ausgesetzt. Das Verhalten des Materials gegenüber Feuchtigkeit läßt sich fernerhin dadurch untersuchen, daß man Stücke, z. B. 10.10 qcm, vor und nach obiger Prozedur wägt und dann die Gewichtssumme in Prozenten des ursprünglichen Gewichtes ausdrückt oder aber diese Wägung nach einstündigem Liegen des Materials in Wasser von ca. 20° C. vornimmt. Aus diesen Werten kann man dann auf die Hygroskopie des betreffenden Materials schließen."

---

[1] ETZ. 1902, S. 170.

Den außerordentlichen Einfluß der Feuchtigkeit erkennt man

aus dem Kurvenstück *A* der Fig. 21,[1] welches zeigt, wie bei einem Probestück von 0,38 mm starkem, glatten Baumwolltuch der Oнмsche Widerstand bei steigender Temperatur infolge der Feuchtigkeitsabnahme rasch zunimmt, während das Kurvenstück *B* die starke Isolationsabnahme bei noch weiter gesteigerter Temperatur nachweist. Indes würde der Kurvenzug nicht ent-

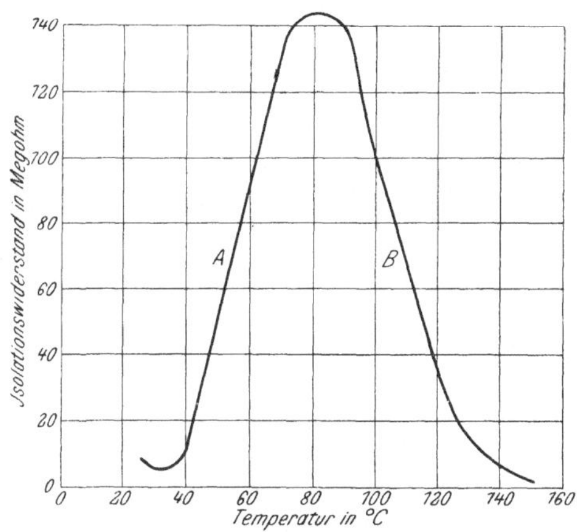

Fig. 21. Einfluß der Feuchtigkeit und der Temperatur auf den Isolationswiderstand von glattem Baumwolltuch. *A* Widerstandszunahme während des Austrocknens; *B* Abnahme des Widerstandes bei noch höherer Temperatur.

fernt so steil ausgefallen sein, wenn statt des Oнмschen Widerstandes die Durchschlagsfestigkeit in Volt untersucht wäre.

Ein besseres Bild von dem Einfluß des Trocknens geben die Kurven der Fig. 22, welche sich auf die Durchschlagsfestigkeit beziehen.

PERRINE[2] hat nachgewiesen, daß bei dem trockensten Klima vollständig ausgetrocknetes Holz in zwei Tagen etwa 15 $^0/_0$ seines Eigengewichtes an Feuchtigkeit aufnimmt, daß ferner bestes gepreßtes Papier in trockener Luft 5 $^0/_0$ Wasser abgibt, und daß man es nicht einmal besonders feuchter Luft

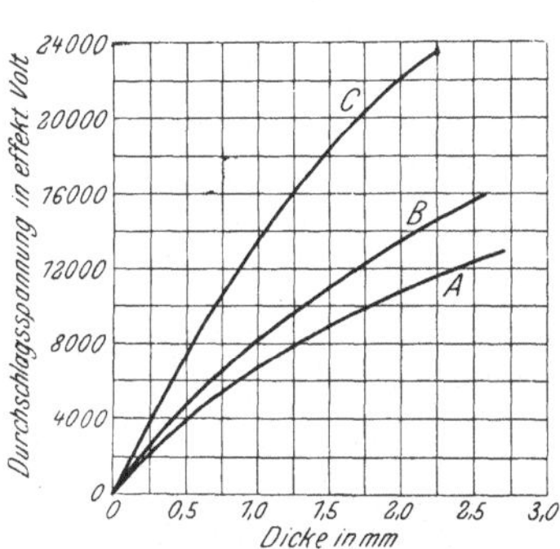

Fig. 22. Einfluß des Trocknens und nachfolgenden Lackierens auf die Durchschlagsfestigkeit von Pappe. *A* rohe Pappe; *B* ausgetrocknet; *C* lackiert.

<hr>

[1] Nach SEVER, MONELL und PERRY. Trans. Am. Inst. Elec. Engrs. vol. XIII (1896), S. 227.

[2] Trans. Am. Inst. Elec. Engrs. 1897, S. 265.

auszusetzen braucht, um ihm denselben Feuchtigkeitsgrad wieder zu verschaffen.

Zu derselben Frage gibt Steinmetz folgende wertvolle Gesichtspunkte: „Es lassen sich drei wesentlich voneinander verschiedene Erscheinungen bei Isoliermaterialien beobachten: 1. Die Änderung des Widerstandes mit der Temperatur. 2. Der Einfluß der Feuchtigkeit. 3. Die mit der Zeit eintretende chemische Zersetzung. Diese Erscheinungen müssen scharf auseinander gehalten werden. Ferner wird ein Einfluß der Temperatur zu beobachten sein insofern, als mit zunehmender Temperatur die Feuchtigkeit abnimmt, also bis zu einem gewissen Grade der Widerstand größer wird, wenn auch nicht immer in linearem Verhältnis, da hier auch die atmosphärischen Verhältnisse und die größere oder geringere Möglichkeit für das Aufnehmen oder Abgeben der Feuchtigkeit von Bedeutung wird.

Auch die chemische Zersetzung ist in bestimmtem Maße abhängig von der Temperatur.

Ich möchte vor allem darauf hinweisen, daß man den Unterschied zwischen dem Einfluß der chemischen Zersetzung und dem Einfluß der Feuchtigkeit auf die Verschlechterung der Isolation in der Regel nicht genügend beachtet und infolgedessen zu falschen Schlüssen gelangt. In ihren praktischen Wirkungen ist nämlich ein außerordentlicher Unterschied.

Die Feuchtigkeit ist — in vernünftigen Grenzen natürlich — vollständig harmlos, wenn sie auch den Ohmschen Widerstand verringert. Es ist nutzlos, die Feuchtigkeit zu beseitigen, da die Maschinen die gleiche Feuchtigkeitsmenge wieder aufnehmen, sobald sie in Betrieb kommen. Also hat die Beseitigung der Feuchtigkeit durch Trocknen im Ofen keinen anderen Zweck, als nach veralteten Vorschriften einen möglichst hohen Ohmschen Widerstand zu erreichen. Es ist sehr erfreulich, daß die konsultierenden Ingenieure mehr und mehr von der Forderung eines hohen Ohmschen Widerstandes als Garantie für die Sicherheit des Isolationszustandes absehen und dafür eine hohe Spannung vorschreiben, welche die Maschine bei der Prüfung aushalten muß. Besteht die Isolation aus Fibre und ist sie nicht besonders gut, so kann sie bereits bei niedriger Spannung durchgeschlagen werden und doch nach dem Trocknen im Ofen einen sehr großen Ohmschen Widerstand zeigen, während eine sehr gute Isolation, auch wenn sie längere Zeit dampfhaltiger Luft — wie in Turbinenstationen — ausgesetzt ist, vielleicht einen geringen Oнмschen Widerstand zeigt, aber trotzdem, was Durchschlagsfestigkeit anbelangt, der ersteren bedeutend überlegen ist.

Glücklicherweise findet man heutzutage nur noch wenige Ingenieure, die so weit hinter der Zeit zurückgeblieben sind, daß sie nur einen großen Widerstand in Megohm verlangen. Ist es doch der Fall, so erreichen sie denselben in der Regel durch Trocknen im Ofen. Sonst kommt das Trocknen mehr und mehr aus dem Gebrauch und wird ersetzt durch hohe Durchschlagsprüfung.

Natürlich darf die Feuchtigkeit, so harmlos sie auch in geringen Mengen ist, nicht im Übermaß auftreten; der Anker darf nicht etwa naß sein, obwohl dieses oft genug vorkommt, wenn die Maschine abends still gesetzt wird und die Luftfeuchtigkeit sich nachts auf ihr niederschlägt. Trotzdem tut sie meist auch in solchem Fall keinen Schaden.

Man muß also unterscheiden zwischen dem geringen Isolationswiderstand, der durch Feuchtigkeit, und dem, der durch schlechtes Material oder chemische Zersetzung verschuldet ist."

Die meisten Autoren sind der Meinung, daß hierin Steinmetz in mancher Beziehung vollkommen recht hat, daß aber der Leser leicht verleitet werden könnte, die großen Vorteile gering zu schätzen, die sich durch das Trocknen, namentlich im Vakuumofen, für die elektrischen Konstruktionen erreichen lassen.

Ferner kann bei Hochspannungsmaschinen bereits die Anwesenheit der Luftfeuchtigkeit außerordentlich schädlich sein, wie späterhin noch gezeigt werden wird.

II. Einfluſs der Form der Elektroden auf die Prüfungsresultate.

Der Einfluß der Elektrodenform ist neuerdings oft untersucht worden. So gibt Dr. Walter in der ETZ. 1904, S. 874 an, daß, wenn als positive Elektrode eine Spitze, als negative Elektrode eine Platte verwendet wurde, eine Funkenlänge von etwa 20 cm, bei umgekehrter Polarität der Elektroden eine Funkenlänge von nur 4 cm bei gleicher Spannung beobachtet wurde.

Die außerordentliche Verschiedenheit der Durchschlagsweiten bei verschiedener Elektrodenform beweist, wie notwendig hier eine erschöpfende systematische Untersuchung ist, da vorläufig, trotz der

Einzelbeobachtungen der verschiedenen Forscher, noch keine genügenden und vollständigen Versuchsreihen zugänglich sind.

Die Compagnie de l'Industrie Electrique et Mécanique in Genf hat in letzter Zeit verschiedene sehr interessante Untersuchungen über die Durchschlagsweite in Luft mit verschieden geformten Elektroden und mit Gleich- und Wechselstrom angestellt. In den entsprechenden Kurven (Fig. 23, 24, 25) ist als Spannung bei Wechselstrom die effektive aufgetragen. Der Wechselstrom wurde durch eine sechspolige Außenpol-Maschine mit glattem Anker für 75 KW. und 50 Perioden geliefert, welche eine am Scheitel deutlich abgeflachte, im übrigen aber nahezu sinusartig verlaufende Kurvenform mit einem Scheitelfaktor = 1,255 besaß.

Die Einstellung der Spannung erfolgte durch Änderung der Erregung oder des Übersetzungsverhältnisses des verwendeten Transformators.

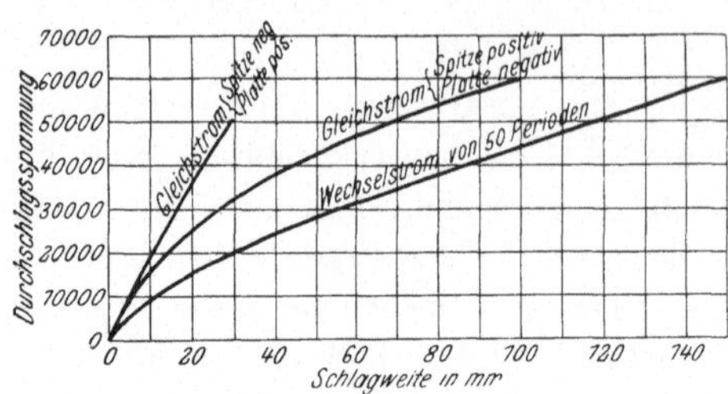

Fig. 23. Schlagweite in Luft nach Versuchen der Compagnie de l'Industrie Electrique et Mécanique bei Gleich- und Wechselstrom zwischen Spitze und Platte.

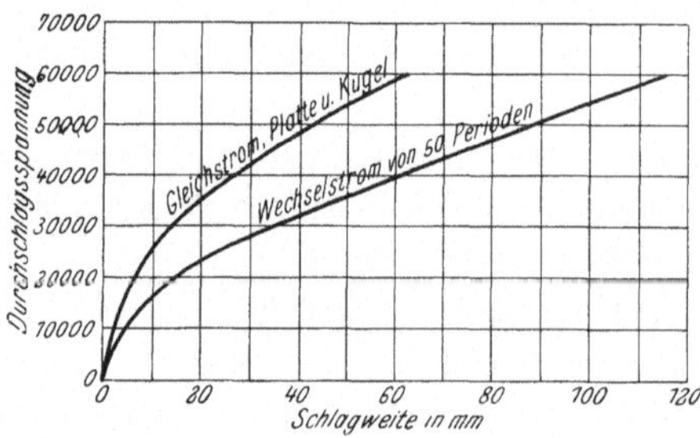

Fig. 24. Schlagweite in Luft nach Versuchen der Compagnie de l'Industrie Electrique et Mécanique bei Gleich- und Wechselstrom zwischen Platte und Kugel.

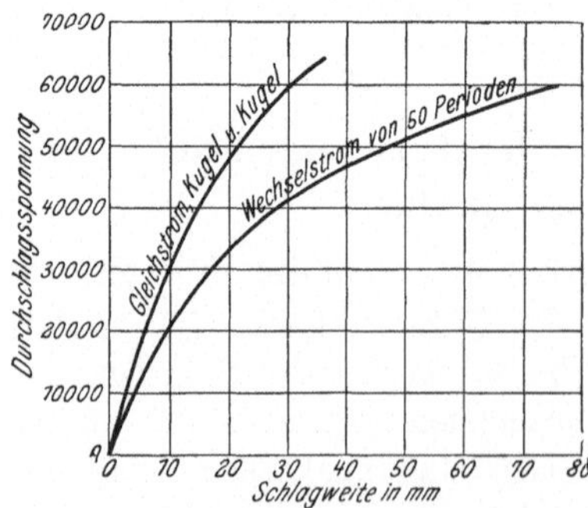

Fig. 25. Schlagweite in Luft nach Versuchen der Compagnie de l'Industrie Electrique et Mécanique bei Gleich- und Wechselstrom zwischen zwei Kugeln.

Die mit Spitzenelektroden gewonnenen Resultate sind nicht veröffentlicht, es wurde nur erwähnt, daß sie keine Übereinstimmung zeigten und somit wertlos waren.

Das mittlere Verhältnis zu den Funkenstrecken bei Gleich- und Wechselstrom für verschiedene Elektrodenformen ist in Tabelle III angegeben.

Tabelle III.

Verhältnis: $\dfrac{\text{Funkenlänge bei Wechselstrom, 50 Perioden,}}{\text{Funkenlänge bei Gleichstrom.}}$

Elektroden	30000 Volt	60000 Volt
Zwei Kugeln	1,6	2,5
Platte und Kugel . .	2,4	1,9
Spitze und Kugel . .	2,2	1,5

III. Einflufs der Prüfungsmethode.

Es wurde bereits erwähnt, daß für ein Isoliermaterial in erster Linie eine große Widerstandsfähigkeit gegen hohe Spannungen gefordert wird, und daß der Ohmsche Widerstand im allgemeinen eine untergeordnete Rolle spielt, da derselbe in der Regel so groß ist, daß wenigstens bei Maschinen und Apparaten wesentliche Verluste nicht auftreten; für Kabel ist der Ohmsche Widerstand von größerer Bedeutung.

Es wird also bei der Untersuchung eines Isoliermaterials bezüglich seiner elektrischen Eigenschaften meist nur die sogenannte Durchschlagsfestigkeit untersucht. Die für diese Durchschlagsfestigkeit gefundenen Werte sind aber ausserordentlich verschieden, je nach der angewandten Methode.

Für feste Isolatoren kann man drei verschiedene Methoden anwenden:

1. Das Probestück wird zwischen zwei kreisförmigen Elektroden von nicht zu großem Durchmesser direkt in Luft durchgeschlagen (vergl. S. 9 Fig. 3). Dies Verfahren wird meistens angewandt und entspricht vielleicht am besten den in der Praxis vorkommenden Beanspruchungen des Materials.

2. Das Probestück wird vollständig in eine Isolationsflüssigkeit getaucht und nun zwischen Platten oder Spitzenelektroden durch-

geschlagen. Dies Verfahren wird von Voege[1]) angegeben. Es liefert erheblich geringere Durchschlagsspannungen als das erste, dabei ist zu berücksichtigen, daß die Werte verschieden sind, je nach der Beschaffenheit der Isolationsflüssigkeit.

Voege fand für eine Glasplatte von 9 mm Stärke eine Durchschlagsspannuung von 69 000 Volt in Leinöl, von 78 000 Volt in Petroleum und von 100 000 Volt bei dickflüssigem Paraffinöl.

In ähnlicher Weise hat Moscicki[2]) verschiedene Isolatoren aus Glas und Ebonit untersucht.

Das Material wurde in Form einer Röhre geprüft, deren Inneres mit Quecksilber gefüllt war, während die äußere Belegung durch Versilbern gebildet war. Um diese äußere Belegung wurde Stanniolband gewickelt und dieses mit einem 2—3 cm breiten Bande von dünnem Kupferblech fest umschlossen. Die Spannung wurde an das Quecksilber und an das Kupferband angeschlossen; die Glasröhre wurde in einen mit Hochspannungsisolationsöl gefüllten Zylinder gesetzt, so daß die äußere Belegung der Röhre unter Öl war. Das Durchschlagen fand stets an dem Rande der Belegung statt, und zwar bei wesentlich geringeren Spannungen, als wenn das Durchschlagen in Luft stattfand.

Moscicki erklärt diese Erscheinung in folgender Weise: Im ersten Falle, bei den in Öl eingetauchten Probestücken, ist durch die gute Isolation mit Öl der Rand des Beleges scharf begrenzt. An diesem scharf begrenzten Rande findet eine Verdichtung der Kraftlinien statt, wodurch der Durchbruch verursacht wird.

Im anderen Falle, bei der in freier Luft befindlichen Röhre schließt sich an die Stanniolbelegung eine feine Feuchtigkeitsschicht an, welche den unbelegten Teil der Glasröhre bedeckt. Weil nun die elektrische Ladung auch auf dieser Feuchtigkeitsschicht sich ausbreitet, wird eine Verdichtung der Kraftlinien am Rande des Stanniolbeleges vermieden, auf der Feuchtigkeitsschicht aber findet infolge ihres großen Ohmschen Widerstandes ein bedeutender Spannungsabfall statt, also auch eine Abnahme der Kraftliniendichte, und dieser allmähliche Übergang erklärt, warum die Röhre in der Luft wesentlich höhere Spannungen aushält als in Öl.

---

[1]) ETZ. 1904, S. 1023—1035.
[2]) ETZ. 1904, S. 528—532.

Mościcki verhinderte bei weiteren Untersuchungen dies Durchschlagen am Rande der Belegung dadurch, daß er das Material an dieser Stelle in geeigneter Weise entsprechend verstärkte.

Es ergab sich nun, daß die Durchschlagsspannung im Innern der Belegung erheblich größer war. Dieser letzte Fall entspricht vielleicht der Methode unter 1. und gibt auch annähernd gleiche Werte.

3. Als Spezialfall des Verfahrens unter 2. kann die von Dr. Walter[1]) angegebene Methode angesehen werden. „Das Verfahren stützt sich auf die vor einigen Monaten von mir und Prof. Kiessling gemachte Entdeckung[2]) (Annalen der Physik 1903, Bd. II, S. 570), daß man selbst eine ziemlich dicke Schicht einer solchen hochisolierenden Substanz auf elektrischem Wege sehr leicht durchbohren kann, wenn man auf die eine Außenfläche derselben einen etwa 2 cm großen und 2 mm hohen Tropfen von heißem Wachs, Stearin oder dergl. auffließen läßt und dann den letzteren nach dem vollständigen Erkalten in der Nähe seiner Mitte mit einer feinen Nadel bis auf die zu durchbohrende Platte hin durchsticht. Bringt man die letztere zwischen zwei beliebig geformte Elektroden, die mit den Polen einer Hochspannungsmaschine, also auch z. B. eines Induktionsapparates verbunden sind, so daß die Stichöffnung des Tropfens in der Verbindungslinie der beiden Elektroden liegt und die letzteren selbst etwa 1 mm weit beiderseits von der Platte bezw. dem Tropfen entfernt sind, so gelingt es schon mit einer verhältnismäßig niedrigen Spannung, die Platte nach der Verlängerung der Stichöffnung hin zu durchbohren.

Das hier in Rede stehende Verfahren zur zahlenmäßigen Bestimmung der Durchschlagsfestigkeit einer hochisolierenden Substanz ergab sich nun durch die bei den oben beschriebenen Durchschlagsversuchen von mir gemachte Beobachtung, daß sich für eine bestimmte Platte eines solchen Stoffes auch stets eine bestimmte kleinste Funkenlänge ausfindig machen läßt, mit welcher die Durchbohrung derselben noch eben möglich ist, und daß ferner auch diese kleinste Funkenlänge bei Anwendung verschieden dicker Platten desselben Materiales proportional der Dicke der Platte zunimmt.

---

[1]) ETZ. 1903, S. 796—802.

[2]) Es sei erwähnt, daß von Andrews schon ein Jahr früher ein ähnliches Verfahren zur Bestimmung von Durchschlagsfestigkeiten angegeben ist, das in einem späteren Kapitel (V, S. 97) besprochen wird. (Anm. d. Übersetzer.)

Auf Grund dieser Tatsachen bezeichne ich als elektrische Durchschlagsfestigkeit eines Isolationsmateriales diejenige kleinste Funkenlänge in Luft — zwischen Spitzenelektroden und in Zentimetern gemessen —, welche bei einer 1 cm dicken Schicht des betreffenden Materiales nach dem weiter unten noch genauer zu beschreibenden Verfahren in der Mehrzahl der Versuche in weniger als einer Minute zur Durchbohrung führt (vergl. S. 3).

Die beiden in Fig. 1 mit A und B bezeichneten Pole des Induktors, in welche zur Sicherheit des Apparates dauernd die angedeuteten Polspitzen eingeschraubt sind, werden nun zunächst mit den beiden Elektroden C und D der verstellbaren Meßfunkenstrecke verbunden, die ihrerseits wieder mit den beiden Versuchselektroden E und F in gut leitender, möglichst induktionsfreier Verbindung stehen.

Nach einer Einstellung der Funkenstrecke auf eine bestimmte Funkenlänge wird die Platte PP zwischen den Elektroden E und F angebracht, und zwar so, daß die Endspitzen von E und F einerseits der einen Oberfläche der Platte, andererseits der Stichöffnung des auf der anderen angebrachten Tropfens T in etwa 1 mm Abstand gegenüberstehen und dabei diese Stichöffnung in ihrer Verbindungslinie liegt. Ferner wird der Induktorstrom so geschaltet, daß der Tropfen T der positiven Elektrode gegenübersteht, und zwar, weil es sich gezeigt hat, daß dann die Durchschlagswirkung noch ein wenig größer ist als bei der umgekehrten Schaltung.

Ist die Spannung zwei Minuten wirksam gewesen, ohne daß ein Durchschlagen erfolgt, so wird ein neuer Tropfen bei gleicher Funkenlänge wiederum zwei Minuten untersucht; führt auch dieser nicht zum Ziele, so erhöht man die Spannung durch Verlängerung der Schlagweite CD und untersucht einen weiteren Tropfen und so fort, bis ein Durchbohren innerhalb weniger als einer Minute erfolgt; ergibt sich das gleiche Resultat in der Mehrzahl der Fälle bei der Benutzung anderer, aber stets noch nicht geprüfter Tropfen, so hat man damit die „relative kritische" Funkenlänge, aus der man die „absolute kritische" Funkenlänge oder kürzer die „Durchschlagsfestigkeit" durch Division mit der Plattendicke bestimmt."

Die Messung der Plattenstärke geschieht mit Hilfe eines Schraubenmikrometers.

Als Material für den Tropfen eignet sich am besten eine schwarze, zähe und klebrige Masse, deren Schmelzpunkt bei 72° C.

liegt und die auch in der Kälte an allen möglichen Körpern ganz ausgezeichnet haftet, namentlich wenn sie in recht heißem Zustande auf dieselben gebracht ist. Dr. WALTER bezeichnete diese Masse als Piceïn.

Die nach diesem Verfahren bestimmten Durchschlagswerte sind zum Teil in einem späteren Teile dieses Kapitels (S. 46) wiedergegeben.

Es sei noch erwähnt, daß Dr. WALTER aus einem Vergleiche seiner Durchschlagswerte mit denen der Porzellanfabrik Hermsdorf für Hartporzellan schließt, daß eine nach seinem Verfahren bestimmte Durchschlagsfestigkeit von 20 cm Funkenlänge für die Praxis des hochgespannten Wechselstromes einer Durchschlagsfestigkeit von 100000 Volt gleichkommt, für geringere Funkenlängen proportionale geringere Spannungen.

Dr. WALTER weist noch darauf hin, daß allerdings die Beanspruchung in der Praxis gewöhnlich dem beschriebenen Verfahren nicht entspricht, daß aber sehr oft eine derartige Stichwirkung der Elektrizität auftreten kann, für die dann das Material die nötige Durchschlagsfestigkeit aufweisen muß.

IV. Einfluſs der Temperatur.

Durch Fig. 21 ist nachgewiesen, daß die Zunahme der Isolation bei steigender Temperatur nur durch die gleichzeitige Entfernung der Feuchtigkeit hervorgerufen wurde.

Der wahre Isolationswiderstand nimmt in der Regel bei steigender Temperatur erheblich ab. Das zeigt deutlich Fig. 26

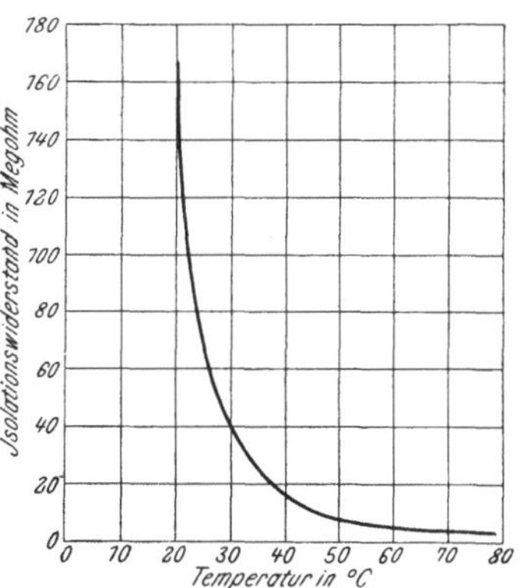

Fig. 26. Einfluß der Temperatur auf den Isolationswiderstand eines Transformators. Die Prüfspannung betrug zwischen 20 und 100 Volt, die Temperatur-Zunahme wurde aus der Widerstands-Zunahme der Wicklung berechnet.

für die Prüfung des Isolationswiderstandes eines Transformators.

Eine Temperatursteigerung um 60° C. verringert den Isolationswiderstand auf nur wenige Prozent des Betrages in kaltem Zustande. In diesem Falle bestand die Isolation aus Glimmerleinen, vollständig imprägniert mit Öl.

Dagegen wird die Widerstandsfähigkeit dieses Materials gegen hohe Spannungen durch Erhöhung der Temperatur nur wenig geändert. Auch aus diesem Grunde hat man also sorgfältig zwischen Durchschlagsfestigkeit und hohem Oᴍʜschen Widerstand zu unterscheiden. Es soll übrigens noch erwähnt werden, daß sich der hohe Oʜᴍsche Widerstand bei erfolgter Abkühlung wieder einstellt.

Fig. 27 und 28 zeigen die Abhängigkeit der Durchschlagsspannung von der Temperatur bei Ochre Brown-Papier (eine Art Packpapier) und geöltem Leinen.

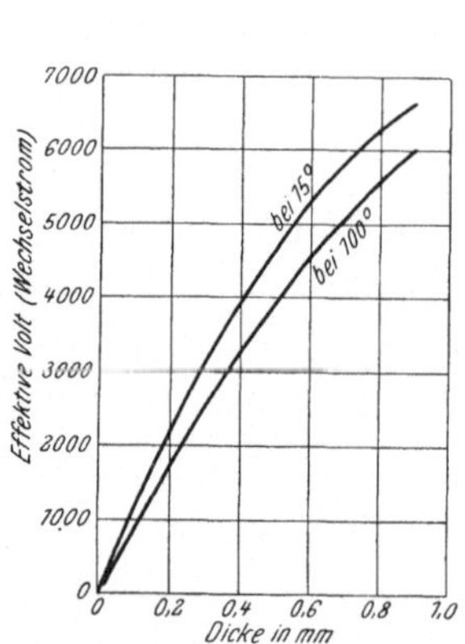

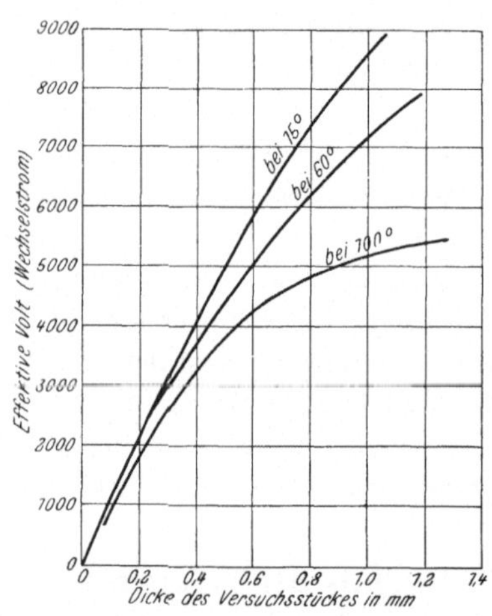

Fig. 27. Durchschlagsspannung von Ochre Brown-Papier, abhängig von der Temperatur. (Mittelwerte aus je 5 zusammengehörigen Werten.)

Fig. 28. Durchschlagsspannung von geöltem Leinen, abhängig von der Temperatur.

Ist somit der Einfluß der Temperaturerhöhung auf die Durchschlagsfestigkeit nicht immer sehr erheblich, so ist doch der schädliche Einfluß einer andauernden, nicht einmal sehr bedeutenden Temperaturerhöhung auf manche Materialien sehr zu berücksichtigen.[1] Prof. Eʟɪʜᴜ Tʜᴏᴍsᴏɴ sagt hierüber: „Aus anderen Gründen, glaube ich, wird Zellulose als Isolation weniger empfehlenswert sein als andere Stoffe. Zellulose bleibt nämlich bei höheren Temperaturen durchaus nicht unverändert; sogar Temperaturen unter 100° C. zerstören oder verkohlen allmählich Zellulose, so daß schließlich die chemische Substanz völlig geändert ist. Einige Experimente wurden vor etwa 10 Jahren von der Thomson Houston-Gesellschaft hierüber

---

[1] Vergl. Versuche von Gʟᴀᴢᴇʙʀᴏᴏᴋ.

angestellt. Wir unterwarfen baumwollumsponnene Drähte verschiedenen Temperaturen für längere Zeitdauer und fanden, daß grade bei 100° C. eine allmähliche Verschlechterung zu beobachten war, die bei nur wenig über 100° C. außerordentlich schnell zunahm. Die Baumwolle wurde braun, zeigte ganz deutlich einen ständigen Wasserverlust und eine Zunahme des Kohlegehaltes gegenüber dem Wasserstoff- und Sauerstoffgehalt."

Die Verschlechterung der Baumwollumspinnung kann erheblich abgeschwächt werden durch Imprägnierung mit geeigneten Lacken.

Auch Farrington[1]) betont als ganz besonders wichtig die Fähigkeit einer Isoliermischung, hohe Temperaturen auszuhalten. „Der Konstrukteur kann nie wissen, welche seiner Maschinen in der heißesten Ecke eines Walzwerkes aufgestellt wird, oder welche Maschine tagelang die enorme Hitze des Maschinenraumes in einem Torpedoboot bei defektem Ventilator oder eine außerordentliche Überlastung auszuhalten hat." Um dementsprechende Prüfungen auszuführen, wickelte er doppelt mit Baumwolle umsponnenen Draht auf einen Stahlstab, tränkte die Spule mit der Isoliermischung, entfernte den Stahlstab und setzte an dessen Stelle ein gewöhnliches Thermometer. Dann wurde ein durch Wasserwiderstände regulierter Strom durch die Spule geschickt und so lange gesteigert, bis die Spule dichte Rauchwolken abgab. Wurde dann durch Wägung festgestellt, daß der Gewichtsverlust der Spule nicht mehr als 10 % der Imprägnierung betrug, so war Sicherheit geboten, daß dieses Material auch bei stärkster Beanspruchung seine Pflicht erfüllen würde. Also eine möglichst hohe Schmelztemperatur wurde von dem Lack gefordert. So hoch diese Anforderungen auch sein mögen, sie berücksichtigen indes noch nicht den Einfluß wiederholter Erhitzung und Abkühlung, welche im Betriebe oft mehrmals am Tage nacheinander eintreten und ganz besonders zerstörend wirken.

Farringtons Methode gibt nur an, eine wie hohe Temperatur der Lack bei schneller Erwärmung aushalten kann, bevor die Baumwolle verkohlt; das entspricht dem praktischen Fall, daß eine Maschine in kurzer Zeit vom Leerlauf bis zu 50 % Überlastung belastet wird.

Es handelt sich also eigentlich nur darum, wie schnell das Isoliermaterial die erzeugte Wärme fortleitet.

---

[1]) „Defective Machine Insulation", Franklin Institute, March 12, 1903.

V. Der Einfluſs der Zeit — das „Altern“.

Der Einfluß der Dauer der Prüfung ist z. B. für rotes Hanfpapier bereits in den Kurven Fig. 4—9 nachgewiesen. Dasselbe für Leatheroidpapier zeigt Fig. 29, welche einer Veröffentlichung der Dielectric Manufacturing Co. in St. Louis entnommen ist.

Die hiervon vollständig verschiedene Erscheinung des „Alterns“ zeigt Fig. 30 aus derselben Veröffentlichung.

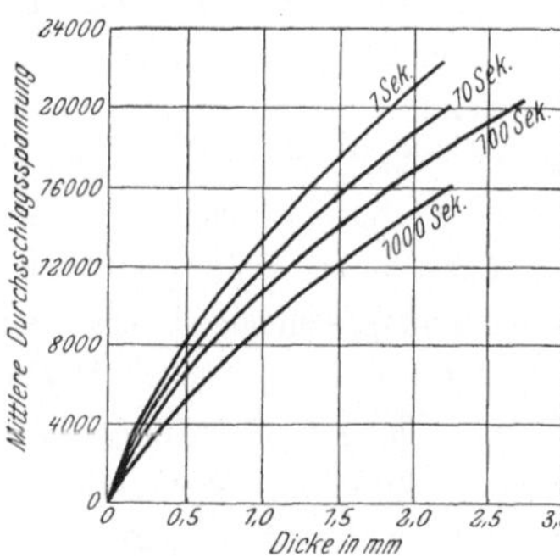
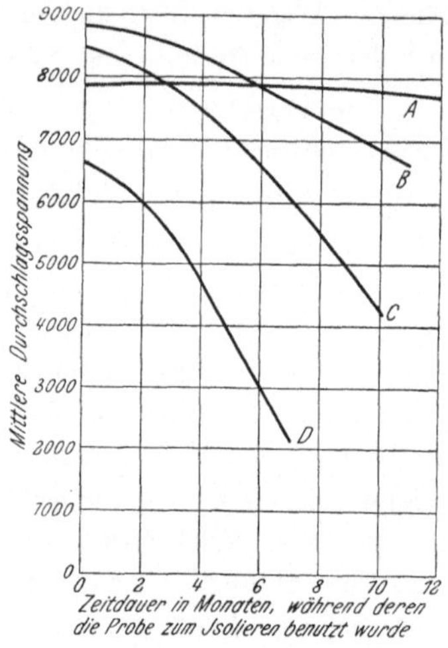

Fig. 29. Leatheroidpapier, untersucht auf den Einfluß der Zeit, während der es der Prüfspannung ausgesetzt wurde.

Fig. 30. Einfluß des „Alterns“ auf Isolierlacke.

A Dielectrol, beliebig getrocknet; *B* gewöhnlicher Lack (Varnish), unter den besten Umständen getrocknet; *C* gewöhnlicher Lack, normal getrocknet; *D* gewöhnlicher Lack, schlecht getrocknet.*

* Die Dielectric Mfg. Co., von der diese Versuche stammen, gibt an, daß bei der Kurve *A* der Dielectrol-Lack dauernd mit dem Kupfer im Innern der Spule in Berührung war. Die Kurven zeigen, daß die ursprüngliche Isolierfähigkeit des Dielectrols allerdings niedriger ist, daß aber auch der Einfluß der Zeit, das „Altern“, geringer ist als bei anderen Lacken

Die starke Abnahme der Durchschlagsfestigkeit der Isolierlacke *B*, *C* und *D* ist sehr zu beachten.

VI. Einfluſs der Materialdicke und die Gesetze der elektrischen Durchschläge.

Es wurde bereits bemerkt, daß bei den meisten Isoliermaterialien die Durchschlagsspannung nicht proportional der Dicke ist. Die Ursache dieser Erscheinung ist vorläufig noch nicht genügend klar gelegt. In manchen Fällen, z. B. bei Vulkanfiber, bei Leatheroidplatten und hygroskopischen Materialien im allgemeinen ist die Erscheinung z. T. dadurch begründet, daß die inneren Teile nicht genügend ausgetrocknet werden können und daß sich eine durchaus gleichmäßige Zusammensetzung über die ganze Dicke hin nur schwer erreichen läßt.

So ergaben Prüfungen von Leatheroidplatten folgende Resultate:

Tabelle IV. Durchschlagsfestigkeit von Leatheroidscheiben.

Dicke in mm	Durchschlagsspannung in Volt	Durchschlagsfestigkeit für 1 mm
0,397	5 000	12 600
0,795	8 000	10 000
1,19	12 000	10 000
1,59	15 000	9 400
3,17	15 000	4 750

Andererseits wurde bei der Untersuchung einiger weniger Materialien fesgestellt, daß die Durchschlagsfestigkeit bei größerer Dicke zunahm. Z. B. bei Probestücken, die aus weißem Glimmer abwechselnd mit speziell wasserdicht präpariertem Papier bestanden, ergaben sich die Resultate:

Tabelle V. Durchschlagsfestigkeit von weißen Glimmerscheiben, abwechselnd mit Papier.

Dicke in mm	Durchschlagsspannung in Volt	Durchschlagsfestigkeit für 1 mm
0,127	3 600— 5 860	28 300—46 200
0,178	7 800—10 800	44 000—61 000
0,228	8 800—11 400	38 600—50 000
0,279	11 600—14 600	41 500—52 500

Zu Anfang steigt die Durchschlagsfestigkeit mit zunehmender Dicke und bleibt dann im ganzen genommen konstant. Die bessere Verteilung der mittleren Durchschlagswerte bei solchen Glimmerprodukten trägt zweifellos zu diesem Resultate bei. Andere Glimmerprodukte zeigen ebenfalls dies Zunehmen der Durchschlagsfestigkeit, z. B. Megohmit nach Tabelle VI.[1]

---

[1] Aus ARNOLD, Die Gleichstrommaschine, S. 52.

Tabelle VI. Durchschlagsfestigkeit von Megohmit.

Dicke in mm	Durchschlagsspannung in Volt	Durchschlagsfestigkeit für 1 mm
0,25	8 000	32 000
0,40	12 500	31 300
0,60	20 500	34 200
0,80	27 500	34 400
1,00	36 000	36 000

Die Beziehung zwischen Durchschlagsfestigkeit und Dicke hat zuerst STEINMETZ (1893) untersucht und in Kurven zusammengestellt; er gibt an, daß die besten Kurven sich durch die Gleichung $d = a \cdot V + b V^2$ wiedergeben lassen. Nach ihm hat Dr. BAUR[1] für dieselbe Beziehung das Gesetz aufgestellt:

„Jedes Dielektrikum von beliebiger Stärke erfordert eine bestimmte Durchschlagsspannung, welche proportional der $2/3$ Potenz seiner Dicke ist." BAUR gibt diesem Gesetz die Formel

$$V = c \cdot d^{2/3},$$

darin ist: V die Wechselstromspannung, gemessen in Volt,

d die Dicke der Isolationsschicht, gemessen in Millimeter,

c eine Konstante, welche den Spannungswert darstellt, der zum Durchschlagen von 1 mm der betr. Isolation erforderlich ist; BAUR bezeichnet sie als „spezifische elektrische Bruchfestigkeit".

Es genügt hiernach also, die Durchschlagsfestigkeit für 1 mm eines Isoliermaterials zu kennen, um die Durchschlagsspannung für jede beliebige Dicke zu bestimmen.

Dr. BAUR gibt eine Tabelle für die „spezifischen elektrischen Bruchfestigkeiten" verschiedener Materialien.

Tabelle VII. Durchschlagsfestigkeit verschiedener Substanzen nach BAUR.

Imprägnierte Jute	2 200 Volt.
Imprägniertes Kaliko	2 200 „
Gewöhnliche trockene Luft	3 300 „
Guter vulkanisierter indischer Gummi .	10 000 „
Empire Cloth	12 500 „
Fullerboard (Pappe)	19 000 „
Glimmer	58 000 „

---

[1] Electrician 6. Sept. 1901, S. 759.

Indem Dr. Baur sein Gesetz auf verschiedene Materialien anwendet, kommt er auf interessante Vergleiche zwischen den tatsächlich beobachteten Durchschlagsspannungen und den aus seiner Formel berechneten.

Die erste Untersuchung bezieht sich auf Kabel, die mit imprägnierter Jute isoliert waren. Die Isolationsstärken variierten zwischen 2 und 24 mm. Indem er in diesem Fall für die elektrische Bruchfestigkeit 2200 einsetzt, erhält er die Werte der Tabelle VIII.

Tabelle VIII. Durchschlagsspannung von imprägnierter Jute.

Dicke in mm	3	6	12	24
Beobachtete Durchschlagsspannung	4800	7200	12 000	19 000
Berechnete „	4600	7200	11 400	18 300

Die nächste Untersuchung bezieht sich auf Kaliko, imprägniert mit Gummi, in einer Dicke von 0,3 mm; verschiedene Lagen übereinander bis zu 10 wurden zwischen ebenen Elektroden durchschlagen. Setzt man wieder $c = 2200$, so erhält man eine Fortsetzung der Kurve für Jute.

Tabelle IX. Durchschlagsspannung von Kaliko, imprägniert mit indischem Gummi.

Dicke in mm	0,6	0,9	1,8	3,0
Beobachtete Durchschlagsspannung	1550	2000	3050	4400
Berechnete „	1550	2050	3250	4560

Für Pappe gilt bei $c = 19\,000$.

Tabelle X. Durchschlagsspannung von Fullerboard (Pappe).

Dicke in mm	0,2	0,6	1,0	2,0	2,6
Beobachtete Durchschlagsspannung	4000	12 000	19 000	34 000	42 000
Berechnete „	6400	13 500	19 000	30 000	38 000

Für Empire Cloth bei $c = 12\,500$.

Tabelle XI. Durchschlagsspannung von Empire Cloth.

Dicke in mm	0,2	0,6	1,0	2,0
Beobachtete Durchschlagsspannung	4000	8000	12 500	20 000
Berechnete „	4300	8900	12 500	22 500

Für gummi-isolierte Kabel bei $c = 10\,000$.

Tabelle XII. Durchschlagsspannung für Kabel, mit indisch. Gummi isoliert.

Dicke der Isolierung in mm	1	2	4	6	8	10
Beobachtete Durchschlagsspannung	10 500	17 000	26 000	32 000	37 000	40 000
Berechnete Durchschlagsspannung	10 000	16 000	25 000	33 000	40 000	46 000

O'Gorman[1]) kritisiert die Ausführungen Dr. Baurs und äußert sich dahin, daß bei Dicken über 10 mm, bei einigen Materialien sogar bei viel kleineren Dicken, die Durchschlagsspannung proportional der Dicke des Isoliermaterials ist.

Für Glimmer wird die Kurve zu einer geraden Linie, bevor die Dicke 1 mm beträgt.

Nach den Untersuchungen von Trowbridge ergeben die Durchschlagsweiten in Luft für sehr hohe Spannungen ebenfalls eine grade Linie.

O'Gorman behauptet, daß, sobald es sich um hohe Spannungen handelt und die Dicken genügend sind, um den Einfluß des sogenannten Übergangswiderstandes vernachlässigen zu können, eine weit einfachere Bezeichnung, als das Baursche Gesetz die Regel zu sein scheint, nämlich die grade Linie.

Neuerdings[2]) ist Dr. Baur auf sein Gesetz zurückgekommen und hat versucht, die Richtigkeit desselben durch verschiedene Beobachtungen, teils eigene, teils fremde, zu beweisen. Danach ergeben sich für Luft die Werte der Tabelle XIII. In der Tabelle sind die beobachteten Werte mit den aus der Formel $V = c \cdot d^{2/3}$ ($c = 3300$ Volt) berechneten verglichen; die Abweichungen sind in Prozenten angegeben.

Tabelle XIII. Durchschlagsspannung der Luft nach Baur.

Schlagweite in mm	Durchschlagsspannung		Unterschied in %
	beobachtet	berechnet nach $V = c \cdot d^{2/3}$ für $c = 3300$ Volt	
0,67	2 000	2 500	— 20,0
1,59	4 000	4 500	— 11,0
2,53	6 000	6 100	— 1,7
3,60	8 000	7 800	+ 2,4
4,80	10 000	9 400	+ 6,3
6,46	12 000	11 500	+ 4,2
10,20	15 000	15 600	+ 3,8

Die von Warren de la Rue und H. Müller[3]) für Luft gefundenen Durchschlagsweiten zwischen 0,21 und 3,38 mm stimmen auch mit der Formel überein, wenn man $c = 3400$ setzt.

---

[1]) Electrician 20. Sept. 1901, S. 845.
[2]) ETZ. 1904, S. 7.
[3]) Mascart und Joubert, 1888, II, S. 187.

Lord KELVINS Beobachtungen für Durchschlagsweiten zwischen 0,025 und 1,5 mm ergeben = 2700 Volt.

Die beiden letzten Versuchsreihen waren mit Batteriestrom und Plattenelektroden gewonnen; um sie mit Wechselstrom vergleichen zu können, wurden die Spannungswerte durch $\sqrt{2}$ dividiert.

Die Resultate des Amerikan Institute of Electrical Engineers, gültig für Funkenlängen zwischen Nadelspitzen als Elektroden, sind in der Tabelle XIV zusammengestellt.

Tabelle XIV. Durchschlagsspannung für Luft bei sinusähnlichem Strom zwischen Nadelspitzen.

Schlagweite in mm	Durchschlagsspannung		Unterschied in %
	beobachtet	berechnet nach $V = c \cdot d^{2/3}$ $c = 2400$ Volt	
5,7	5 000	7 600	− 35
11,9	10 000	12 500	− 20
25,4	20 000	20 700	− 3,4
41,3	30 000	28 700	+ 4,5
62,2	40 000	38 000	+ 5,2
118	60 000	58 000	+ 3,6
180	80 000	77 000	+ 4,0
244	100 000	94 000	+ 6,3
301	120 000	107 000	+ 12
354	140 000	120 000	+ 17
380	150 000	126 000	+ 19

Für Glimmer legt Dr. BAUR die Resultate GRAYS zugrunde und erhält Tabelle XV.

Tabelle XV. Kontrolle des BAURschen Gesetzes an den Versuchen von GRAY über Durchschlagsspannung von Glimmer. Plattenförmige Elektroden und Wechselstrom. $c = 58000$.

Dicke in mm	Durchschlagsspannung in Volt		Unterschied in %
	beobachtet	berechnet	
0,1	11 500	12 500	− 9
0,2	19 000	19 800	− 4
0,5	37 000	36 600	+ 1
0,8	52 000	52 000	0
1,0	61 000	58 000	+ 5

Für Paraffin dienten die Untersuchungen WEICKERS (Fig. 31).

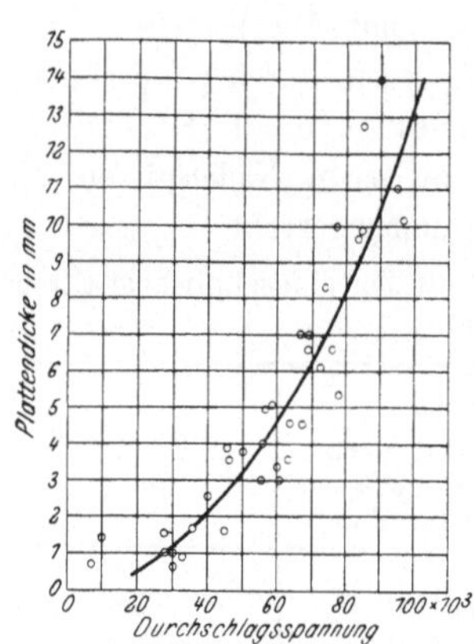

Fig. 31. Versuche von WEICKERS
über die Durchschlagsspannung von
Paraffinplatten.

Tabelle XVI.

Kontrolle des BAURschen Gesetzes
an WEICKERS Versuchen über die
Durchschlagsspannung von Paraffin.
Plattenförmige Elektroden
und Wechselstrom. $c = 20\,000$.

Dicke in mm	Durchschlags-spannung in Volt		Unter-schied in %
	be-obachtet	be-rechnet	
1	27 000	20 000	+ 35
2	39 000	32 000	+ 22
4	56 000	50 000	+ 12
6	68 000	66 000	+ 3
8	78 000	80 000	− 2
10	87 000	93 000	− 6
12	95 000	105 000	− 9
14	102 000	116 000	− 12

Für Hartporzellan die der Porzellanfabrik Hermsdorf.

Tabelle XVII.

Kontrolle des BAURschen Gesetzes an Versuchen mit Hartporzellan.
$c = 18\,000$ Volt.

Dicke in mm	Durchschlagsspannung		Unterschied in %
	beobachtet	berechnet	
1	13 600	18 000	− 24
2	25 200	28 700	− 12
3	35 200	37 600	− 6
4	44 300	45 400	− 2
5	53 000	53 000	0
6	61 000	60 000	+ 2
7	69 000	66 000	+ 4
8	77 000	72 000	+ 7
9	84 000	79 000	+ 6
11	98 000	90 000	+ 10

In einer Entgegnung auf diese Ausführungen bemerkt Krogh,[1] daß die Übereinstimmungen doch nicht genügend seien, um in diesem Falle von einem Gesetz zu sprechen, obwohl die Formel gute Näherungswerte gäbe und deshalb für praktische Berechnungen sehr brauchbar sei. Krogh weist auf die Schwierigkeiten hin, die beim Prüfen fester Substanzen eine genaue Bestimmung der Durchschlagsspannungen fast unmöglich machen, und zeigt an zwei Kurven, Fig. 32 und 33, die für die Durchschlagsspannung von Ölen im Laboratorium der Allgem. Elektrizitäts-Gesellschaft aufgenommen sind,

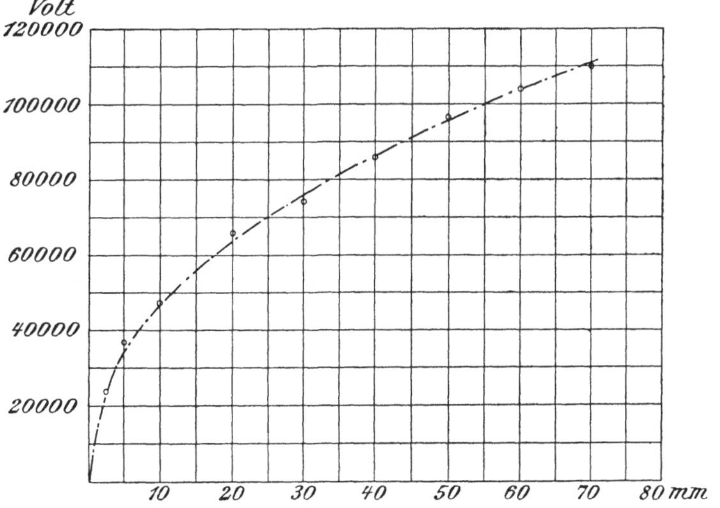

Fig. 32. Durchschlagsspannnng für Öl nach der Allg. Elektrizitäts-Gesellschaft Berlin.

daß sich die Kurve in dem einen Fall (Fig. 32) sehr gut durch die Beziehung $V = 1400\,d^{1/2}$, in dem zweiten Fall (Fig. 33) durch $V = 6050\,d^{2/3}$ wiedergeben läßt.

Da beide Kurven sehr genau sind, so ergibt sich, daß das Baursche Gesetz nicht unbedingt Geltung hat.

Ferner weist Krogh darauf hin, daß die Abweichungen, die sich für die beobachteten und nach Baurs Formel berechneten Werte ergeben, stetig zunehmen — ein Beweis, daß das „Gesetz" nicht richtig ist, sondern nur als Annäherungsformel gelten kann.

---

[1] ETZ. 1904, S. 139.

Eingehend beschäftigt sich auch Dr. Walter mit dieser Frage, zunächst in dem bereits erwähnten Artikel der ETZ. 1903, S. 796—802, in dem er die Resultate seiner Untersuchungen an verschiedenen Materialien mitteilt, die er mit Hilfe der Piceintropfenmethode ge-

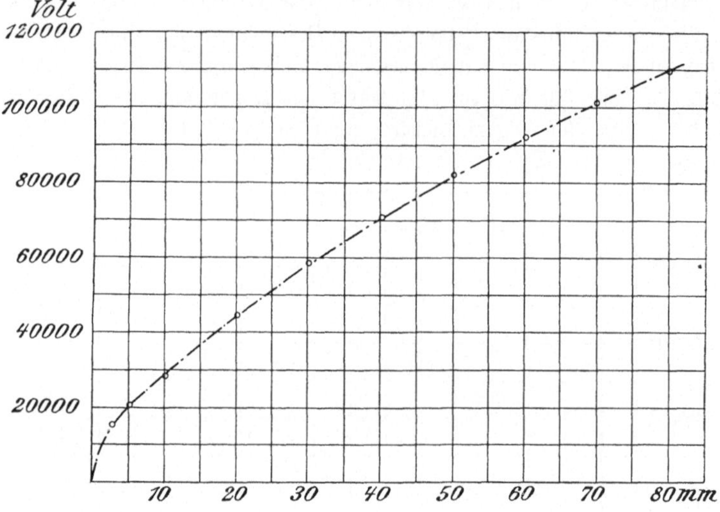

Fig. 33. Durchschlagsspannung für Öl nach der Allg. Elektrizitäts-Gesellschaft Berlin.

wonnen hat. Er bestimmt die Durchschlagsfestigkeit nach der absoluten kritischen Funkenlänge; dafür gelten die folgenden Tabellen.

Gewöhnliches Glas.

Dicke	Funkenlänge
0,215 cm	17,6 cm
0,380 „	17,1 „
0,816 „	15,9 „

Hartgummi (neuere Sorte).

Dicke	Funkenlänge
0,110 cm	77,3 cm
0,185 „	54,1 „
0,310 „	61,3 „
0,210 „	66,7 „

Hartgummi (ältere Sorte).

Dicke	Funkenlänge
0,113 cm	28,8 cm
0,201 „	21,9 „
0,410 „	25,6 „
0,606 „	25,6 „
0,740 „	20,3 „

Hartporzellan.

Dicke	Funkenlänge
0,230 cm	19,1 cm
0,340 „	19,0 „
0,370 „	20,6 „
0,460 „	18,5 „
0,250 „	18,4 „
0,410 „	19,5 „

Aus diesen Werten schließt Dr. WALTER, daß die Durchschlagsfestigkeit eine für jedes Material konstante, von der Dicke unabhängige Größe ist, daß also die Durchschlagsspannungen direkt proportional der Materialdicke sind.

Eine Zusammenstellung der im übrigen mit dieser Methode erhaltenen Resultate gibt Tabelle XVIII.

Tabelle XVIII.
Durchschlagsfestigkeit verschiedener Körper nach Dr. WALTER.

Material	Durchschlagsfestigkeit als Verhältnis der Funkenlänge zur Dicke der Probe	Durchschlagsspannung in Volt für 1 mm
Reiner Hartgummi	20—77	10000—38500
Gewöhnliches Glas	16—18	8000—9000
Bleihaltiges Glas	11	5500
Weißes Alabasterglas . . .	23	11500
Schwarzes Alabasterglas . .	17	8500
Gewöhnliches Tellerporzellan .	15—19	7500—9500
Hartporzellan von Hermsdorf .	18—21	9000—10500
Marmor	13	6500
Galalith	12—17	6000—8500
Stabilit	19—35	9500—17500
Homogener Glimmer	35—57	17500—28500
Kolophonium	22	11000
Wachs	23	11500
Paraffin	23	11500
Weichgummi	37	18500

Die Durchschlagsspannungen dieser Tabelle sind aus den Funkenlängen berechnet nach Dr. WALTERS Angabe, daß eine nach seiner Methode beobachtete Funkenlänge von 20 cm einer Durchschlagsspannung von 100000 Volt Wechselstrom entspricht und daß zwischen Funkenlänge und Spannung in Volt Proportionalität herrscht.

In einem späteren Artikel, ETZ. 1904, S. 874—875, geht Dr. WALTER auf Dr. BAURS Gesetz ein und weist durch seine Beobachtungen für Luft nach, daß die Durchschlagsspannungen für verschiedene Luftweiten sich durch eine grade Linie der Gleichung

$$V = a + b \cdot d$$

darstellen lassen, und zwar für alle Werte zwischen 50 und 450 mm.

Dr. WALTER weist die Richtigkeit seiner Gleichung an den Werten des Amerikan Institute nach, die auch BAUR für sein Gesetz herangezogen hatte, und stellt beide Gleichungen mit den beobachteten Werten in einer Tabelle (XIX) zusammen. V_B sind die aus BAURS Formel $V = 2400 \cdot d^{2/3}$, V_W die aus Dr. WALTERS Formel $V = 17000 + 350\,d$ berechneten Werte, $\varDelta_B$ und $\varDelta_W$ sind die Differenzen der betreffenden berechneten Werte gegenüber den tatsächlich beobachteten Spannungen.

Tabelle XIX.

Vergleichswerte für die Durchschlagsspannung der Luft nach WALTER.

d in mm	$V_{beobachtet}$	V_B	$\varDelta_B$ in $^0/_0$	V_W	$\varDelta_W$ in $^0/_0$
5,7	5 000	7 600	$-35,0$	.	.
11,9	10 000	12 500	$-20,0$	.	.
25,4	20 000	20 700	$-3,4$	.	.
41,3	30 000	28 700	$+4,5$	31 460	$-4,9$
62,2	40 000	38 000	$+5,2$	38 770	$+3,1$
118,0	60 000	58 000	$+3,6$	58 300	$+2,8$
180,0	80 000	77 000	$+4,0$	80 010	$-0,1$
244,0	100 000	94 000	$+6,3$	102 600	$-2,6$
301,0	120 000	107 000	$+12,0$	122 600	$-2,6$
354,0	140 000	120 000	$+17,0$	140 900	$-0,6$
380,0	150 000	126 000	$+19,0$	150 000	$0,0$

Die Übereinstimmung der Werte nach Dr. WALTERS Formel mit den beobachteten ist eine sehr gute.

Auch für eine eigene Versuchsreihe hat Dr. WALTER die Übereinstimmung mit seiner Formel nachgewiesen. Es handelte sich dabei um Funken bis zu 450 mm Länge, von einem 50 cm-Induktorium mit 189000 sekundären Windungen und einem Eisenkern von 30 qcm. Die Primärspule besaß mehrere voneinander getrennte Drahtlagen von verschiedener Windungszahl, so daß das Übersetzungsverhältnis des Apparates in weiten Grenzen verändert werden konnte. In der Tabelle XX sind in den Reihen unter V_1, V_2, V_3 die für die drei Übersetzungsverhältnisse 1 : 1853, 1 : 1243 und 1 : 1068 gefundenen Werte der Durchschlagsspannung angegeben, unter $V_{beobachtet}$ die Mittelwerte dieser drei Zahlenreihen, unter $V_{berechnet}$ die nach der Formel

$$V = 16000 + 311\,d$$

berechneten Spannungswerte; Δ gibt die Differenz zwischen $V_{beob.}$ und $V_{ber.}$ in Prozenten an.

Tabelle XX.
Versuche von WALTER über die Schlagweite in Luft.

d in mm	V_1	V_2	V_3	$V_{beobachtet}$	$V_{berechnet}$	Δ
50	34 200	31 100	29 500	31 600	31 600	0,0
100	44 800	48 500	46 400	46 600	47 100	— 1,1
150	62 800	63 600	63 000	63 100	62 700	+ 0,6
200	78 200	80 000	78 600	78 900	78 200	+ 0,9
250	93 200	96 700	94 000	94 600	93 800	+ 0,9
300	109 300	113 100	111 100	111 200	109 300	+ 1,7
350	123 900	126 800	124 900	125 100	124 900	+ 0,2
400	136 900	140 000	141 000	139 300	140 400	— 0,8
450	152 300	155 300		153 800	156 000	— 1,4

Als Elektroden dienten Messingspitzen von ca. 10° Öffnungswinkel, und es wurde die primäre effektive Spannung an Hitzdrahtinstrumenten stets in dem Augenblick abgelesen, wo bei allmählicher Widerstandsausschaltung ein starkes Sprühen an den Elektroden auftrat und auch schon hin und wieder ein Funke zwischen ihnen überging. Die angegebenen sekundären Spannungen wurden aus dem Übersetzungsverhältnis berechnet. Bei diesen Beobachtungen änderte sich das Verhältnis zwischen effektiver und maximaler Spannung für die verschiedenen Funkenlängen nicht merklich, auch die Wellenform blieb annähernd dieselbe und zwar sinusförmig.

Auch diese Versuchsreihe zeigte eine gute Übereinstimmung der Formel Dr. WALTERS mit den beobachteten Werten wenigstens zwischen 50 und 450 mm. Für Längen unter 50 mm ist die Formel unbrauchbar.

Dr. WALTER gibt als Erklärung an, daß für das Entstehen des Funkens zwei verschiedene Umstände in Frage kommen, nämlich der Übergangswiderstand an den Elektroden und der eigentliche Widerstand der zwischen ihnen liegenden Luftschicht.

Dieselbe Beziehung zwischen Durchschlagsspannung und Dicke der durchschlagenen Schicht hat VOEGE[1] in seinen Untersuchungen für gasförmige, flüssige und feste Körper gefunden. Die betreffenden

---

[1] ETZ. 1904, S. 1033—1035.

Turner-Hobart. 4

Materialien wurden zwischen Spitzenelektroden durchschlagen, und
zwar die festen Körper vollständig eingetaucht in Öl oder Petroleum.
Es ergab sich in allen Fällen ein Durchschlagsgesetz

$$V = A\,d + B.$$

Der Zusammenhang zwischen Durchschlagsspannung und Schlagweite ist also durch eine gerade Linie dargestellt.

Dieses Gesetz gilt aber nur von bestimmten Schlagweiten an,
für die Gase von etwa 5 cm, die flüssigen Körper, Öle etc. von etwa
2 cm an; für die festen Körper läßt sich auch eine mittlere untere
Grenze nicht angeben.

VOEGE faßt seine Beobachtungen in folgenden Satz zusammen:

„Die zur Durchschlagung eines Isolators zwischen Spitzenelektroden erforderliche maximale Wechselstromspannung ist für
größere Schlagweiten, von einem konstanten Übergangswiderstand
abgesehen, der Schlagweite proportional. Die Grenze, von wo ab
die Proportionalität gilt, hängt von der Natur des Isolators ab; die
Größe des Übergangswiderstandes ist außer durch die Art der Körper,
zwischen denen der Übergang erfolgt, wesentlich durch die mehr
oder weniger spitze Form der Elektroden bedingt.“

Die Untersuchungen Dr. WALTERS und VOEGES geben also ein
übereinstimmendes Resultat, und es ist noch von Interesse, was
Dr. WALTER[1]) über den „Übergangswiderstand“ aussagt: „Ist es
mithin klar, daß der Übergangswiderstand bei allen diesen Versuchen
eine erhebliche Rolle spielt, so ist andrerseits auch nicht zu ver-
kennen, daß derselbe speziell bei Wechselstrom dann am geringsten
sein wird, wenn wir als Elektroden zwei Spitzen anwenden; daß er
aber auch dann noch eine um so größere Rolle spielen wird, je
kleiner die Funkenstrecke ist. Die Tatsache, daß die Formel
$V = a + b\,d$ in Luft nur für Funkenlängen über 5 cm, nicht aber
für kleinere gilt, scheint mir einfach so zu verstehen zu sein, daß
jener Übergangswiderstand für kleinere Funkenlängen eine veränderliche Größe besitzt, mit zunehmender Schlagweite dagegen einem
konstanten Werte zustrebt, den er bei etwa 5 cm erreicht hat.“

Einen außerordentlich wertvollen Beitrag zu dieser Frage
liefern die interessanten, bereits erwähnten Untersuchungen von
Mościcki über die Durchschlagsfestigkeit der Dielectrika.[2]) Mościcki

---

[1]) ETZ. 1904, S. 875.
[2]) ETZ. 1904, S. 528—532.

weist nach, daß es zwei unter sich völlig verschiedene Arten von Durchbruch gibt: Durchbruch am Rande einer Belegung und Durchbruch im Innern von belegten Flächen.

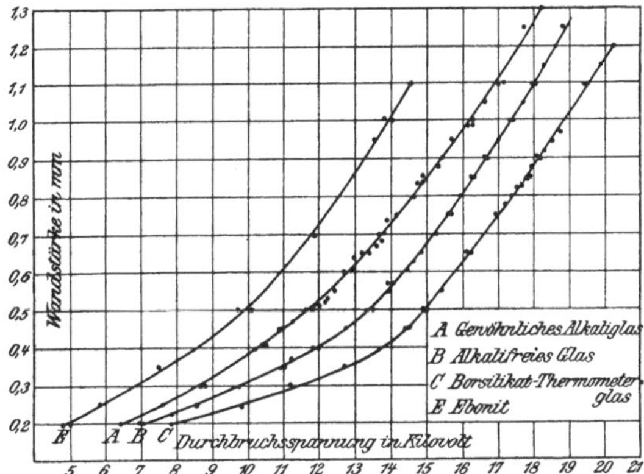

Fig. 34. Randdurchschläge von Belegungen unter Öl. Nach Moscicki.

Befindet sich die Belegung innerhalb eines Isolieröls, so ist der Rand der Belegung scharf begrenzt und an dieser scharfen Be-

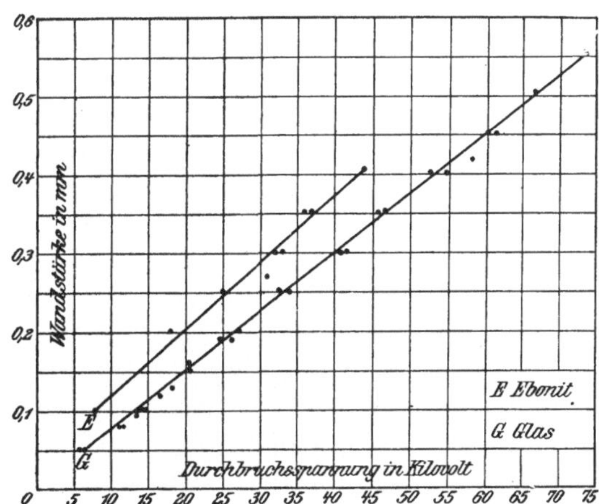

Fig. 35. Durchschlagswerte im Innern von Belegungen. Nach Moscicki.

grenzungslinie findet eine Verdichtung der Kraftlinien statt, wodurch ein Durchschlagen bei wesentlich geringerer Spannung hervorgerufen wird als im Innern der belegten Fläche.

4*

Die Versuche haben nun ergeben, daß bei diesem Durchbruch am Rand die Durchschlagsspannung proportional der Quadratwurzel der Materialdicke ist, also

$$V = C \cdot d^{1/2}.$$

Dagegen ergab sich für den Durchbruch im Innern der belegten Fläche (in diesem Fall wurde das Material am Rande der Belegung entsprechend verstärkt), daß die Durchschlagsspannung direkt proportional der Materialdicke ist.

Fig. 34 gibt die Durchschlagswerte für Durchbruch am Rande, Fig. 35 für Durchschlag im Innern von Belegungen.

Aus allen diesen Beobachtungen läßt sich nur folgendes mit Sicherheit schließen, daß nämlich vorläufig von einem Gesetz, das allen Anforderungen genügt, keine Rede sein kann, und daß ferner die Beziehung zwischen Spannung und Durchschlagsweite für große Durchschlagsweiten durch eine Gerade, für kleinere Durchschlagsweiten durch eine Kurve der Formel $V = C \cdot d^{1/2}$ oder $V = C d^{2/3}$ annähernd dargestellt wird.

VII. Mechanische Eigenschaften.

Sehr wesentlich ist die Berücksichtigung der mechanischen Eigenschaften der Isoliermaterialien. Einige ändern unter dem Einfluß der Hitze ihre geometrische Gestalt, andere werden weich, andere brüchig. Verschiedene Lackarten, namentlich die, welche Schellack oder Kopal enthalten, zerfallen allmählich infolge der beständigen Erschütterungen in elektrischen Maschinen zu Staub. Mischungen, die in der Weise der normalen Lack- oder Farbefabrikation hergestellt sind, werden auf diese Weise in der Regel sehr bald nutzlos. Um diesem entgegen zu wirken, hat man langsam trocknende Öle, z. B. Korn- und Rüböl, gummihaltigen Firnissen beigemengt, meist mit dem unheilvollen Erfolge, daß derartige Mischungen chemisch aktive Stoffe mit stark saurer Reaktion darstellten.[1]

Eine Methode zur Prüfung der mechanischen Eigenschaften hat RAYNER in einem Vortrage vor der Institution of Electrical Engineers beschrieben. Die Untersuchungen sind in dem National Physical Laboratory unter Dr. GLAZEBROOK ausgeführt. Das Verfahren ist in einem späteren Kapitel beschrieben.

---

[1] Nach einer Veröffentlichung der Massachusetts Chemical Co.

VIII. Energieverluste in Isoliermaterialien.

Viele Untersuchungen über Energieverluste in Isoliermaterialien haben sich fast ausschließlich mit dem für Kondensatoren gebrauchten Isoliermaterial beschäftigt, z. B. Steinmetz: „Dielectric Hysteresis" in Elec. Engrs. 16. März 1892.

In der mehrfach erwähnten Abhandlung von Mościcki[1] findet sich folgendes über Verluste in böhmischem Glas, das zu Kondensatoren verwendet wurde:

„1. Wenn wir die prozentuellen Verluste der scheinbaren Energie ($J . E = 2\pi . f . C . E^2$), welche der Kondensator durchführt, berechnen, so finden wir, daß bei konstanter Frequenz für eine gegebene Glasdicke diese Verluste sich bei wachsender Spannung verändern, und zwar erkennt man deutlich, daß sie um so größer werden, je höher die Spannung steigt. Daraus kann man den Schluß ziehen, daß die absolut genommenen Verluste für einen gegebenen Kondensator weder zum Quadrate der Spannung[2]) noch zu einer anderen Potenz der Spannung, die kleiner als 2 ist, proportional sein können, sondern nur zu einer Potenz der Spannung, deren Exponent größer als 2 ist.

2. Für dieselbe Glasgattung vermindern sich bei konstanter Spannung und konstanter Frequenz aber steigender Glasdicke die prozentualen Verluste nach einem bis auf weiteres unbekannten Gesetze. Fassen wir 1 und 2 zusammen, so können wir allgemein aussprechen, daß die Verluste in Glaskondensatoren bei wachsendem Potentialgefälle $\dfrac{E}{d}$ selbst sich vergrößern.

3. Bei konstanter Spannung und gewisser Glasdicke wachsen die prozentualen Verluste mit wachsender Frequenz.

4. Es hat sich erwiesen, daß die Gesamtverluste in böhmischem Glas der Gattung, welche zu Eprouvetten gebraucht wird, als Dielektrikum angewendet, bei Wechselstrom von 50 Perioden in der Sekunde und einem Potentialgefälle $\dfrac{V}{d} = 250\,000\ \dfrac{\text{Volt}}{\text{cm}}$ kleiner sind als 1 $^0/_0$ der scheinbaren, durch den Kondensator durchgeführten Energie.

---

[1]) ETZ. 1904, S. 549—554.

[2]) Nach Steinmetz sind die Verluste proportional dem Quadrate der Spannung.

5. Es wurde festgestellt, daß die Verluste im Glasdielektrikum nur in minimaler Größe von der Leitung des Glases verursacht werden; es sind dieser Quelle von den Gesamtverlusten ungefähr $2\,^0/_0$ zuzuschreiben.

Die Hauptquelle der Verluste im Glase ist vielmehr in den Deformationen, denen das Innere des Dielektrikums bei veränderlichem elektrostatischen Felde unterworfen ist, zu erkennen."

Die Energieverluste in normalen Isolationsmaterialien hat wohl zuerst Skinner[1]) ausführlich untersucht. Skinner spricht von Energieverlusten, um sich theoretische Erörterungen über das Vorhandensein einer „dielektrischen Hysteresis" zu ersparen.

Da die Größe der Verluste durch die Temperatur und Spannung bedingt ist, bespricht Skinner den Einfluß des Spannungsgefälles auf die Temperatur, den Einfluß der Temperatur auf die Verluste und den Einfluß der Spannung auf die Verluste getrennt voneinander. Diese getrennte Besprechung hat den Nachteil, daß sie Wiederholungen nötig macht.

Im folgenden seien die Ausführungen Skinners entsprechend dem Original wiedergegeben.

Änderung der Temperatur entsprechend der Änderung des Spannungsgefälles.[2])

1. Bei mäßigen Spannungsgefällen steigt die Temperatur des Materials zuerst sehr schnell, dann langsamer, um schließlich konstant zu werden.

Die tatsächliche Temperaturerhöhung hängt bei gegebener Spannung von der Fähigkeit des Materiales, seine Wärme fortzuleiten, und von der Temperatur des umgebenden Mediums ab.

2. Wird mit dem Spannungsgefälle der in das Dielektrikum eindringende Ladungsstrom größer, so wird schließlich der Augenblick eintreten, wo die entwickelte Wärmemenge größer bleibt als die fortgeleitete; dann steigt die Temperatur bis zur Verkohlung des Materials und führt zum Durchschlagen.

3. In nicht vollständig trockenem Material steigt die Temperatur wesentlich schneller als in vollkommen ausgetrockneten Stücken.

---

[1]) „Energy Loss in Commercial Insulating Materials, when subjected to High Potential Stress." Trans. Amer. Inst. Elec. Engrs. 1901, S. 1047.

[2]) Unter Spannungsgefälle „strain" ist in diesem Zusammenhang „Spannung pro Millimeter Isolationsdicke" gemeint. Anm. d. Übers.

Diese Temperatursteigerung kann nur den durch die Verkleinerung des Isolationswiderstandes vergrößerten Stromwärmeverlusten zugeschrieben werden.

Die erzeugte Wärme wird das Material austrocknen und so kann die Temperatur entsprechend der zunehmenden Austrocknung allmählich sinken.

4. Wenn man eine größere Fläche des Materials gleichzeitig der gleichen Prüfspannung aussetzt, steigt oft die Temperatur einiger kleiner Partien dermaßen über die Temperatur der umgebenden Teile, daß bei einer Prüfung die betreffenden Stellen eine starke Verfärbung gegenüber der Umgebung zeigen. Auch durch besondere Behandlung läßt sich dieser Umstand nicht vollständig vermeiden.

Das Durchschlagen findet schließlich bestimmt an einer der besonders erhitzten Stellen statt.

5. Das schließliche Durchschlagen faserigen Materials ist in der Regel durch Verbrennen, nicht durch mechanisches Durchbrechen bedingt.

Liegt die Durchschlagsspannung viel über der Durchschlagsfestigkeit, so mag das Durchschlagen auf mechanisches Durchbrechen zurückzuführen sein. Liegt dagegen die Durchschlagsspannung so niedrig, daß eine genügende Zeit vor dem Durchschlagen vergeht, so ist das Durchschlagen voraussichtlich durch erhöhte Wärmezufuhr und dadurch hervorgerufene Verbrennung des Materials verursacht.

Es könnten ja vielleicht auch chemische Wirkungen hier mitspielen, aber wahrscheinlich sind auch sie eine Folge und nicht eine Ursache der Erwärmung.

Es ergibt sich hieraus, daß bei geringerer Spannung eine längere Dauer der Beanspruchung unter sonst gegebenen Bedingungen zum Durchschlagen erforderlich ist.

6. Aus 5. folgt, daß, wenn durch gute Ventilation oder durch besondere Kühlung die Temperatur niedrig gehalten wird, die Beanspruchung wesentlich größer sein muß, um ein Durchschlagen in einer bestimmten Zeit hervorzurufen, als bei höherer Temperatur.

7. Die tatsächliche Temperatur, die in faserigem Material vor dem Durchschlagen herrscht, war in der Regel 175° C. und höher. In keinem Fall trat ein Durchschlagen direkt an der Stelle auf, wo die Temperatur gemessen war, und wahrscheinlich waren die Temperaturen vor dem Durchschlagen wesentlich höher als die gemessenen,

zumal die Temperatur außerordentlich schnell direkt vor dem Durchschlagen zu steigen scheint.

8. Bei gegebener Spannung hängt das Steigen der Temperatur
wesentlich von der Anfangs- und Umgebungstemperatur ab. Das
hängt damit zusammen, daß der Energieverlust sehr rasch mit der
Temperatur zunimmt. Ist z. B. die Temperatur des Materials und
der Umgebung 20° C., die Prüfspannung 20000 Volt, so ist die
Temperatursteigerung nicht entfernt so groß wie bei 80° C. Anfangs- und Umgebungstemperatur.

Prüfungen haben ergeben, daß ein Durchschlagen in letzterem Falle bereits bei einer Spannung erfolgte, die im ersten Falle dem Material nichts anhaben konnte.

Fig. 36 gibt einige charakteristische Kurven, die SKINNER für die Temperatursteigerung in Isoliermaterialien bei hohen Prüfspannungen aufgenommen hat.

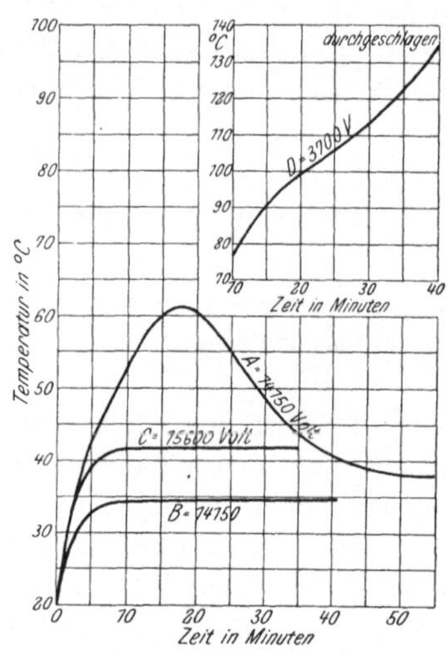

Fig. 36. Temperatur-Zunahme in Material,
welches hohen Spannungen ausgesetzt wird.
Nach SKINNER.

Die Kurven A, B und C ergaben sich für ein Probestück von rohem Material, das vollständig durchlässig war und die Luftfeuchtigkeit absorbieren konnte. Bei dieser Prüfung wurde das
Material gut ventiliert, so daß die Feuchtigkeit entweichen konnte.

Kurve A zeigt den Einfluß der Feuchtigkeit. Die Temperatur
steigt zuerst sehr schnell bis zu einem Maximum, fällt dann und
nimmt schließlich einen konstanten Wert an. Kurve B zeigt das
Verhalten des Materials in trockenem Zustande, Kurve C die Temperatursteigerung entsprechend einer geringen Spannungssteigerung.

Kurve D zeigt die Temperatursteigerung bei besonders behandeltem, schlecht ventiliertem Material und geht bis zum Augenblick des Durchschlagens. Das Durchschlagen erfolgte in diesem
Falle ungefähr 100 mm von dem Thermometeranschluß bei einer
gemessenen Temperatur von 135° C.

Es ist sicher anzunehmen, daß die gemessene Temperatur viel geringer war als an dem Durchschlagspunkte. Die Temperatur der umgebenden Luft betrug 80° C. Die Kurve zeigt zunächst die Neigung, in die Horizontale überzugehen. Bei wenig über 100° C. nimmt dann die durch die Verluste erzeugte Wärme so zu, daß sie nicht mehr in genügendem Maße fortgeleitet werden kann; infolgedessen tritt ein Wechsel in der Neigung der Kurve auf, bis schließlich das Durchschlagen erfolgt. In vielen Fällen war das Material im Innern stark verkohlt, ohne daß ein Durchschlagen stattgefunden hatte.

Das Aussehen der Kurve war ganz charakteristisch und wurde durch wiederholte Prüfungen bestätigt.

Änderung der Energieverluste entsprechend der Änderung der Temperatur.

1. Der Energieverlust in faserigem Material wächst mit der Temperatur, und zwar in höherem Maße als diese.

2. Die Verlustzunahme hängt ab von der Beschaffenheit des Materials und bei gegebenem Material von dem Feuchtigkeitsgehalt usw.

3. Die an einigen Stellen des Materials auftretende starke Erhitzung ist durch einen von vornherein größeren Verlust bedingt, der seinerseits höhere Temperatur und damit abermals steigenden Verlust usw. zur Folge hat, bis schließlich das Material an der betreffenden Stelle verkohlt und das Durchschlagen erfolgt.

4. Die Kurven der Fig. 37 zeigen, in welchem Maße die Verluste bei steigender Temperatur zunehmen; man erkennt daraus, weshalb die Temperaturzunahme für eine gegebene Spannung bei hoher Anfangstemperatur erheblicher ist als bei niedriger Anfangstemperatur.

5. Der Verlust steigt außerordentlich schnell, wenn die Temperatur sich dem Verkohlungspunkte des Materials nähert.

6. Verluste bis zu 0,3 Watt pro cm^3 sind beobachtet, bevor das Material ernstlich durch Verkohlen gelitten hatte. Trotzdem kann auf die Dauer auch ein geringerer Verlust das Verkohlen des Materials verursachen, wenn nicht für ausreichende Ableitung der entwickelten Wärmemenge gesorgt ist.

7. Es folgt aus den Betrachtungen über die Zunahme der Temperatur mit dem Spannungsgefälle und über die Zunahme der

Verluste mit der Temperatur, daß eine lang dauernde Prüfung mit hoher Spannung die Isolation eines Apparates schädigen kann, ohne daß dieses bei der Prüfung zutage tritt. Ein entsprechender Fall wäre die Prüfbeanspruchung eines Metalles über die Elastizitätsgrenze hinaus.

Die Kurven der Fig. 37, die von Skinner bei der Westing-house-Gesellschaft in Pittsburg aufgenommen sind, zeigen das Verhalten der Verluste von Isoliermaterialien bei veränderter Temperatur und Periodenzahl, allerdings nur an einem einzelnen Probestück.

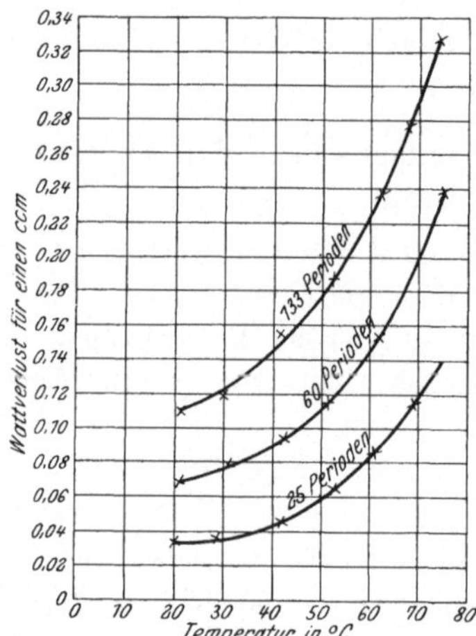

Fig. 37. Energieverlust in Isoliermaterial, abhängig von der Wechselzahl des Stromes. Nach Skinner.

Bei diesen Prüfungen tritt eine große Schwierigkeit auf, nämlich die, kleine Effektverluste von 0,1 Watt Größenordnung mit genügender Genauigkeit zu messen.

Änderung der Verluste entsprechend der Spannungsänderung.

Wenn man Versuche hierüber bei gleichbleibender Temperatur anstellt, so bestätigen die Resultate das von Steinmetz 1892 veröffentlichte Gesetz: „Der Energieverlust in dem Dielectrikum ist bei Wechselstrom direkt proportional dem Quadrate der Spannung." Es hängt danach der Verlust von dem Ohmschen Widerstand des Dielectrikums ab.

Für die Änderung der Verluste mit der Spannung folgt, da die Temperatur mit dem Verluste anwächst: 1. Unter normalen Bedingungen steigt bei Hochspannung der Verlust schneller als das Quadrat der Spannung infolge der gleichzeitigen Temperatursteigerung;[1] der Grad der Steigerung hängt ab 2. davon, wie gut das Material die entwickelte Wärme abzugeben vermag und wie lange das Material jeder Spannungsstufe bei der Prüfung ausgesetzt ist; 3. von der Anfangstemperatur des Materials und der Umgebungstemperatur.

---

[1] Vergl. die entsprechende Ansicht von Mościcki, S. 53.

Die Abhandlung schließt mit einigen Versuchsresultaten über Energieverluste in der Isolation an 5000 KW.-Drehstromgeneratoren, für
maximal 11000 Volt bei 25 Perioden und Sternschaltung, die von der
Westinghouse-Gesellschaft für die Manhattan Railway Co.
geliefert wurden.

Die Prüfungen fanden an zwei Maschinen nach der Aufstellung
statt. Die Resultate sind in den Kurven A und B der Fig. 38
aufgetragen. Für Kurve A betrug die Temperatur der Wicklungen ca. 21° C., für Kurve B ca. 31° C. Die Menge des verwende-ten Isolationsmaterials pro Stator war 320000 cm³, so daß bei 25000 Volt der maximale Verlust bis auf 0,021 Watt pro Kubik-zentimeter stieg.

Während der Unter-suchung reichte der Ge-samtverlust nicht für eine merkbare Erwärmung aus und die Messung ergab, obwohl sie in einem Falle bei 25000 Volt über

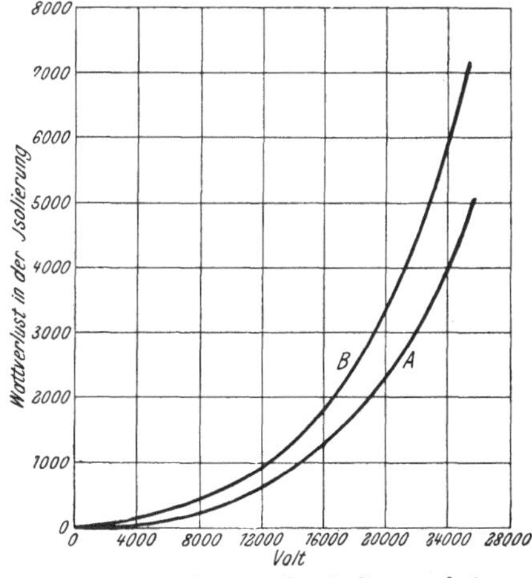

Fig. 38. Wattverlust in der Isolierung bei zwei
Westinghouse Dreiphasen-Generatoren auf der
Kraftstation der Manhattan Railway Co., auf-
genommen von SKINNER.

30 Minuten ausgedehnt wurde, keine Zunahme der Verluste.

IX. Der Einfluss der Büschelentladung und die Oberflächenleitfähigkeit.

Beides ist wesentlich von atmosphärischen Bedingungen und
von der Beschaffenheit des Isolationsmaterials, namentlich der Oberfläche abhängig.

Die Büschelentladung wirkt in der Regel sehr schädlich, da
die beständige Entladung an einem Punkt ein Verkohlen und
Schlechterwerden des Materials hervorrufen und da die Entladung,
wie durch Beobachtungen festgestellt ist, auch bei verringerter
Spannung fortdauern kann. P. H. Thomas[1] berichtet über solche

---

[1] Trans. Amer. Inst. Elec. Engrs. 1 Juli 1903.

Entladungen, daß sie auch unter Öl auftreten können und wie innere Wärme dem Auge unsichtbar bleiben, bis sie bereits in ihren Folgen sehr weit vorgeschritten sind.

Büschelentladungen können auch auftreten, wenn Luftblasen vorhanden sind und dadurch das Spannungsgefälle sehr hoch ist. Da die Ungleichmäßigkeit des Materials die Bestimmung der Durchschlagsfestigkeit wegen eventuell auftretender Büschelentladungen unsicher macht, kann es in der Praxis oft von Vorteil sein, die Spannung zu unterteilen und somit ihre Wirkungen abzuschwächen.

Unter Oberflächenleitfähigkeit (surface leakage) soll hier eine Erscheinung verstanden sein, die bei vielen Materialien von hoher Durchschlagsfestigkeit, z. B. Glimmer, Glas, Hartgummi, Porzellan etc., auftritt.

Spannt man ein Isolierstück von hoher Durchschlagsspannung zwischen zwei Plattenelektroden mit großer Potentialdifferenz, so versucht die Spannung oft um den Rand des Isolierstückes herum von der einen Seite des Dielectrikums auf die andere Seite zu schlagen, anstatt durch die Schicht des Dielectrikums hindurchzubrechen. Die Elektrizität findet also auf der Oberfläche des betreffenden Materials einen Weg, über den sie den Potentialunterschied auszugleichen sucht; man bezeichnet dieses vielfach als das „Kriechen" der Elektrizität.[1] Daß die Oberflächentätigkeit durch eine leichte Feuchtigkeitsschicht, wie sie bei normalem Luftzustand wohl stets auf der Platte vorhanden ist, erheblich vergrößert wird, ist klar.

Das Herumschlagen der Elektrizität um den Rand des Isolators ist allerdings nicht immer auf Oberflächenleitfähigkeit zurückzuführen; bei Isoliermaterialien mit sehr hoher Durchschlagsfestigkeit wird sogar oft bei geringen Dimensionen des Prüfstückes die zur Durchschlagung der Luftstrecke von einer Elektrode zur anderen (um den Rand des Stückes herum) erforderliche Spannung kleiner sein als die Durchschlagsspannung des Isolators.

Man schützt sich gegen die Oberflächenleitfähigkeit dadurch, daß man den Weg für die Elektrizität möglichst lang macht, also bei hoher Durchschlagsfestigkeit möglichst große Oberflächenausdehnung (z. B. bei Hochspannungsisolatoren, Endanschlüssen für Transformatoren etc.).

----

[1] Vergl. Kap. IV, S. 82.

X. Die Wirkung plötzlicher Ladungen und Entladungen.

In der erwähnten Abhandlung beschreibt P. H. Thomas eine andere sehr wichtige Erscheinung:

„Wenn eine Spule mit hohem Potential geladen ist und an dem einen Ende plötzlich entladen wird, so fließt ein Strom, der dem maximalen Wert der Entladespannung entspricht und der nun die Ladungselektrizität in den Windungen veranlaßt, nach dem Spulenende durch die zwischen den Windungen liegende Isolation durchzubrechen, anstatt den Weg durch die Leiter zu nehmen.

Da die ganze Entladespannung die abnormale Prüfspannung sein kann, und da ferner diese abnormale Spannung auf einen Teil einer einzigen Spule konzentriert sein kann, während im Betriebe die normale Spannung sich auf mehrere Spulen verteilt, so ist es klar, daß einige Windungen der Spule, die dem entladenen Ende am nächsten liegen, eine ganz außergewöhnliche Spannung erhalten.

Die für eine derartige Konzentration wesentliche Bedingung ist, daß die Entladung des Spulenendes sehr plötzlich erfolgt. Dies kann im allgemeinen nur der Fall sein, wenn das Ende durch einen Funken entladen wird. So wird eine zufällige Entladung zwischen den Prüfdrähten oder vielleicht in dem Apparat selbst ein Durchschlagen der Isolation zwischen den Windungen an bestimmten Punkten der Wicklung zur Folge haben. Oft wird ein derartiger Vorfall gar nicht bemerkt werden, da der untersuchte Apparat seinen Kurzschluß erst zeigt, wenn er an die Maschine angeschlossen ist. Diese Gefahr liegt bei hohen Spannungen sehr nahe. Man kann die Apparate hiergegen sichern durch Drosselspulen oder große Widerstände oder elektrostatische Unterbrecher, die in die Leitungen zu dem zu schützenden Apparat eingeschaltet werden, wenn dafür gesorgt ist, daß keine Entladung zwischen Apparat und Schutzvorrichtung auftreten kann. Im Zusammenhange hiermit sollte darauf geachtet werden, daß bei Verwendung einer Funkenstrecke zur Messung der Prüfspannung genügend dafür gesorgt ist, daß durch die Entladung der Funkenstrecke der zu prüfende Apparat nicht geschädigt wird.

Die Wichtigkeit, die diesem Gegenstand beigelegt wird, ist nicht allein durch das theoretische Interesse begründet, sondern auch durch die praktische Erfahrung, daß verschiedene schwere Beschädigungen von Apparaten durch diese Erscheinung hervorgerufen wurden. Außerdem sind die für diese Erscheinung günstigen Be-

dingungen bei verschiedenen Untersuchungsmethoden geradezu gegeben.“

Es handelt sich also um eine Sache von großer Wichtigkeit.

Die allgemeine Aufmerksamkeit wurde zuerst von DUDDELL
durch einen Aufsatz in Proceedings of the Institution of
Electrical Engineers 1902 auf diese Erscheinung gelenkt.

DUDDELL wies nach, daß, wenn in einem Stromkreis, der Selbstinduktion und Kapazität enthält, der Strom plötzlich unterbrochen
wird, sehr leicht eine außerordentliche Spannungssteigerung auftreten kann.

M. B. FIELD berichtet über einen früheren Aufsatz von THOMAS
(„Statische Entladungen in Hochspannungsströmen und der Schutz
für die Apparate“; Trans. Amer. Inst. of Elec. Engrs. 1902, p. 213)
und beschreibt die bezüglichen Erscheinungen sehr interessant.

„Ich will die Natur der sogenannten statischen Entladungen,
von denen der genannte Vortrag handelt, kurz auseinandersetzen:

In Fig. 39 stellt S eine Stromquelle von hohem Potential (V)
dar; AB ist ein Stromkreis oder irgend eine Linie mit dem Potential

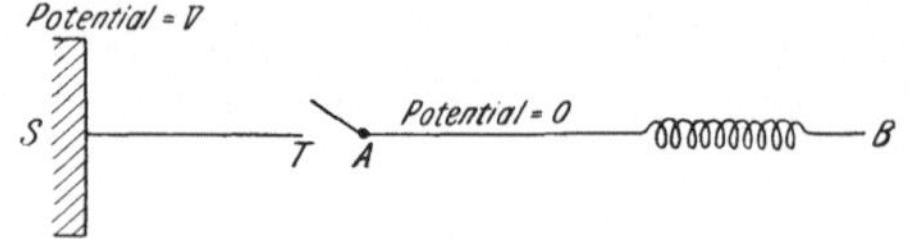

Fig. 39. Schema zur Erklärung der Spannungswoge. Nach FIELD.

Null. In dem Augenblick, bevor der Schalter geschlossen wird, ist
die Spannung dargestellt durch die ausgezogene Linie in Fig. 40.
Nun kann im Augenblick des Einschaltens die Leitung AB nicht
mit einem Mal auf die Spannung V gebracht werden. Tatsächlich

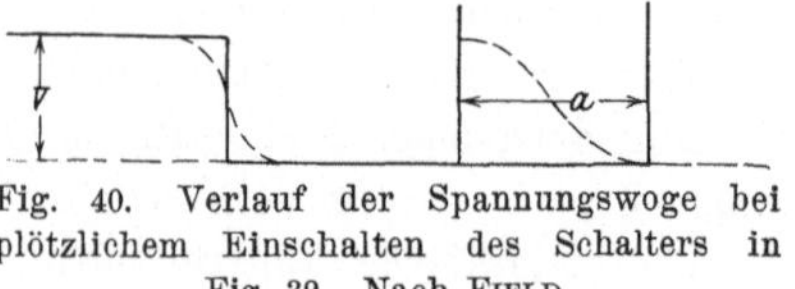

Fig. 40. Verlauf der Spannungswoge bei
plötzlichem Einschalten des Schalters in
Fig. 39. Nach FIELD.

wird im Augenblick des Einschaltens selbst der Spannungszustand
durch die ausgezogene Linie dargestellt sein, falls kein Funke auftritt. Gleichzeitig wird jedoch die Ladung in dem Teile ST des
Systems anfangen, sich über das ganze System von S bis B auszu-

breiten, und zuerst werden die elektrischen Zustände in der Nachbarschaft des Schalters sich auszugleichen streben, in der Weise etwa, wie es die gestrichelte Kurve in Fig. 40 zeigt. Diese Spannungswoge wird dann durch das System bis B eilen, bei ihrem Fortschreiten ihre Form entsprechend den Konstanten der Leitung und des Stromes allmählich ändernd. Es handelt sich nun stets darum: Wie groß ist das Spannungsgefälle an den verschiedenen Stellen des Stromkreises, wenn sie von der Woge erreicht werden.

Diese Frage ist von außerordentlicher Bedeutung.

Jeder, der viel mit Hochspannungsmotoren und Transformatoren zu tun gehabt hat, wird Schwierigkeiten durch Kurzschluß von Windungen und Lagen gehabt haben.

Ich selbst habe abgewickelte Spulen von Hochspannungsmotoren gesehen, deren Isolation wie von zahllosen Nadelstichen durchbohrt war. Die normale Spannung zwischen den Windungen hatte einen ganz bestimmten, verhältnismäßig kleinen Betrag, der in keinem Fall für das Durchschlagen der Isolation ausreichte. Aber es ist klar, daß, wenn eine Spannungswoge mit steilem Abfall die Windungen durcheilt, der Spannungsunterschied zwischen benachbarten Windungen oder Lagen einen im Vergleich mit dem normalen Spannungsunterschied ganz enormen Wert annehmen kann. Stellt z. B. in Fig. 40 der Abstand a die Länge zweier Lagen dar, so könnte momentan die volle Potentialdifferenz zwischen beiden Lagen auftreten.

Beim Einschalten eines Hochspannungsmotors können beide Pole nicht gleichzeitig geschlossen werden. Beim Schließen des ersten Poles tritt der bereits besprochene, in Fig. 40 erläuterte Vorgang auf. Die Spannungswoge erreicht den toten Punkt des Stromkreises und wird zurückgeworfen, es entsteht eine „Brandung“, vielleicht in ganz ähnlicher Weise, wie auf der See eine Woge auf das Land zueilt und an dem Damm zurückbrandet. Das gleiche tritt auf, sobald der zweite Pol Kontakt gibt, nur wird in diesem Fall die Spannungswoge zweimal so hoch sein wie im ersten Fall.

Es läßt sich natürlich schwer sagen, ob im ersten oder zweiten Fall die Beanspruchung der Isolation größer ist. Allgemein kann man wohl sagen: Erstreckt sich die Länge der Woge über mehr als zwei Schichten der Wicklung, so hängt die Beanspruchung von dem Spannungsgefälle ab.

Diese Potentialwogen können an jedem Punkte eines Stromkreises hervorgerufen werden, wenn sich der Spannungszustand dort plötzlich ändert, durch Kurzschluß, Erdung oder dergleichen. Dies ist ein Gebiet, dessen eingehendste Untersuchung jeden reichlich für die aufgewandte Mühe entschädigt."

Mit Rücksicht auf diese Erscheinungen ist es bei der Untersuchung großer Maschinen wichtig, den Stromkreis in soviel als möglich voneinander unabhängige Spulen zu trennen und jede besonders zu prüfen.

Drittes Kapitel

Der isolierte Draht in Anker- und Feldwicklungen.

Den größten Prozentsatz allen in elektrischen Apparaten aufgewandten Kupfers bildet der sogenannte isolierte Draht. Er hat meist kreisförmigen Querschnitt und ist in der Regel mit einer dünnen Baumwoll-, seltener Seidengarnumspinnung als Isolation versehen.

Der Zweck der Isolierschicht ist der, den Draht durch einen Zwischenraum von anderen Drähten oder dem Eisen zu trennen; dabei wird ein Kontakt verhindert durch die isolierende Wirkung des Umspinnungsmaterials und der eingeschlossenen Luft. Oft[1]) scheint es wünschenswert, die Luft vollständig aus der Umhüllung des Leiters zu entfernen und durch isolierenden Lack oder anderes geeignetes Material zu ersetzen; in diesem Fall dient das lockere, faserige Material nur zur Einhaltung des Zwischenraumes zwischen zwei benachbarten Leitern und sozusagen als Netzwerk für den Lack oder die Imprägnierung.

Die Umspinnung soll an und für sich in trockenem Zustande ein hohes Isolationsvermögen besitzen und muß den Draht so gleichmäßig und dicht umschließen, daß der Draht sich in einen durch den Entwurf bestimmten Raum einlegen läßt; außerdem muß sie elastisch genug sein, um eine beträchtliche Druck- und Abscherungsbeanspruchung aushalten zu können.

Häufig empfiehlt sich Seidengarnumspinnung trotz des höheren Preises, wegen der Raumersparnis. Während nämlich das dünnste Baumwollgarn mindestens 0,057 mm stark ist, kann Seide schon von 0,025 mm an verwandt werden. Bei Seidenumspinnung erreicht

---

[1]) In folgendem sind die Ausführungen PERRINES (Conductors for Electrical Distribution) benutzt worden.

man eine größere Dicke durch Verwendung mehrerer Lagen von entgegengesetzter Wicklungsrichtung. Bei Baumwollumspinnung kann die Verstärkung der Schicht durch Verwendung mehrerer Lagen, wie bei Seide, erreicht werden. Aber es ist oft billiger, Garne von größerem Durchmesser zu nehmen, so daß eine Schicht eine Dicke bis zu 0,12 mm erreicht. Doppelte Lagen verwendet man bei Baumwollumspinnung regelmäßig, wenn die Isolation vollständig gleichmäßig sein soll, und wenn es mehr auf Festigkeit als auf Dicke der Umhüllung ankommt. Garne von über 0,12 mm Durchmesser zu verwenden ist nicht ratsam, da stärkere Garne meist weich sind und mechanischen Beanspruchungen nicht genügend widerstehen.

Die Herstellung dieser isolierten Drähte erfordert große Sorgfalt und ausgezeichnete Maschinen, da das fertige Material möglichst gleichmäßig in dem äußeren Durchmesser und vollkommen bedeckt sein muß, und da die Umhüllung so fest aufliegen muß, daß der Draht bei seiner Verlegung sich in der Umhüllung nicht verschieben kann. Um dieses zu erreichen, muß der Draht mit ganz bestimmter Geschwindigkeit im Verhältnis zu der Geschwindigkeit der Garnspulen durch die Maschine gezogen werden. Werden mehrere Umspinnungen aufgebracht, so muß die Drahtziehvorrichtung mit den verschiedenen Spulensätzen so gekuppelt sein, daß kein Schlüpfen zwischen den einzelnen Lagen auftreten kann. Das Garn muß mit beträchtlicher Spannung aufgewickelt werden, und zwar in verschiedenen Litzen gleichzeitig, da eine Litze die nötige Spannung nicht aushalten würde. Die Spannung wird teils durch eine Feder verursacht, welche die Spule, von der sich das Garn abwickelt, zurückzieht, teils dadurch, daß die Spulen eine sehr große Umdrehungsgeschwindigkeit haben. Alle diese Operationen werden von den modernen Umspinnmaschinen so exakt ausgeführt, daß die Fabriken eine gleichmäßig fortlaufende Isolation mit keiner größeren Abweichung des äußeren Durchmessers als 0,025 mm von dem vorgeschriebenen Maß garantieren können.

Gewöhnlich genügt die Isolation der Umhüllung, wenn sie vollkommen in der Herstellung ist, ohne jeden weiteren Zusatz an Isolationsmaterial den Anforderungen, die normal auftreten; wo die Umhüllung jedoch beträchtlichen Spannungsunterschieden zwischen benachbarten Drähten ausgesetzt ist und wo sie sehr starke mechanische Beanspruchungen auszuhalten hat, tränkt man sie in den meisten Fällen mit gelöstem Schellack oder einem Asphaltlack, oder man taucht die ganze Spule in isolierendes Öl. Dieser Zusatz hat wohl hauptsächlich den Zweck, nach vorheriger Austrocknung des Materials alle Poren und Zwischenräume auszufüllen und dadurch irgend eine Feuchtigkeitsaufnahme unmöglich zu machen; der Wert des Imprägniermaterials ist neben der Erhöhung des Isolationswertes der trockenen Baumwolle hauptsächlich durch seine Fähigkeit bedingt, die Feuchtigkeitsaufnahme unter allen Umständen zu verhindern.

Farrington gibt bei einer Besprechung[1] der Imprägnierung von Baumwollbedeckungen bei Kupferdrähten als die drei Hauptfehler der Baumwolle folgende an:

„Der erste Fehler der Baumwolle ist, daß sie bei gängigem Preis nur mit einem Wassergehalt von 5—15 $^0/_0$ gesponnen werden kann, wobei allerdings nicht zu vergessen ist, daß dieser Wassergehalt den mittleren Isolationswiderstand der Baumwollumspinnung nicht wesentlich beeinflußt, wie durch verschiedene Untersuchungen erwiesen ist. Die schlechte Wirkung des Wassergehaltes tritt erst auf, wenn das Wasser bei der Erwärmung der Maschine verdampft, oder wenn es aus dem Ankerdraht unter dem Einfluß der Fliehkraft entweicht; dann läßt es nämlich zahllose Gänge und Öffnungen zurück, durch die nun der elektrische Strom hindurchbricht.[2]

Ein zweiter Fehler liegt darin, daß Baumwolle so leicht verkohlt; allerdings muß man wiederum berücksichtigen, daß das Verkohlen der Baumwolle durch die Vergrößerung des Isolierwiderstandes reichlich aufgewogen wird, welche durch die Austrocknung hervorgerufen wird.

Der dritte Fehler ist der, daß Baumwolle Säuren enthält, welche sie selbst oder ihre Imprägnierungen mit der Zeit mit Kupferoxyd durchsetzen.“

Das Gewicht der Isolation bei isolierten Drähten.

Das Gewicht der Isolation ändert sich in ausgedehntem Maße, hauptsächlich im Zusammenhang mit der Dicke und Anzahl der Lagen. Immerhin gibt die Kurve der Fig. 41 annähernde Mittelwerte für die prozentuale Gewichtszunahme eines Drahtes bei doppelter Baumwollumspinnung. Diese Gewichtszunahme

---

[1] „Defective Machine Insulation“; Franklin Institute, March 12, 1903.

[2] Farringtons Ansicht, daß das vorhandene Wasser nahezu unschädlich sei, wird wohl nicht allgemein geteilt werden. Anm. d. Übers.

muß man bei der Angabe des für die Spule zu verwendenden Materials berücksichtigen, da der Konstrukteur in der Zeichnung meist nur das Kupfergewicht nach Tabellen normaler Drähte angibt.

Die Kurve gibt auch einen genügenden Anhalt für die Schätzung der Gewichte einfacher Baumwoll- oder Seidenumspinnungen, da in gewissem Grade das Gewicht nahezu proportional der Isolationsdicke ist. Bezüglich der Stärke der Isolationsschicht ist bereits früher die unterste Grenze für Baumwolle und Seide nach Perrine angegeben.

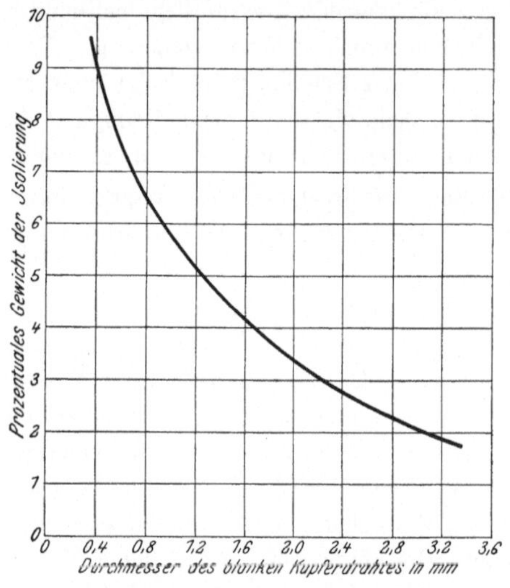

Fig. 41. Gewichtszunahme in Prozenten infolge der gängigen doppelten Baumwollumspinnung bei isolierten Drähten.

Einen allgemeinen Anhalt für die Isolationsstärke gibt Tabelle XXI, welche nach den Normalien einer Vereinigung größerer Fabriken zusammengestellt ist.

Tabelle XXI.

Vergrößerung des Durchmessers bei Baumwollumspinnung an Anker- und Magnetdrähten.

Doppelte Umspinnung (fein).

Englisches Maß.

Alle Stärken bis zu No. 20 S.W.G. . . . . 6 mils.

No. 19 und 18 . . . . 8 „

„ 17 bis 13 . . . . 10 „

„ 12 und weiter . . . . 12 „

Metrisches System.

Alle Stärken bis zu 0,9 mm Durchmesser . 0,15 mm.

Von 1,0 mm bis 1,2 mm Durchmesser . . 0,20 „

„ 1,4 „ „ 2,3 „ „ . . 0,25 „

„ 2,6 „ Durchmesser und größer . . 0,30 „

Doppelte Umspinnung (gewöhnlich).
Englisches Maß.
Alle Stärken bis No. 18 . . . . 10 mils.
No. 17 bis 13 . . . . 12 „
„ 12 und weiter . . . . 14 „
Metrisches System.
Alle Stärken bis zu 1,2 mm Durchmesser . 0,25 mm.
Von 1,4 mm bis 2,3 mm Durchmesser . . 0,30 „
„ 2,6 „ Durchmesser und mehr . . . 0,35 „

Viele Fabriken elektrischer Apparate schreiben wesentlich dünnere Baumwollbedeckungen vor und bekommen sie auch.

Eine empfehlenswerte Normal-Tabelle, welche auch bezüglich der Herstellung keine unvernünftigen Anforderungen stellt, ist in Tabelle XXII auf S. 70—74 gegeben.

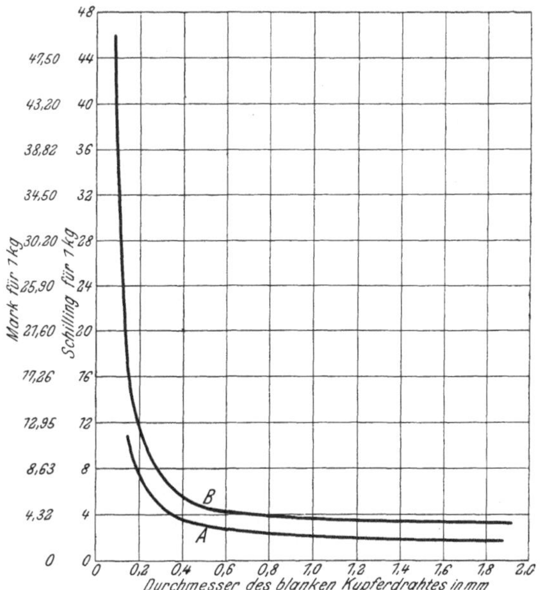

Fig. 42. Kosten für 1 kg einfach besponnenen Drahtes.
A Baumwollumspinnung; B Seidenumspinnung.

Es lassen sich noch erheblich dünnere Baumwollbedeckungen herstellen, aber zu wesentlich höheren Preisen.

Tabelle XXIII (S. 75) und die Kurven der Fig. 42 und 43 geben eine rohe Vorstellung des Marktpreises von isolierten Drähten

Tabelle XXII.
Dicke der Baumwollumspinnung an Drähten.

Be-zeichnung	Nummer	Durchmesser: blank mm	1 fach umsponnen mm	2 fach umsponnen mm	3 fach umsponnen mm
S.W.G.	7/0	12,70	—	—	13,20
—	—	12,00	—	—	12,50
S.W.G.	6/0	11,80	—	—	12,30
B. & S.	0000	11,64	—	—	12,20
B.W.G.	·0000	11,50	—	—	12,00
S.W.G.	5/0	11,00	—	—	11,40
B.W.G.	000	10,80	—	—	11,30
B. & S.	000	10,40	—	—	11,00
S.W.G.	4/0	10,15	—	—	10,65
—	—	10,00	—	—	10,45
B.W.G.	00	9,65	—	—	10,20
S.W.G.	000	9,44	—	—	9,90
B. & S.	00	9,25	—	—	9,75
—	—	9,00	—	—	9,45
S.W.G.	00	8,84	—	—	9,30
B.W.G.	0	8,64	—	—	9,10
B. & S.	0	8,30	—	—	8,70
S.W.G.	0	8,23	—	—	8,67
—	—	8,00	—	—	8,25
S.W.G.	1	7,62	—	—	8,05
B.W.G.	1	7,62	—	—	8,05
B. & S.	1	7,35	—	7,70	7,80
B.W.G.	2	7,20	—	7,55	7,65
S.W.G.	2	7,00	—	7,35	7,45
B.W.G.	3	6,60	—	6,95	7,00
B. & S.	2	6,55	—	6,90	7,00
S.W.G.	3	6,40	—	6,75	6,85
B.W.G.	4	6,05	—	6,40	6,50
—	—	6,00	—	6,35	6,45

Be-zeichnung	Nummer	Durchmesser:			
		blank mm	1 fach umsponnen mm	2 fach umsponnen mm	3 fach umsponnen mm
S.W.G.	4	5,90	—	6,25	6,30
B. & S.	3	5,80	—	6,15	6,25
B.W.G.	5	5,60	—	5,95	6,00
S.W.G.	5	5,40	—	5,65	5,80
B. & S.	4	5,20	—	5,50	5,55
B.W.G.	6	5,15	—	5,45	5,50
—	—	5,00	—	5,31	5,35
S.W.G.	6	4,90	—	5,15	5,25
B. & S.	5	4,63	—	4,90	5,00
B.W.G.	7	4,58	—	4,85	4,95
S.W.G.	7	4,47	—	4,75	4,85
B.W.G.	8	4,20	—	4,50	4,60
B. & S.	6	4,10	—	4,40	4,50
S.W.G.	8	4,07	—	4,35	4,45
—	—	4,00	—	4,32	4,40
B.W.G.	9	3,75	—	4,05	4,15
B. & S.	7	3,65	—	3,95	4,05
S.W.G.	9	3,65	—	3,95	4,05
B.W.G.	10	3,40	—	3,70	3,80
B. & S.	8	3,25	—	3,55	3,65
S.W.G.	10	3,25	—	3,55	3,65
B.W.G.	11	3,05	—	3,35	3,45
—	—	3,00	—	3,28	3,40
S.W.G.	11	2,95	—	3,25	3,35
B. & S.	9	2,90	—	3,20	3,25
B.W.G.	12	2,77	—	3,00	3,15
S.W.G.	12	2,65	—	2,90	3,00
B. & S.	10	2,60	2,75	2,85	2,95
B.W.G.	13	2,41	2,55	2,65	2,75
S.W.G.	13	2,34	2,50	2,60	2,70
B. & S.	11	2,30	2,45	2,55	2,65
B.W.G.	14	2,11	2,25	2,35	2,45
B. & S.	12	2,05	2,20	2,30	2,40
S.W.G.	14	2,03	2,20	2,30	2,38
—	—	2,00	2,15	2,26	2,35

Be- zeichnung	Nummer	Durchmesser:			
		blank mm	1 fach umsponnen mm	2 fach umsponnen mm	3 fach umsponnen mm
B.W.G.	15	1,8300	2,000	2,100	2,200
S.W.G.	15	1,8300	2,000	2,100	2,200
B. & S.	13	1,8300	2,000	2,100	2,200
B.W.G.	16	1,6500	1,800	1,900	2,000
B. & S.	14	1,6300	1,800	1,900	1,980
S.W.G.	16	1,6300	1,800	1,900	1,980
B.W.G.	17	1,4700	1,600	1,700	1,800
B. & S.	15	1,4500	1,600	1,700	1.780
S.W.G.	17	1,4200	1,550	1,650	1.750
B. & S.	16	1,2900	1,400	1,500	1,600
B.W.G.	18	1,2450	1,360	1,450	1,550
S.W.G.	18	1,2200	1,346	1,420	1,520
B. & S.	17	1,1500	1,243	1,346	1,480
B.W.G.	19	1,0650	1.192	1,270	1,370
B. & S.	18	1,0230	1,118	1,220	1,320
S.W.G.	19	1,0170	1,142	1,220	1,320
—	—	1,0000	1,122	1,190	1,300
S.W.G.	20	0,9150	1,017	1,118	1,220
B. & S.	19	0,9100	0,990	1,118	1,190
—	—	0,9000	0,990	1,090	1,180
B.W.G.	20	0,8900	0,990	1,090	1,170
S.W.G.	21	0,8125	0,915	1,015	1,110
B.W.G.	21	0,8125	0,915	1,015	1,110
B. & S.	20	0,8125	0,915	1,015	1,110
—	—	0,8000	0,890	0,990	1,090
B. & S.	21	0,7240	0,825	0,915	1,020
B.W.G.	22	0,7110	0,812	0,915	1,010
S.W.G.	22	0,7110	0,812	0,915	1,010
—	—	0,7000	0,801	0,890	1,000
B. & S.	22	0,6425	0,736	0,838	0,940
B.W.G.	23	0,6350	0,736	0,838	0,930
S.W.G.	23	0,6100	0,711	0,812	0,914
—	—	0,6000	0,701	0,812	0,900

Be-zeichnung	Nummer	Durchmesser:			
		blank	1 fach umsponnen	2 fach umsponnen	3 fach umsponnen
		mm	mm	mm	mm
B. & S.	23	0,5749	0,686	0,786	0,890
B.W.G.	24	5590	660	762	862
S.W.G.	24	5590	660	762	862
B. & S.	24	5100	610	710	812
B.W.G.	25	5080	610	710	812
S.W.G.	25	5080	610	710	812
—	—	5000	602	710	790
B.W.G.	26	4570	559	660	762
S.W.G.	26	4570	559	660	762
B. & S.	25	4550	559	660	762
S.W.G.	27	4160	508	610	—
B.W.G.	27	4060	508	610	—
B. & S.	26	4040	508	610	—
—	—	4000	504	610	—
S.W.G.	28	3760	483	585	—
B. & S.	27	3605	457	559	—
B.W.G.	28	3560	457	559	—
S.W.G.	29	3460	457	559	—
B.W.G.	29	3300	432	533	—
B. & S.	28	3200	432	533	—
S.W.G.	30	3150	432	533	—
B.W.G.	30	3050	417	508	—
B. & S.	29	3000	381	508	—
S.W.G.	31	2950	407	508	—
S.W.G.	32	2740	381	482	—
B. & S.	30	2540	356	457	—
B.W.G.	31	2540	356	457	—
S.W.G.	33	2540	356	457	—
S.W.G.	34	2340	330	—	—
B.W.G.	32	2280	318	—	—
B. & S.	31	2270	318	—	—
S.W.G.	35	2138	305	—	—
B.W.G.	33	2030	292	—	—
B. & S.	32	2020	292	—	—

Be-zeichnung	Nummer	Durchmesser:			
		blank	1 fach umsponnen	2 fach umsponnen	3 fach umsponnen
		mm	mm	mm	mm
—	—	0,2000	0,290	—	—
S.W.G.	36	1930	280	—	—
B. & S.	33	1800	266	—	—
B.W.G.	34	1780	254	—	—
S.W.G.	37	1730	254	—	—
B. & S.	34	1600	249	—	—
S.W.G.	38	1525	241	—	—
B. & S.	35	1430	218	—	—
S.W.G.	39	1320	216	280	—
B. & S.	36	1270	203	280	—
B.W.G.	35	1270	203	280	—
S.W.G.	40	1220	203	—	—
B. & S.	37	1130	190	—	—
S.W.G.	41	1120	190	—	—
B.W.G.	36	1016	177	—	—
S.W.G.	42	1016	177	—	—
B. & S.	38	1010	—	—	—
—	—	1000	—	—	—
S.W.G.	43	0915	—	—	—
B. & S.	39	0895	—	—	—
S.W.G.	44	0813	—	—	—
B. & S.	40	0800	—	—	—
S.W.G.	45	0711	—	—	—
S.W.G.	46	0610	—	—	—
S.W.G.	47	0509	—	—	—
S.W.G.	48	0406	—	—	—
S.W.G.	49	0305	—	—	—
S.W.G.	50	0254	—	—	—

Tabelle XXIII.

Kosten von seiden- und baumwollumsponnenen Drähten.

S.W.G.	Durch-messer blank mm	Mark pro kg:			
		seidenumsponnen		baumwollumsponnen	
		einfach	zweifach entgegen-gesetzt	einfach	zweifach entgegen-gesetzt
8	4,0600	2,94	4,33	1,55	1,67
10	3,2500	2,94	4,33	1,55	1,67
12	2,6400	3,10	4,66	1,55	1,67
14	2,0300	3,10	4,66	1,55	1,67
16	1,6300	3,22	5,06	1,67	1,83
18	1,2200	3,39	5,88	1,67	1,96
19	1,0160	3,63	6,33	1,96	2,24
20	0,9140	3,80	6,74	2,24	2,53
21	0,8130	3,92	7,03	2,37	2,65
22	0,7110	4,20	7,15	2,53	2,81
23	0,6100	4,20	7,15	2,53	2,81
24	0,5600	4,50	8,00	2,94	3,39
25	0,5800	4,50	8,00	2,94	3,39
26	0,4570	4,66	8,41	3,39	3,92
27	0,4170	5,06	9,27	3,63	4,20
28	0,3760	5,88	10,12	3,92	4,49
30	0,3150	7,15	11,36	4,49	5,06
32	0,2740	8,00	13,45	5,06	6,16
34	0,2340	9,27	15,13	5,63	7,55
35	0,2130	10,94	16,40	6,32	8,86
36	0,1950	11,80	17,68	7,59	10,12
38	0,1520	16,80	23,50	9,83	13,45
39	0,1320	21,90	32,00	—	—
40	0,1220	23,55	38,70	—	—
42	0,1016	28,62	47,10	—	—
44	0,0813	43,80	67,30	—	—
46	0,0610	60,70	84,00	—	—
47	0,0508	75,90	126,10	—	—

Tabelle XXIV.

Näherungswerte für die Dicke der Seiden- und Baumwollumspinnung von Drähten.

Einfache Seidenumspinnung . . . . . . 0,025—0,050 mm.

„ Baumwollumspinnung . . . . 0,076—0,089 „

Doppelte Seidenumspinnung . . . . . . 0,050—0,075 „

„ Baumwollumspinnung . . . . 0,150—0,180 „

mit einfacher und doppelter Umspinnung aus Baumwolle oder Seide; dabei entsprechen die Stärken der Umspinnungen den Werten der Tabelle XXIV.

Aus Tabelle XXIV ergibt sich, daß die Gesamtstärke der Isolation bei doppelter Seidenumspinnung ungefähr der einfachen Baumwollumspinnung entspricht.

Was die Isoliereigenschaft von Baumwolle und Seide anbelangt, so ist bei gleicher Stärke kaum ein Unterschied zwischen beiden, nur gibt die Verwendung von zwei Schichten eine größere Sicherheit,

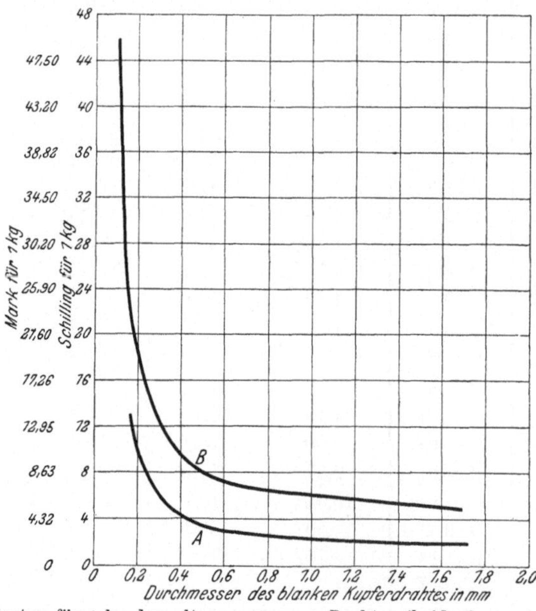

Fig. 43. Kosten für 1 kg doppelt umsponnenen Drahtes (beide Lagen in entgegengesetzter Richtung umlaufend). *A* Baumwollumspinnung; *B* Seidenumspinnung.

indem die Gefahr der Unvollkommenheit einer Lage verringert wird; deshalb wird man in manchen Fällen die doppelte Seidenumspinnung der einfachen Baumwollumspinnung entschieden vorziehen, trotz des bedeutend höheren Preises (vergl. Kurve *B* der Fig. 43 mit Kurve *A* der Fig. 42).

Bei Ankerwicklungen führt die Verwendung von doppelter Seiden- statt doppelter Baumwollumspinnung zu großer Raumersparnis und namentlich bei kleinen Drahtdurchmessern ist die Seidenumspinnung wohl das einzig richtige. Dies wird noch weiter ausgeführt werden in dem Kapitel über Raumausnutzung in Nuten.

Die Kosten sind in den Kurven B und A der Fig. 43 verglichen.

Für Drähte von 0,3 mm Durchmesser blank beträgt der Preis nahezu das Doppelte, aber man muß berücksichtigen, daß jedes Kilogramm des zu diesem Preis gekauften isolierten Drahtes bei Seidenumspinnung wegen ihres geringeren Gewichts einen größeren Prozentsatz Kupfer enthält; so würde nach Fig. 41 das Gewicht der Baumwollumspinnung für diesen Durchmesser etwa 15 $^0/_0$, bei Seidenumspinnung dagegen nicht über 7 $^0/_0$ des Gesamtgewichts betragen. Bei noch dünneren Drähten ist der Unterschied im Preise für Seide und Baumwolle noch geringer, dagegen der Unterschied des prozentualen Isolationsgewichtes wesentlich größer, so daß die Verwendung von Seidenumspinnung um so vorteilhafter wird, je geringer der Durchmesser des blanken Drahtes ist.

Eine Schwierigkeit, die häufig unter den Gründen gegen die Verwendung von Seidenumspinnung erwähnt wird, liegt darin, daß die gängigen Isolierlacke sich sehr gut mit Baumwolle vereinigen und, mehr oder weniger unbeabsichtigt, gerade in dieser Hinsicht vervollkommnet sind; es ist deshalb behauptet worden, daß die Anwendung von Seidenumspinnung neue Bedingungen an die Auswahl und an die Herstellung der Isolierlacke stellen würde.

Viertes Kapitel

Steinmetz' Untersuchungen über die Durchschlagsfestigkeit von Isoliermaterialien.

Die erste einigermaßen umfassende Untersuchung moderner Isoliermaterialien, welche etwas Klarheit in die Beurteilung der für die Isolation elektrischer Apparate erforderlichen Eigenschaften brachte, war die von STEINMETZ im EICKEMEYER Laboratorium zu Yonkers, New York, angestellte.

Die Resultate sind 1893 in einer Abhandlung[1]) niedergelegt. Die Resultate über die Durchschlagsspannung der Luft sind mit den Resultaten anderer Forscher, die zum Vergleich herangezogen waren, in den Kurven der Fig. 44 aufgetragen. Die erheblichen Unterschiede erklärt STEINMETZ in folgender Weise: „Selbst wenn man bei den älteren Versuchen, die mit elektrostatischen Maschinen angestellt wurden, eine große Ungenauigkeit zugibt und die Resultate außer acht läßt, denen die nötigen Angaben fehlen, um die betreffende Methode kritisch zu untersuchen, so sind die Unterschiede immer noch zu bedeutend, um sie durch Beobachtungsfehler zu erklären. Die verschiedenen Kurven weichen beträchtlich in ihrer Form voneinander ab; die besten und scheinbar zuverlässigsten genügen nahezu der Gleichung

$$d = a\,V + b\,V^2.$$

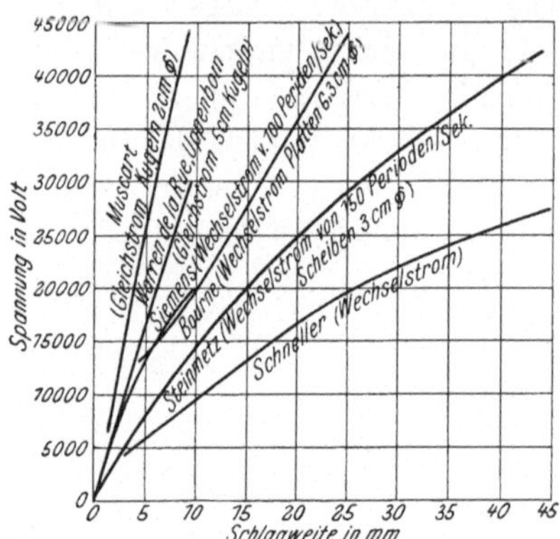

Fig. 44. Schlagweite in Luft nach verschiedenen Experimentatoren.

---

[1]) „Notes on the Disruptive Strength of Dielectrics"; Trans. Am. Inst. Elec. Engrs. 1893, S. 64.

Die Versuche von WARREN DE LA RUE, bei denen eine Chlorsilberbatterie verwendet wurde, sind die einzigen mit Gleichstromspannung ausgeführten, die von dem gegen die elektrostatischen Maschinen erhobenen Vorwurf nicht betroffen werden, und stimmen gut mit der gegebenen Gleichung überein, und zwar über das ganze Meßbereich. BOURNES Versuche mit Wechselstrom, bis zu 110000 Volt gehend, geben ebenfalls für das ganze Meßbereich gute Übereinstimmung.

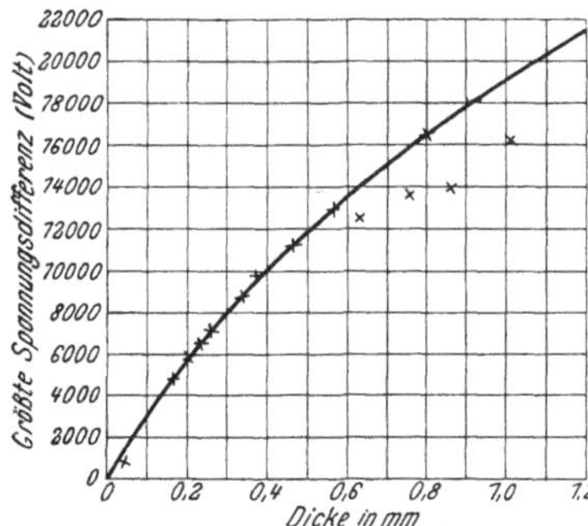

Fig. 45. Durchschlagsspannung von Glimmer nach STEINMETZ.

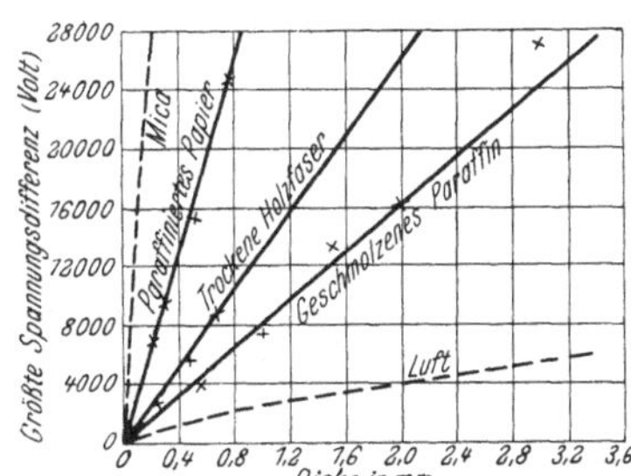

Fig. 46. Durchschlagsspannung nach STEINMETZ.

Andere Resultate zeigen nur in beschränktem Maße einen Zusammenhang mit einer quadratischen Gleichung. Die meiste Beachtung verdient indes die außerordentliche Abweichung unter den Werten der einzelnen Beobachter, und diese scheint darauf hinzuweisen, daß neben der Spannung noch andere Faktoren einen wesentlichen Einfluß auf die Funkenlänge haben."

STEINMETZ' Untersuchungen über Glimmer ergaben die Kurve[1]) der Fig. 45.[2]) In

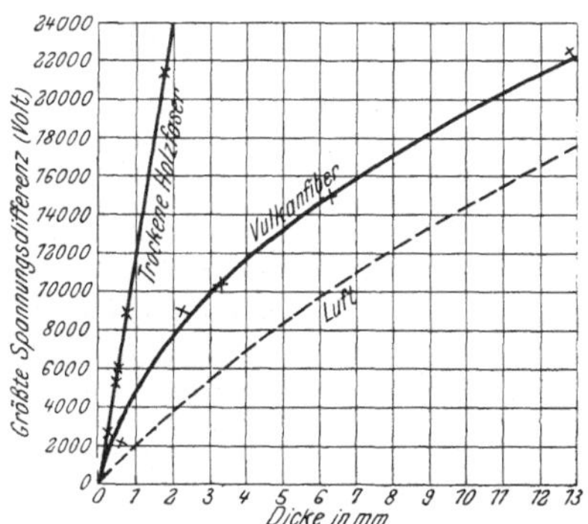

Fig. 47. Durchschlagsspannungen nach STEINMETZ.

---

[1]) Als Spannungen sind von STEINMETZ stets die maximalen, nicht effektiven Spannungswerte angegeben.

[2]) Die Angaben für die Dicken in Fig. 45 sind durch 10 zu dividieren, also 0,02, 0,04 u. s. f.

Fig. 46 sind die Kurven für Luft und für Glimmer zusammengestellt mit denen für geschmolzenes Paraffin, trockene Holzfaser und Paraffinpapier. Luft und Glimmer bilden die Grenzlinien, zwischen denen die meisten anderen Isoliermaterialien liegen.

Die Kurven für trockene Holzfaser und Luft sind nochmals in Fig. 47 zusammengestellt, und zwar mit der Kurve für Vulkanfiber.

Für Vulkanasbest und Asbestpapier sind die Resultate in Tabellen XXV und XXVI angegeben.

Tabelle XXV.

Durchschlagsspannung von Vulkanasbest nach STEINMETZ.

Größte Spannungs- differenz in Volt	Durchschlagene Dicke in mm	Volt für 1 mm (Durchschlags- festigkeit)
4 000	1,00	4000
6 700	2,00	3350
10 300	3,00	3430
12 600	3,55	3550
3 700	1,56	2370

Tabelle XXVI.

Durchschlagsspannung von Asbestpapier nach STEINMETZ.

Größte Spannungs- differenz in Volt	Durchschlagene Dicke in mm	Volt für 1 mm (Durchschlags- festigkeit)
2700	0,60	4500
5000	1,20	4150

Die Durchschlagsfestigkeiten pro Millimeter für die verschiedenen Materialien, bezogen auf eine bestimmte Spannung, aus diesen Untersuchungen gibt Tabelle XXVII (auf S. 81).

Im Anschluß hieran bemerkt STEINMETZ, daß die Dauer eines Versuches unter der Prüfspannung nur kurze Zeit, nicht über 15 Sekunden betrug, und daß alle Materialien vor dem Durchschlagen mehr oder weniger heiß wurden.

Ferner, daß bei einigen Materialien die Durchschlagsfestigkeit pro Millimeter bei verschiedenen Dicken verschieden ist, und daß bei einigen für äußerst geringe Dicken, also für sehr niedrige

Durchschlagsspannungen, eine sehr hohe Durchschlagsfestigkeit pro Millimeter auftritt. Das zeigt Tabelle XXVIII für Luft, Glimmer und rotes Vulkanfiber.

Tabelle XXVII.

Durchschlagsfestigkeit pro Millimeter für verschiedene Substanzen bei 5000 Volt Durchschlagsspannung nach Steinmetz (1892).

Material	Durchschlagsfestigkeit für 1 mm[1])	Bemerkungen
Luft	1 670	
Glimmer	320 000	
Rotes Vulkanfiber	5 200	schwach feucht.
Trockene Holzfaser	13 000	
Paraffinpapier	33 900	
Geschmolzenes Paraffin	8 100	65^0.
Gekochtes Leinöl	8 000	21^0.
Terpentinöl	6 400	
Kopal-Lack	3 000	
Schmieröl	1 600	sehr unrein.
Vulkanasbest	3 600	
Asbestpapier	4 300	

Tabelle XXVIII.

Durchschlagsfestigkeit pro Millimeter für verschiedene Substanzen nach Steinmetz.

	Luft	Glimmer	Rotes Vulkanfiber
Bei einer Durchschlagsspannung von 0 Volt	13 900[1])	470 000	13 000
Desgl. von 5000 Volt	1 670	320 000	5 200
„ „ 25000 „	1 190	156 000	1 530

Geschmolzenes Paraffin, Paraffinpapier und trockene Holzfaser zeichnen sich aus durch Unabhängigkeit der Durchschlagsfestigkeit pro Millimeter von der Materialdicke.

---

[1]) Die betreffenden Werte ergeben sich aus der Durchschlagsspannung, dividiert durch die Materialdicke, z. B. für Luft: bei 5000 Volt 3 mm, daraus Durchschlagsfestigkeit pro Millimeter $\frac{5000}{3} = 1670$ Volt.

Steinmetz beschreibt noch eine sehr interessante Erscheinung, die bei seinen Untersuchungen auftrat, namentlich wenn dünne Schichten von gut isolierendem Material höheren Spannungen unterworfen wurden.

„Bei einer Spannung von 830 Volt trat an einem Glimmerstück von 0,018 mm im Dunkeln ein bläuliches Glimmen zwischen dem Glimmer und den Elektroden auf. Dies Glimmen wurde bei 970 Volt ganz deutlich und bei 1560 Volt bereits im Tageslicht sichtbar. Bei weiterer Spannungssteigerung nahm dieses Glimmen an Helligkeit zu und bildete einen scharf begrenzten, schmalen blauen Rand um die Elektroden, soweit sie in Berührung mit dem Glimmer waren.

Bei 4500 Volt — die Dicke des Glimmerstückes betrug 0,023 mm — brachen violette „Fühler" von etwa 2 mm Länge bald hier bald dort aus der blauen Randlinie hervor. Diese Fühler waren vollständig verschieden von dem bläulichen Glimmen, das die Elektroden umgab, und wuchsen an Zahl und Länge mit steigender Spannung, bis sie einen breiten elektrostatischen Strahlenkranz um die Elektroden auf jeder Seite der Glimmerscheiben bildeten. Die zahllosen violetten Strahlen fuhren mit zischendem Geräusch über den Glimmer hin. Der Strahlenkranz nahm an Breite schnell zu, bis er die Ränder der Glimmerplatte erreicht hatte. Dann schlugen weiße, sehr stark leuchtende Funken von einer Elektrode über die Glimmeroberfläche zur andern, zuerst in geringer Zahl, bei wachsender Spannung bedeckten schließlich Blitze in ungeheurer Zahl unter betäubendem Geräusch die ganze Platte. Die durch diese Funken übertragene Strommenge war sehr gering, da keine merkbare Änderung im Primärstromkreis auftrat. Die Länge dieser Blitze war oft erheblich größer, als die Funkenstrecke in Luft bei dieser Spannung. Der Glimmer und besonders die Elektroden wurden sehr bald heiß. Der Glimmer wurde brüchig und spaltete sich in einzelne Plättchen, bis er schließlich durchgeschlagen wurde. Die Länge der überschlagenden Funken hängt etwas von der Periodenzahl und der Dicke der Glimmerschicht ab; sie ist größer bei höherer Frequenz und geringerer Plattenstärke, letzteres hauptsächlich wohl nur insoweit, als die Kapazität oder besser der Ladungsstrom des aus der Glimmerplatte und den beiden Elektroden bestehenden Kondensators vergrößert wurde."

Steinmetz meint, daß diese Funken unfähig sind, einen Lichtbogen einzuleiten, und hält sie für Kondensatorerscheinungen, was er in folgender Weise erklärt. Der violette Strahlenkranz ist der Ladestrom des Kondensators, der gebildet wird von den Glimmerscheiben als Dielektrikum und von der ganzen mit dem Strahlenkranz bedeckten Oberfläche als Belegung; sobald der Kranz den Rand des Dielektrikums erreicht, findet eine Entladung des Kondensators statt, und zwar durch die weißen Funken, welche um den Rand des Dielektrikums herumschlagen.

Vielleicht hängt diese Erscheinung mit der Büschelentladung oder mit der Oberflächenleitfähigkeit zusammen; leider ist sie nicht noch von anderen Autoren eingehend untersucht und erklärt.[1] Kürzlich hat Dr. Benischke ähnliche Erscheinungen in der ETZ. 1905 S. 7—10 beschrieben. Dr. Benischke sieht in den beobachteten und photographierten Lichterscheinungen um die Elektrodenplatten Vorentladungen, die sozusagen erst den Weg zum Durchschlagen bahnen müssen und die Ursache erheblicher Spannungserhöhungen bilden, durch welche die z. T. abnormalen Funkenlängen hervorgerufen werden.

---

[1] Es sei an dieser Stelle bemerkt, daß über Erscheinungen dieser Art bisher fast durchweg Unklarheit herrscht, und daß deshalb keine scharfen Definitionen möglich sind.   Anm. d. Übersetzer.

Fünftes Kapitel

Glimmer und Glimmerprodukte.

Glimmer ist ein natürliches Silikat von Aluminium und Kalium oder Natrium.

Die meisten durchscheinenden Glimmerarten enthalten hauptsächlich Aluminium- und Kalium-Silikate, die weniger durchscheinenden enthalten daneben Magnesium- und Eisenoxyde und erdige Bestandteile.

Tabelle XXIX gibt die Analyse einer gewissen Glimmersorte.

Tabelle XXIX.

Zusammensetzung von Glimmer.

Aluminium	35 %.
Kieselsäure	46 „
Pottasche	8 „
Eisenoxyd	6 „
Manganoxyd und Magnesiumoxyd	2 „
Flußsäure	1 „
Wasser	1 „
Sonstiges	1 „
	100 %.

Ein großer Prozentsatz vom Magnesium färbt Glimmer dunkler, ein großer Eisengehalt färbt ihn grau und schwarz.

Glimmer kristallisiert in blättriger Form und läßt sich in der Längsrichtung sehr leicht spalten.

Glimmer kann bis zu Stärken von 0,006 mm gespaltet werden.

Die Hauptbezugsländer sind Indien, Kanada und Nordamerika. Die Gesamtgewinnung verteilt sich auf diese Länder annähernd im Verhältnis von 50, 25 und 25 %.

50 % des insgesamt gewonnenen Glimmers werden dagegen verwendet in den Vereinigten Staaten.

Der hohe Preis des Glimmers ist nicht in seiner Seltenheit begründet, sondern in der Schwierigkeit, brauchbares Rohmaterial zu gewinnen, und in dem ungeheuren Abfall, der bei der Bearbeitung dieses rohen Materiales auftritt.

So schätzt man z. B. bei dem Nord-Karolina-Glimmer, daß höchstens 1—3 $^0/_0$ des gewonnenen Glimmers schließlich auf den Markt kommen.

Das ist weiterhin nicht mehr als ca. zwei Hundertstel von einem Prozent des abgebauten Gesteins, mit anderen Worten: auf jede Tonne abgebauten Gesteins kommen vielleicht 200 g marktfähigen Glimmers.

Der Marktpreis des Glimmers ist außerordentlich verschieden und richtet sich wesentlich nach den Dimensionen. So beträgt der Preis für Glimmer in Plattengrößen von etwa 25×75 mm ca. 0,75 M. pro Kilogramm, in Plattengrößen von 150×50 mm schon 7,50 M. pro Kilogramm.

Indien liefert in erster Linie den besten Glimmer, und zwar ziemlich billig infolge der geringen Löhne für die Eingeborenen. Für elektrische Zwecke ist der weiße Glimmer der beste. Bei den weichsten Glimmerarten trifft man oft eine grünliche Schattierung an. Der weißgelbe Glimmer, der meist aus Kanada kommt, gilt als der biegsamste.

Bester rötlicher Glimmer hat mitunter an einigen Stellen einer Platte 12000 Volt Durchschlagsspannung pro $^1/_{10}$ mm, der Mittelwert ist jedoch in der Regel viel geringer. Kurven über die Durchschlagsspannung des Glimmers sind in Fig. 2 und 45 gegeben. Andere Kurven folgen im Laufe dieses Kapitels.

Die große Durchschlagsfestigkeit und Hitzebeständigkeit des Glimmers haben ihn zu einem äußerst wichtigen Isoliermaterial gemacht. Andererseits bringt die geringe Biegsamkeit und die Oberflächenleitfähigkeit beträchtliche Nachteile mit sich. Um diese Nachteile zu beseitigen, sind Glimmerfabrikate unter mannigfachen Bezeichnungen, wie Mikanit, Megohmit, Megotalc etc., von verschiedenen Firmen in den Handel gebracht.

Mikanit. Bei der Herstellung des Mikanits wird der Glimmer zunächst in ganz dünne Blätter gespalten; diese werden zusammengefaßt und mit einem isolierenden Kitt oder Lack verklebt, unter hohem Druck und hoher Temperatur. Erwärmt kann Mikanit in

geeignete Formen gebogen werden. Natürlicher Glimmer kann mit
Ausnahme ganz dünner Platten nicht gebogen werden, da in jedem
Stück irgend einer Dicke mehrere Platten ganz fest aneinander haften,
wodurch ein Biegen ohne Bruchstellen unmöglich wird. Der Zweck
des Lackes, der die einzelnen Plättchen in dem Mikanit zusammenklebt, ist der, bei der Erwärmung ein Gleiten der einzelnen Plättchen
aufeinander zu ermöglichen; auf diese Weise kann das erwärmte
Mikanit in jede beliebige Form gebracht werden und wird abgekühlt
diese Form beibehalten; dabei wird es so dicht, daß es beim An-
schlagen einen metallischen Klang gibt.

Mikanitplatten werden in Stärken von 0,15—3 mm und in
der Regel in zwei Qualitäten hergestellt.

In Tabelle XXX sind die Resultate der Versuche von HERRICK
und BURKE über die Durchschlagsfestigkeit von Mikanitarten enthalten.

Tabelle XXX.
Durchschlagsfestigkeit verschiedener Glimmerpräparate nach
HERRICK und BURKE.

Material	Durchschlagsspannung in Volt für $^1/_{10}$ mm im kalten Zustande	Durchschlags-festigkeit (Volt für 1 mm)
Mikanitplatten	4000	40 000
Biegsame Mikanitplatten .	3000	30 000
Mikanitleinen	1700	17 000
Mikanitpapier	1800	18 000

Die Allgem. Elektrizitäts-Gesellschaft gibt zwei Aus-
führungsarten für Mikanit an:

1. Erfolgt die Pressung unter starkem Druck, so daß nur ein
geringer Prozentsatz des besonders präparierten Bindemittels in dem
fertigen Fabrikat verbleibt, so zeigen die Tafeln eine **weiße** Farbe.
Derartige Platten sind sehr widerstandsfähig und speziell für solche
Verwendungszwecke geeignet, bei denen hohe Temperaturgrade in
Frage kommen. Da diese weißen Mikanitplatten infolge ihres geringen
Gehaltes an Klebstoff verhältnismäßig leicht abblättern, eignen sie sich
nur für Streifen und Segmente, nicht für Ringe und gebogene Stücke.

2. Das normale **braune Mikanit** wird weniger stark ausgepreßt, so daß es einen höheren Prozentsatz Klebstoff enthält. Es

ist gegen Hitze etwas weniger widerstandsfähig als das weiße Material, läßt sich jedoch bei Erwärmung, wenn der Klebstoff anfängt weich zu werden, leicht biegen. Dagegen ist es fester als weißes Mikanit und blättert nicht so leicht auf, so daß man außer den obengenannten Segmenten auch Ringe aus Platten stanzen, sowie ferner Preßstücke der verschiedensten Art herstellen kann.

Größere Platten, bei denen es auf genaue Innehaltung einer bestimmten Stärke ankommt, werden mittels einer besonderen Fräsmaschine bearbeitet, so daß die gleichmäßige Innehaltung der Dicke bis auf 0,05 mm garantiert werden kann.

Mikanit wird auch biegsam hergestellt und dient in dieser Qualität neuerdings vielfach als Ersatz für Mikanitleinwand und Mikanitpapier. Von diesen Glimmerprodukten, die in Verbindung mit biegsamen Stoffen hergestellt sind, seien folgende erwähnt:[1]

Mikanitleinwand, beiderseitig mit Leinwand überzogen, in Stärken von 0,4—0,6 mm und darüber.

Mikanitleinwand, auf der einen Seite mit Leinwand, auf der anderen mit Seiden-Isolationspapier überzogen, in Stärken von 0,4—0,6 mm und darüber.

Mikanit-Japanpapier, beiderseitig mit feinstem japanischen Faserpapier überzogen, in Stärken von 0,3—0,6 mm u. d.

Mikanitpapier, beiderseitig mit dünnstem Seiden-Isolationspapier überzogen, in Stärken von 0,2—0,6 mm u. d.

Der Preis des Mikanits und dieser Mikanitstoffe stellt sich je nach der Stärke auf etwa 5—6 M. pro Kilogramm.

Manche dieser Fabrikate werden auch aus mehreren Glimmerschichten abwechselnd mit Stoffschichten hergestellt, dafür gilt die Tabelle XXXI.

Tabelle XXXI.

Zusammensetzung von Mikanitleinen und Mikanitpapier.

Zahl der Glimmerlagen	Dicke in mm:	
	Mikanitleinen	Mikanitpapier
1	0,20	0,13
2	0,28	0,20
3	0,36	0,28

[1] Nach Mitteilungen von H. WEIDMANN, Rapperswil.

Außerdem gibt es Sorten, die als extra biegsames Mikanittuch und -papier bezeichnet werden.

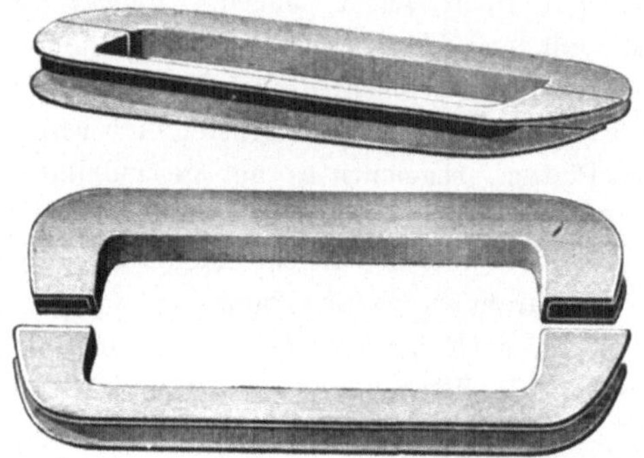

Fig. 48. Isolierstücke aus Mikanit.

Fig. 49. Isolierstück aus Mikanit.

Fig. 50. Isolierstück aus Mikanit.

Hülsen, Ringe, Röhren, Spulen, Kasten, Kommutatorsegmente, gepreßte Endscheiben und Bandagenringe werden aus Mikanit hergestellt. Die Fig. 48—50 enthalten verschiedene Formen.

Megohmit. Megohmit wird für die gleichen Zwecke wie Mikanit angefertigt. Die Fabrikanten von Megohmit werfen dem Mikanit vor, daß es infolge des hohen Prozentsatzes von Klebstoff bei hohen Temperaturen diesen ausschwitzt und infolgedessen zur Isolierung der Kommutatorlamellen unbrauchbar sei.

Papier- oder Mikanitpapierisolation ist für den gleichen Zweck auch unbrauchbar. Um nun diesem Übelstande abzuhelfen, wurde in dem Megohmit ein Material hergestellt, dem der Klebstoff auf verschiedene Arten soweit wie möglich entzogen ist; nach chemischen Analysen beträgt derselbe in keinem Teil der fertigen Platten mehr als 1,25 $^0/_0$. Megohmit stellt sich in kleinen Abmessungen teurer als Glimmer in gleichen Abmessungen; erst bei größeren Platten zeigt sich der Vorteil, wo nämlich der reine Glimmer zu teuer wird. So werden speziell ebene und gebogene Isolierscheiben und Ringe für Kommutatoren aus Megohmit angefertigt. Megohmit wird in harter und biegsamer Qualität in den Handel gebracht, früher auch als Glimmerleinen und Glimmerpapier.

Die Megohmitplatten werden hergestellt aus dünnen Glimmerplättchen, die bei der harten Qualität mit Schellack, bei der biegsamen Qualität mit verschiedenen vegetabilischen Klebstoffen gebunden werden. Glimmerpapier war die biegsame Qualität mit einer Deckschicht von Japanpapier, Glimmerleinen mit einer Deckschicht von Leinen.

Die harte Qualität ist vollständig wasserdicht und besitzt größere mechanische Widerstandsfähigkeit bei größerem Isolationsvermögen; die weiche Qualität ist nicht ganz so zuverlässig.

Die harten Megohmitplatten werden bei rund 80° C. weich, gewinnen aber bei der Abkühlung ihre ursprüngliche mechanische Festigkeit und isolierenden Eigenschaften wieder. Die spezifischen Gewichte der verschiedenen Produkte sind in Tabelle XXXII zusammengestellt.

Tabelle XXXII.
Spezifisches Gewicht von Megohmit-Präparaten.

Material	Spezifisches Gewicht
Hartes Megohmit (Qualität B)	2,5
Biegsames „ („ „)	2,0
Glimmerpapier	1,5—1,9
Glimmerleinen	1,2—1,8

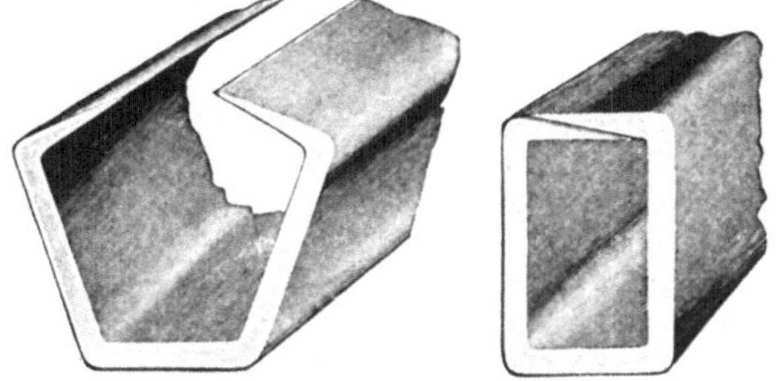

Fig. 51. Offene und geschlossene Megohmithülsen.

Megohmit wird auch zur Herstellung von Hülsen, Kanälen und Röhren verwendet. Fig. 51 zeigt eine solche Hülse offen und geschlossen, Fig. 52 andere Überlappungen, davon die letzte zwei Hülsen ineinander mit Überlappungen an den entgegengesetzten Seiten.

Fig. 52. Überlappte Megohmithülsen.

Verschiedene Formstücke sind in den Figuren 53 und 54 dargestellt.

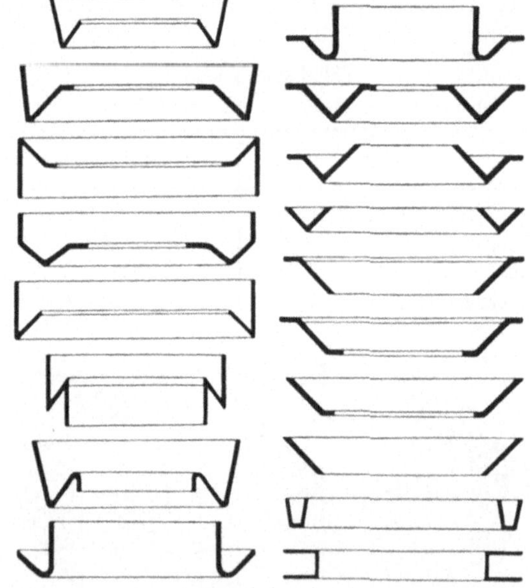

Fig. 53. Formen von Megohmit.

Verschiedene interessante Kurven über die Eigenschaften des Megohmits nach Angabe der Firma MEIROWSKY & Co., Köln-Ehrenfeld, sind in Fig. 55 (S. 92) zusammengestellt. Hiervon zeigen die

Durchschlagskurven *a* die Spannungen, bei welchen die verschiedenen Materialstärken in kaltem Zustande durchschlagen wurden.

Die Erwärmungskurven *b* geben die Spannung an, welche eine bestimmte Materialstärke andauernd aushält, ohne eine Temperaturerhöhung von mehr als 3^0 C. über Umgebungstemperatur zu erfahren.

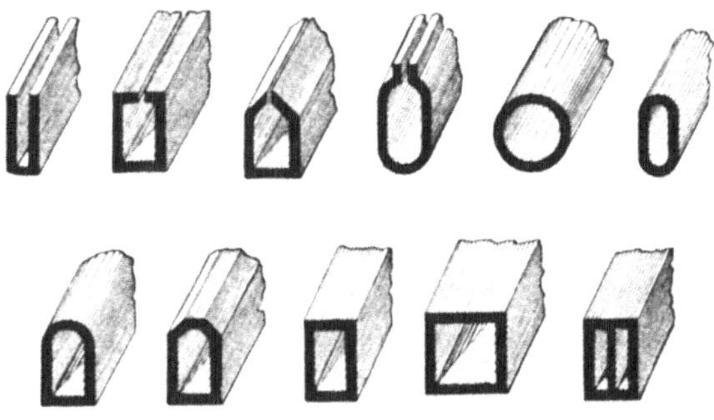

Fig. 54. Megohmithülsen für Nutenisolationen.

Für Nutauskleidungen bei Gleich- und Wechselstrommaschinen ist eine zweite Reihe von Kurven aufgenommen, welche die maximalen Erwärmungen über die Umgebungstemperatur angeben, die bei den gegebenen Spannungen in Röhren bestimmter Stärke auftreten können.

Diese Kurven[1]) sind einer bedeutenden Zahl von Untersuchungsresultaten (auch Dauerversuchen) entnommen und es wurde angegeben, daß diese Resultate von dem nach heutigem Verfahren hergestellten Material erheblich übertroffen werden.

---

[1]) Die Spannungen sind effektive Wechselstromspannungen, berechnet aus der Klemmenspannung der Maschine und dem Übersetzungsverhältnis der Transformatoren.

In dem englischen Originaltext sind die Spannungen irrtümlich als maximale Spannungswerte bezeichnet auf Grund der Mitteilungen der Londoner Vertreter der Firma M. & C., welche die technischen Bezeichnungen effektiver und maximaler Spannung mißverstanden hatten.

Derartige Mißverständnisse kommen bekanntlich in der Praxis nur zu häufig vor, wenn technische Mitteilungen durch ein kaufmännisches Bureau übermittelt werden.   Anm. d. Übersetzer.

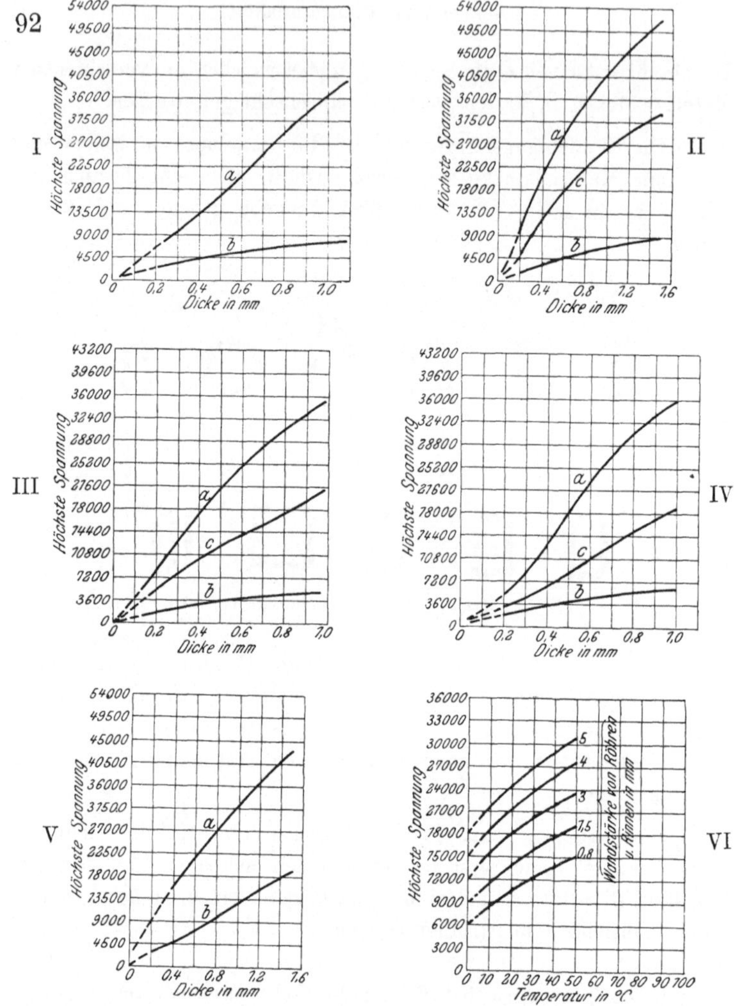

Fig. 55.

I. Megohmit, Qualität C D M. *a* Durchschlagsspannung; *b* Spannung für 3⁰
Temperaturerhöhung.

II. Megohmit, Qualität B, und Hartgummi. *a* Durchschlagsspannung (Megohmit);
b Spannung für 3° Temperaturerhöhung (Megohmit); *c* Durchschlagsspannung
(Hartgummi).

III. *a* Glimmerpapier, Durchschlagsspannung; *b* Glimmerpapier, Spannung für 3°
Temperaturerhöhung; *c* Gloriapapier, Durchschlagsspannung.

IV. *a* Glimmerleinen, Durchschlagskurve; *b* Glimmer, Spannung für 3° Temperaturerhöhung;[1] *c* Glorialeinen, Durchschlagskurve.

V. Röhren u. Rinnen. *a* Durchschlagsspannung; *b* Spannung für 3°Temperaturerhöhung.

VI. Höchste Temperaturzunahme für Röhren und Rinnen.

---

[1]) Zu IV: Für Kurve „*b*" sind die Werte der Dicken mit 3,33 zu
multiplizieren.

Megotalc.[1]) Eine weitere Form der Glimmerprodukte ist Megotalc, ein Fabrikat, das aus kleineren Glimmerplatten mittelst eines speziell dazu präparierten Lackes hergestellt wird, und das man daher in allen gewünschten Größen fabrizieren kann. Der Verkauf geschieht in der Regel in Platten von 500 × 1000 mm. Es kann in allen möglichen Fassonstücken, wie Ringen, Rinnen, Scheiben und Röhren hergestellt werden, vergl. Fig. 56, auch in Verbindung mit anderen Stoffen, wie Papier und Leinen. Als Ersatz für diese letzteren wird indes flexibles Megotalc in Stärken von 0,15 mm an fabriziert.

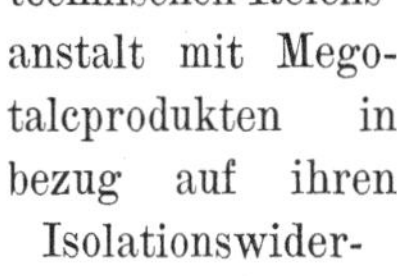
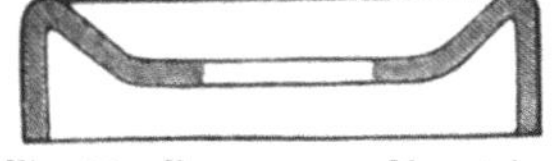

Fig. 56. Formen von Megotalc.

Die seitens der physikalisch-technischen Reichsanstalt mit Megotalcprodukten in bezug auf ihren Isolationswiderstand und ihr Verhalten gegen das Durchschlagen hoher Spannungen vorgenommene Prüfung hat folgende Resultate ergeben:

1. Isolationswiderstand

nach Prüfung von 3 Minuten bei 19° C. und 50 °/₀ Luftfeuchtigkeit:

Megotalcplatten	0,3	mm bei	8000	Volt	3 100 000 Megohm.
„	0,5	„ „	8000	„	3 400 000 „
„	1,0	„ „	8000	„	6 800 000 „
Glimmerleinwand	0,4	„ „	1000	„	1 540 „
Glimmerpapier	0,15	„ „	100	„	2 850 „
„	0,15	„ „	500	„	2 480 „
„	0,15	„ „	1000	„	2 290 „

---

[1]) Nach einer Mitteilung der Frankfurter Glimmerwarenfabrik LANDSBERG und OLLENDORFF.

2. Durchschlagswiderstand.

Es wurde durchgeschlagen:

Glimmerpapier　　von 0,15 mm Stärke bei　5500 Volt.

„　　　　　　„ 0,3　„　　„　　„ 11000　„

Glimmerleinwand　„ 0,4　„　　„　　„ 11000　„

Megotalcplatte　　„ 0,5　„　　„　　„ 23000　„

Megotalcplatten von 1 mm Stärke wurden von der höchsten verfügbaren Spannung von 40000 Volt nicht durchschlagen.

Von Untersuchungen des Glimmers und seiner Produkte seien folgende erwähnt:

Dr. WALTER gibt in der bereits erwähnten Abhandlung (S. 46) die Resultate seiner Untersuchungen von 5 verschiedenen Glimmersorten, die in der folgenden Tabelle enthalten sind.

Tabelle XXXIII.

Versuche von WALTER an natürlichem Glimmer.

Heimat	Farbe	Untersuchte Dicke in cm	Schlagweite in cm für 1 cm Dicke	Durchschlagsfestigkeit (Volt für 1 mm)
Deutsch-Ost-Afrika	Hellbraun in dicken Lagen, Sonst durchsichtig und frei von Unreinheiten . . .	0,045 0,070	56 57	28 000 28 500
Calcutta	Hellrötlich in dicken Lagen, mitunter bräunliche oder gelbe Unreinheiten . .	0,048	35	17 500
Madras	Ziemlich viele rötliche und grünliche Flecke, dicke Lagen von charakteristischer grüner Färbung, sehr weich, vorzüglich für Kollektorsegmente .	0,035	49	24 500
Rußland	Hellgelblich mit schwärzlichen Unreinheiten . .	0,048	42	21 000
Ceylon	In dünnen Lagen grünlich, dicke Lagen dunkel rotgelb	0,050	40	20 000

Diese Resultate wurden mit der Piceïntropfenmethode gewonnen; die entsprechende Funkenlänge soll nach Dr. WALTER proportional der Spannung sein, und zwar so, daß 100000 Volt effektive Wechselstromspannung einer Funkenlänge von 20 cm entsprechen; die in der Tabelle angegebenen Spannungswerte sind hieraus berechnet. Wurden dagegen die Platten ohne Piceïntropfen zwischen den Elektrodenspitzen untersucht, so war die entsprechende Funkenlänge 70 bis 200 mal so groß wie die Glimmerstärke; dieses würde nach der Kurve des „Amerikan Institute" Durchschlagsspannungen von 45000 bis 90000 Volt pro Millimeter Plattenstärke entsprechen.

Bei diesen Untersuchungen fand Dr. WALTER, daß, wenn im Glimmer eine Luftblase vorhanden war und die Stichöffnung des Piceïntropfens gerade auf die Luftblase gerichtet war, die Glimmerschicht auf der Seite des Piceïntropfens bei der normalen Funkenlänge durchgeschlagen wurde, daß aber zum Durchschlagen der anderen Seite eine erhebliche Vergrößerung der Spannung nötig war. Dasselbe zeigte sich auch an aufeinandergelegten Glasplatten.

Die infolge des Piceïntropfens hervorgerufene Stichwirkung wird also durch die Luftschicht gewissermaßen aufgehoben; dasselbe zeigt sich auch bei den Glimmerprodukten, bei denen die Durchschlagsspannung durch die Anwendung der Piceintropfenmethode nicht verringert wurde, wie bei homogenen Materialien; man kann sich das dadurch erklären, daß man annimmt, die einzelnen Glimmerplatten seien bei diesen Produkten durch Luftschichten voneinander getrennt, welche die Stichwirkung der Elektrizität aufheben. Gleichzeitig wurde aber beobachtet, daß nach der Durchbohrung der ersten Platte die zweite Platte an derselben Stelle durch den Funkenstrom erhitzt und stark angefressen wurde, so daß die zweite Platte auf die Dauer doch noch durchgeschlagen ward.

Hiernach haben überhaupt alle aus mehreren Schichten zusammengesetzten Isoliermaterialien wohl den Vorzug, daß sie zunächst der Stichwirkung der Elektrizität besser widerstehen als ein homogenes Material, andererseits aber sind sie infolge der fressenden Wirkung der Elektrizität auf die Dauer mehr der Zerstörung ausgesetzt als ein homogenes Material mit unverletzter Oberfläche. Zu diesen Materialien würden auch die Glimmerprodukte zu rechnen sein, während Glimmer selbst, soweit er fehlerfrei ist, als homogenes Material anzusprechen ist. Inwieweit diese Untersuchungen Dr. WALTERS und damit seine Untersuchungsmethode für die Praxis von

Bedeutung sind, läßt sich vorläufig kaum beurteilen; jedenfalls treten in der Praxis wohl häufig Fälle auf, in denen das Isoliermaterial in ähnlicher Weise auf die Probe gestellt wird, wie bei der Piceïntropfenmethode, und in denen dann natürlich auch die ähnlichen Folgen auftreten.

Ein guter Ersatz für die erwähnten Glimmerprodukte ist Glimmer in Verbindung mit Preßspan.

Näheres darüber ist im Kapitel XIV ausgeführt. Formgepreßte Hülsen und Röhren in dieser Weise hergestellt, halten bei 1 mm Wandstärke 12000 Volt aus und verlieren weniger leicht ihre Form.

Ein wesentlicher Fehler des Glimmers beruht darin, daß er durch Öl außerordentlich schnell seine guten Eigenschaften verliert.

Dies kommt hauptsächlich in Frage für Kommutatorisolationen und wird in dieser Beziehung noch besonders besprochen werden. Indes wird auch vielfach davon abgeraten, Glimmer und Ölisolationen zusammen zu verwenden, „da sie sich sehr schlecht miteinander vertragen und zusammen nicht die gleichen isolierenden Eigenschaften aufweisen, als wenn sie einzeln verwendet werden". Über die Ursache dieser Erscheinung sind nur Vermutungen vorhanden.

Es wurde bereits bei der Besprechung der Untersuchungsmethoden (S. 32) darauf aufmerksam gemacht, daß die Durchschlagsfestigkeit eines Isolators in der Regel abnimmt, wenn er unter Öl durchgeschlagen wird. Dasselbe trifft auch für Glimmer zu.

Dieser Einfluß des Öls auf die Durchschlagsfestigkeit des Glimmers ist von Härden und Andrews untersucht. Das Folgende ist einer Abhandlung John Härdens in der „Elektrical World and Engineer" 1903, 10. April über „Einwirkungen hoher Spannungen auf Glimmerisolation" entnommen.

Befindet sich ein Glimmerstück zwischen einer Elektrodenspitze und -scheibe von hohem Potentialunterschied, so treten von der Spitze aus radial gerichtete Entladungen über die Oberfläche auf; die Spitze muß dabei positiv sein. Die Entladungsenergie setzt sich in Wärme um, so daß das Glimmerstück heiß wird. Da die Entladungsmengen das gleiche Vorzeichen haben, stoßen sich die einzelnen Teile untereinander ab, und die Entladung breitet sich über die ganze Oberfläche aus. Diese Ladungsverteilung auf der Oberfläche ist mit einer Abnahme der Spannung verbunden. Die elektrische „Pressung" pro Flächeneinheit ist geringer.

Umgibt man die Spitze mit einer Ölschicht, so verhindert das Öl die radiale Entladung, vergrößert somit den elektrischen Druck pro Flächeneinheit. Eine Glimmerplatte, die vorher 9000 Volt aushielt, wird jetzt höchstens 6000 Volt ertragen. Paraffin und Siegellack haben die gleiche Wirkung. Lackiertes Papier oder Tuch zeigen diesen Unterschied bei der Prüfung nicht, da die durch die Entladungen verursachte Wärme den Lack schmilzt und dieser nun um die Elektrodenspitze einen Wall in ähnlicher Weise bildet wie das Öl.

Das Resultat der ganzen Untersuchung läßt sich dahin zusammenfassen, daß eine feste Isolation in Verbindung mit Glimmer bei Kondensatoren und ähnlichen Apparaten am wirksamsten ist, wenn kein Öl zur Verwendung kommt.

Dasselbe ist bereits nahezu ein Jahr früher von ANDREWS[1]) ausgesprochen. Die Prüfungen wurden mit Wechselstrom von primär 118 Volt bei 50 Perioden ausgeführt. Die Spannung wurde in kleinen Transformatoren mit den nötigen Regulierstufen transformiert und an einem elektrostatischen Voltmeter mit Meßbereich bis 10000 Volt abgelesen. Untersucht wurde eine gute Qualität weißen indischen Glimmers. Ein trockenes Stück davon hielt in Luft eine Spannung von 8000 Volt auf die Dauer aus.

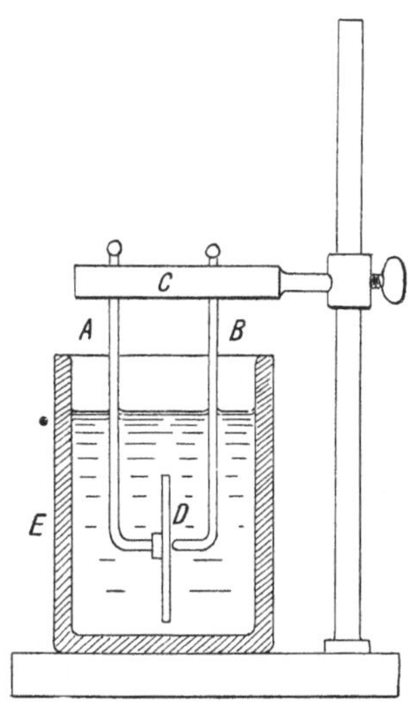

Fig. 57. Apparat zur Bestimmung der Durchschlagsfestigkeit von Isoliermaterial, eingetaucht in Öl. Nach ANDREWS.

Die Untersuchung unter Öl erfolgte in dem in Fig. 57 skizzierten Apparat. *A* und *B* sind zwei Kupferstäbe, welche von der Hartgummiplatte *C* getragen werden und an ihren Enden rechtwinklig abgebogen sind. Einer dieser Stäbe endet in einer kreisförmigen Platte von rund 10 mm Durchmesser, der andere in einer abgerundeten Spitze, die dem Mittelpunkt der Platte gegenübersteht. Der Druck zwischen beiden genügt, um das Glimmerstück *D* zu halten.

---

[1]) Trans. Amer. Inst. Elec. Engrs. 1902, S. 1063.

Beide Teile sind an einem Gestell verschiebbar angeordnet, so daß das Prüfstück in das. mit Öl gefüllte Gefäß E eingesenkt werden kann.

Vorversuche wurden mit verschiedenen Ölsorten ausgeführt, gaben aber keine abweichenden Resultate; deshalb wurde eine gute Sorte „Transil-Öl" für alle Untersuchungen bestimmt.

Die Resultate sind in Tabelle XXXIV und in der Kurve der Fig. 58 zusammengestellt.

Um die Durchschlagsspannung des Glimmers zu verringern, braucht man nicht den Glimmer in Öl einzutauchen, sondern es genügt, an die abgestumpfte Metallspitze einen Tropfen Öl zu bringen, um sofort

Tabelle XXXIV.

Durchschlagsspannung von Glimmer, in Öl getaucht. Nach ANDREWS.

Dicke in mm	Durchschlagsspannung Volt
0,025	3800
0,038	4500
0,051	4600
0,064	4750
0,076	5300
0,102	5570
0,121	5950
0,127	6050
0,153	6700
0,165	6930
0,178	7220
0,190	7400
0,203	7700
0,216	8550
0,254	8900

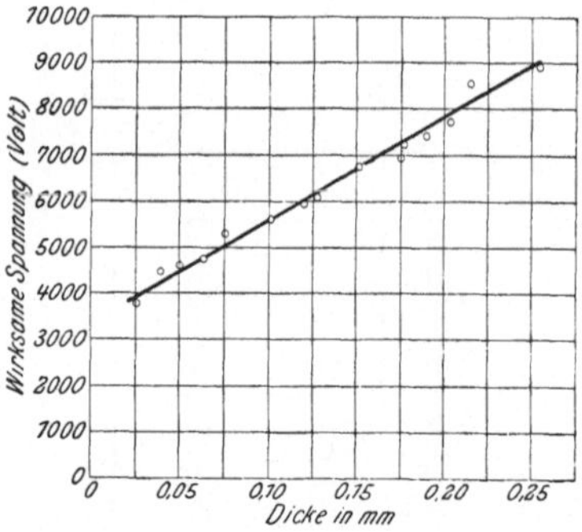

Fig. 58. Durchschlagsspannung für hellen weißen indischen Glimmer, eingetaucht in Transit-Öl. Nach ANDREWS.

ein Durchschlagen herbeizuführen, wo der Glimmer bei vollkommen trockenen Elektroden der Spannung auf unbegrenzte Zeit widerstand.

Merkwürdig ist, daß Öl auf künstliche Isolatoren, wie Papier mit gekochtem Leinöl, Kopallack etc., keinen Einfluß hat.

Eine große Zahl von Versuchsresultaten hat gezeigt, daß die Durchschlagsfestigkeit dieser Materialien genau die gleiche ist bei Prüfung in Luft oder in Öl.[1]

---

[1] Wenn man auch in dem Vorstehenden eigentlich nur den bereits häufiger erwähnten Einfluß der Prüfungsmethode wiedererkennt, weniger den direkten Einfluß des Öls auf Glimmer, so schien es doch ratsam, die Ausführungen von HÄRDEN und ANDREWS, da sie sich speziell auf Glimmer beziehen, an dieser Stelle zu bringen.   Anm. der Übersetzer.

Es scheint also, als ob Glimmer bereits bei geringerer Spannung durchschlagen wird, weil das Öl eine Entladung über die Oberfläche hin verhindert und die Wirkung der Spannung auf die Elektrodenspitze konzentriert.

Würden unter Öl Platten statt der Spitzen verwendet sein, so würde wahrscheinlich die Durchschlagsspannung des Glimmers höher gewesen sein als bei den Spitzenelektroden, immer aber noch niedriger als die Durchschlagsspannung bei Prüfung in Luft.

Während es sich bei den besprochenen Entladungen über die Oberfläche speziell um unsichtbare, durch die Oberflächenleitfähigkeit hervorgerufene Verschiebungen der Elektrizität handelt, kommen bei der Verwendung des Glimmers und seiner Produkte als Isolation bei sehr hohen Spannungen noch wesentlich direkte Funkenentladungen, die entweder nur einer verstärkten Form der unsichtbaren Entladungen oder mehr den Büschelentladungen entsprechen, in Betracht.

Die Praxis[1] hat gezeigt, daß bei Glimmerröhren ohne Papierbekleidung starke Funkenentladungen stattfinden, und zwar weil der Klebstoff und Glimmer keine genügend glatte und einheitliche Oberfläche bilden.

Die Entladungen beginnen, wie dies in verdunkelten Räumen sehr gut zu beobachten ist, in der Nähe der Belegung zuerst an unebenen Stellen und springen dann sehr schnell auf die nächsten Unebenheiten über.

Die Isolierröhren müssen deshalb für hohe Spannungen eine Außen- und Innenbekleidung von Papier haben. Das zur Bekleidung verwendete Papier darf nicht zu dünn sein, da sonst der gewünschte Zweck nicht erreicht wird.

Für die Durchschlagsfestigkeit des Glimmers liegen verschiedene Untersuchungen vor, es seien besonders erwähnt die Resultate ANDREWS,[2] Tabelle XXXIV und Fig. 58. Die Werte gelten für Glimmer in Öl, mit positiver Elektrodenspitze. Ferner die Resultate der Dielectric Mfg. Co. in St. Louis, Fig. 59 und 60, und andere, Fig. 61.

---

[1] Die Ausführungen sind einem Brief der Firma MEIROWSKY & Co. an einen der Verfasser entnommen.   Anm. der Übersetzer.

[2] Trans. Amer. Inst. Elec. Engrs. Bd. XIX, S. 1063.

Die Beeinflussung der Glimmerprodukte durch Erwärmung und Biegung hat Dr. Holitscher[1]) nachgewiesen. Es handelte sich um Material von drei verschiedenen Firmen, jedes 1 mm dick. Die Messungen ergaben Tabelle XXXV.

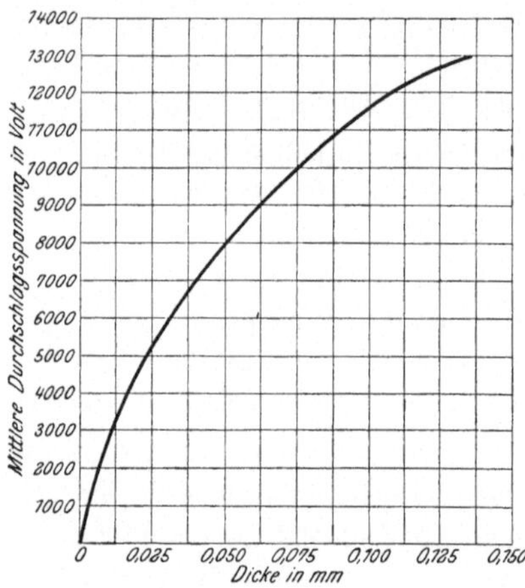

Fig. 59. Weißer indischer natürlicher Glimmer, durchgeschlagen zwischen Kupferscheiben von 25 mm Durchmesser. Nach Dielectric Mfg. Co.

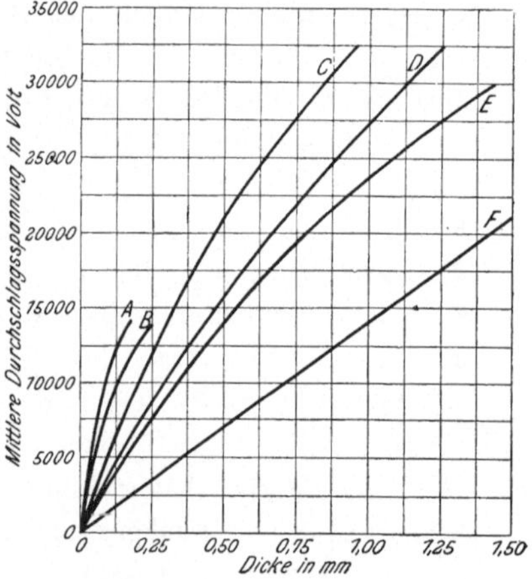

Fig. 60. Durchschlagsspannung nach Dielectric Mfg. Co. für: A natürl. weißen Glimmer; B natürl. gelben Glimmer; C natürl. Glimmer; D geklebte weiße Glimmerblättchen; E geklebte gelbe Glimmerblättchen; F Kristallglas.

Tabelle XXXV.

Mikanit in verschiedenen Zuständen nach Holitscher.

Firma	Durchschlagsspannung in Volt:			Ausscheidung von Klebstoff, wenn warm gepreßt
	kalt	warm		
		gebogen	flach	
A	25 000	25 000	23 000	viel
B	25 000	22 500	20 000	viel
C	24 000	23 000	23 000	wenig

Ferner untersuchte Holitscher Mikaniträhren bei hohen Spannungen, um den Einfluß der Entladungen und dielektrischen

---

1) ETZ. 1902, S. 171.

Hysteresis nachzuweisen. Die Röhren wurden zwischen Kupferstäben einerseits, Stanniolumhüllungen andererseits mit hohen Spannungen geprüft, dabei die Temperaturzunahme und die nach dem Versuch eventuell eintretende Deformation untersucht. Die Temperaturmessung erfolgte am besten mit einem zwischen die Kupferstäbe gesteckten Thermoelement, z. B. aus zusammengelöteten Stahl- und Konstantandraht und Millivoltmeter, das man natürlich nur zum Ablesen nach Abschaltung der Hochspannung einschaltet, oder sie geschieht mittels Thermometers, welches gegen

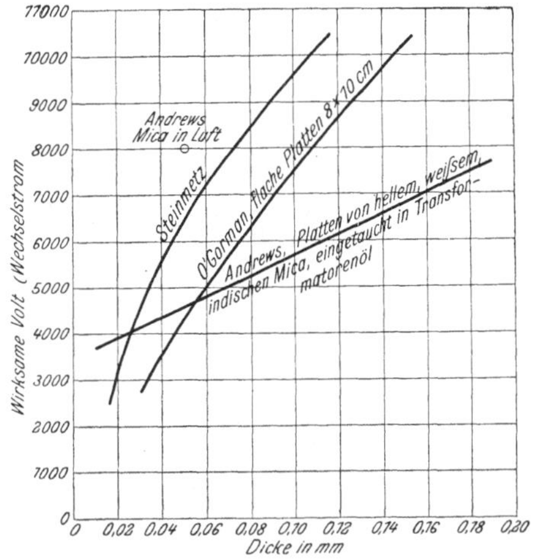

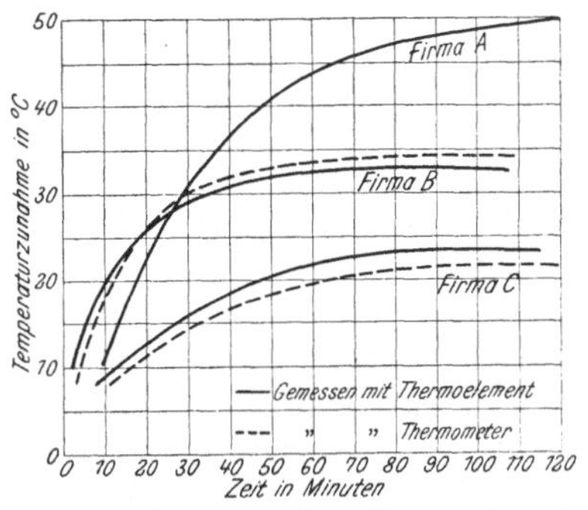

Fig. 61. Glimmer, Durchschlagsspannung nach verschiedenen Beobachtern.

die Innenwand zu auf Stanniol aufliegt und nach außen zu mit Filz geschützt wird. Beide Messmethoden liefern genügend übereinstimmende Werte. Die Versuchsresultate sind durch Fig. 62 wiedergegeben und zeigen die Temperaturzunahme der Mikaniröhren der Firmen A, B und C bei gleicher Spannung in Abhängigkeit von der Zeit. Das Material einer vierten

Fig. 62. Zunahme der Temperatur von Mikaniröhren unter der Einwirkung gleicher Spannung. Nach HOLITSCHER.

Firma zeigte bereits nach einer Viertelstunde eine Temperatur von 100° C., ergab sich also direkt als unbrauchbar.

Sechstes Kapitel

Isoliermaterialien für Hülsen, Büchsen etc. und Anschlufsklemmen.

Für Büchsen, Endscheiben, Hülsen, Kollektorringe, Spulen-kasten etc. wird neuerdings in weitem Maße eine Klasse von künst-lichen Isolatoren angewandt, die sich leicht in beliebige Formen pressen lassen und für den bestimmten Zweck bestimmte Eigenschaften haben. Sie sind an die Stelle von Hartgummi, Vulkanit, Leatheroid und Holz getreten.

Die genaue Zusammensetzung wird in der Regel als Fabri-kationsgeheimnis betrachtet, indes lassen sich in vielen Fällen die Hauptbestandteile angeben.

Ambroin. Ambroin besteht aus fossilen Kopalen und Silikaten, welche nach bestimmtem Verfahren mit den Kopalen derart durch-tränkt und gemischt werden, daß das entstehende, unter hohem Druck gepreßte Produkt ein dichtes, gleichmäßiges Gefüge zeigt. Je nach dem Verwendungszwecke variieren die Mengenverhältnisse der einzelnen Bestandteile, so daß die für hohe Hitzegrade hergestellte Qualität gerade nur so viel Kopale enthält, als zur Erzielung genügender Kohärenz unter Vermeidung der Hygroskopizität erforderlich ist.[1]

Ambroin wird in folgenden Qualitäten hergestellt:

Tabelle XXXVI. Ambroin-Arten.

(Die Verfasser sind für die folgenden Daten über künstliche Isolatoren unverantwortlich; sie sind Veröffentlichungen der betreffenden Firmen entnommen.)

F.W.	Vollkommen funkensicher, nur zu Funken-Isolatoren.
S.F.W.	Praktisch vollkommen funkensicher, nur zu Funken-Isolatoren.
F.	Feuersicher (§ 1 f der Hochspannungssicherheits-Vorschriften).
F.S.	Feuersicher, mit funkensicherer Rückseite.

[1] Aus einer Veröffentlichung der Ambroinwerke, Pankow.

H.F.   Für dauernde Erwärmungen bis 100°.
A.F.   „   „   „   „   80°.
B.A.S.   Für Hochspannung und Akkumulatorkästen (säurefest).
A.M.   Amagnetisch, für Temperaturen bis zu 82°.
A.M.F.   „   und feuersicher (§ 1 f der Hochspannungssicher-
           heits-Vorschriften).
Pl.F.   Ambroin-Fiber, brauchbar für schwache Scheiben etc., nicht für
           Hochspannung.
A.B.S.   Alkali- und säurefest.

Ambroin hat das spezifische Gewicht 1,4—1,8; es ist erheblich billiger als Hartgummi, dabei widerstandsfähiger gegen höhere Temperaturen und Witterungseinflüsse. Es läßt sich ohne jedes Schwindmaß pressen, mithin ist im Gegensatz besonders zu Hartgummi die exakte Ausführung selbst komplizierter Gegenstände leicht und späteres Auswechseln von Defektstücken bei mehrteiligen Isolationskörpern ohne weiteres möglich. Es läßt sich drehen, schneiden, bohren, mit säurefestem Ambroinkitt kitten und wie Holz polieren.

Ambroin nimmt im Freien so gut wie gar keine Feuchtigkeit auf, im Gegensatz zu andern künstlichen Isolatoren. Da die in Ambroin zur Anwendung kommenden Materialien Restprodukte von viel hundertjährigen Verwitterungsprozessen sind, so ist ein Verwittern des Ambroins unmöglich. Irgend welche Bestandteile, welche bei Luftfeuchtigkeit allmählich zerstörend wirken, wie z. B. der in Hartgummi vorhandene ungebundene Schwefel, befinden sich in Ambroin nicht.

Versuche über Wasseraufnahme ergaben folgendes: Von den zu untersuchenden Materialien wurden Stücke von gleichgroßer, glatter Oberfläche hergestellt und je $1^1/_2$ Stunde in Wasser von 75° C. gelegt.

Tabelle XXXVII.

Gewichtszunahme, nachdem in Wasser eingetaucht.

1. Ambroin (Qualität A.F.) . . . . 0,32 °/₀.
2. Ätnamaterial (die Oberfläche wurde rauh). 3,17 „
3. Stabilit . . . . 1,41 „
4. Vulkanasbest . . . . 4,80 „
5. Vulkanfiber . . . . 24,50 „

Diese Zahlen können zugleich als zuverlässige Verhältniszahlen für den Isolationswert der einzelnen Materialien im Freien oder in nicht absolut trockenen Räumen dienen.

Nach Versuchen ergaben sich folgende Resultate:

A. Isolationsmessung.

Widerstand von Schalen (ca. 3 mm Wandstärke) zwischen fest angepreßten Elektroden von 25 qcm Fläche bei 200 Volt gemessen:

a) Ohne Vorbehandlung betrug der Widerstand über 200 000 Megohm.

b) Die Schalen wurden zur Hälfte mit Schwefelsäure von 26° Bé. gefüllt, zugedeckt und in Thermostaten 10 Tage lang einer Temperatur von 49° C. ausgesetzt. Der Widerstand betrug nach oberflächlichem Abtrocknen mit Fließpapier am folgenden Tage ca. 150 000 Megohm, 2 Tage darauf ca. 200 000 Megohm.

B. Durchschlagsversuche.

a) Versuche mit lufttrockenen Platten:

1. Ätnamaterial (Schellack mit Asbest), 0,86 mm stark, bei 4000 Volt durchgeschlagen.

2. Ambroin (Qualität A.F.), 0,34 mm stark, bei 5000 Volt nicht durchgeschlagen.

b) Versuche mit angefeuchteten Platten:

I. Die Platten wurden in Wasser gelegt, welches zum Sieden erhitzt wurde, und nach Abkühlung des Wassers bis auf 30° C. herausgenommen:

1. Ätnamaterial, 1 mm stark, bei 3300 Volt durchgeschlagen.

2. Ambroin A.F., 0,33 mm stark, bei 3500 Volt durchgeschlagen; 0,84 mm stark, bei 5000 Volt nicht durchgeschlagen.

II. Eine Platte A.F., 5 mm stark, wurde nach mehrtägigem Liegen in einem Zimmer von 95°/₀ Luftfeuchtigkeit bei 36 000 Volt nicht durchgeschlagen.

Die Normalqualität A.F. des Ambroins beginnt erst nach immerhin längerer Einwirkung einer Temperatur von mehr als 400° C. zu brennen. Aus dieser Qualität gefertigte Kollektorringe haben sich im Gebrauch auch bei stundenlanger Erwärmung unter Anwesenheit von Schmierfett in jeder Hinsicht bewährt.

Vergleichsweise seien noch einige diesbezügliche Daten für andere Isolationsmaterialien angeführt:

Hartgummi und Zelluloid erweichen im Wasser bereits bei einer Temperatur von 70° C. Zelluloid beginnt bei 110° rapid zu brennen und Hartgummi entzündet sich bei 180° C.

Ambroin (B.A.S.) wird bei einer Temperatur bis zu 80° C. von Schwefelsäure bis zu 45° Bé. und von konzentrierter Salzsäure nicht angegriffen. Salpetersäure von 24° Bé. greift in der Kälte nicht wesentlich an, nur oberflächlich findet ein ganz schwaches Nitrieren statt.

Marke A.B.S. widersteht Kalilauge bei 30%, Essigsäure bei 50%.

Die Festigkeit des Ambroins übertrifft die aller aus Gummi oder rezenten Harzen hergestellten Isolationsmaterialien.

Die Versuche ergaben folgendes:

A. Zugfestigkeit.

Während sich Hartgummi bei 50—70° C. vollständig streckte, ergab sich für Ambroin bei diesen Temperaturen eine erheblich höhere Zugfestigkeit wie im kalten Zustande. Es wurde deshalb den unten angeführten Versuchen Zimmertemperatur zugrunde gelegt. Die Zerreißversuche erfolgten mit aus den betreffenden Materialien gleichmäßig gedrehten Stäben; als Bruchgrenze ergab sich:

1. für Hartgummi . . . . . 79 kg ⎫
2. „ Ätnamaterial . . . . 98 „ ⎬ pro Quadratzentimeter.
3. „ Ambroin . . . . . . 151 „ ⎭

B. Druckfestigkeit.

a) Würfel von ca. 25 mm Kantenlänge, Größe der gedrückten Fläche ca. 6,4 qcm:

    1. bei Zimmertemperatur: Ambroin A.F. 1216 kg entsprechen ca. 200 kg/qcm, Hartgummi 997 kg entsprechen ca. 165 kg/qcm, Ätnamaterial 331 kg entsprechen ca. 52 kg/qcm;

    2. bei 60° C. Ambroin A.F. 888 kg entsprechen ca. 138 kg/qcm; Hartgummi: die Zerstörung beginnt bei ganz geringer Belastung.

b) Kollektorring, Qualität H.F.; Durchmesser außen 26,8 cm, innen 16,75 cm, Erhitzung während der Belastung auf 100° C. Der Bruch erfolgte bei 176000 kg Belastung; da der Ring nicht überall gleich dick war, war die Belastung nicht gleichmäßig über den ganzen Querschnitt verteilt.

An Ambroinpreßstücken läßt sich ein Außengewinde aufpressen; bei Innengewinden empfiehlt es sich, Metallmuttern einzupressen. Nachträgliches Schneiden von Außengewinden geschieht mit harten Stählen, bei Innengewinden mit erwärmtem Gewindebohrer oder direkt mittels erwärmter Schraube.

Die Ansicht der Verfasser geht dahin, daß Ambroin für Kollektorkonstruktionen weniger geeignet ist, dagegen ist es für Hülsen, Bürstenträgerisolierungen und Anschlußklemmen sehr brauchbar. Fig. 63 zeigt eine Anschlußklemme mit verdeckten Klemmen.

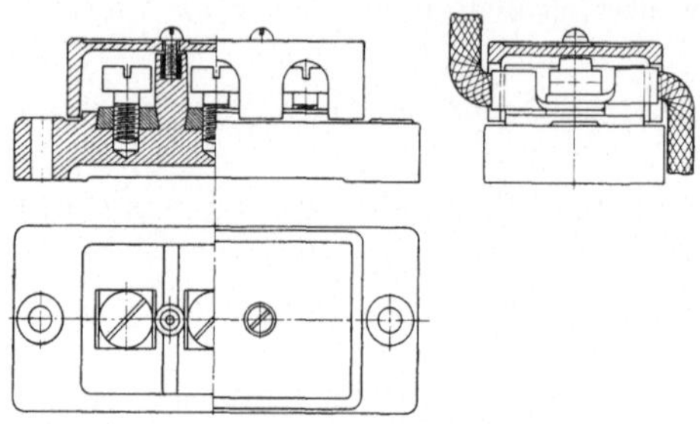

Fig. 63. Überdecktes Klemmenbrett aus Ambroin. Nach einer Zeichnung der Ambroin-Werke, G. m. b. H., Berlin-Pankow.

Neuere Untersuchungen haben gezeigt, daß einige Ambroinsorten leicht hygroskopisch sind. Z. B. wurde ein Stück von 5 mm Stärke bei 1500 Volt durchschlagen; nachdem es getrocknet und mit Sterling Varnish imprägniert war, hielt es 4500 Volt aus. Jedenfalls muß man bei der Auswahl sorgfältig die Eigenschaften der betreffenden Sorte berücksichtigen.

Ätnamaterial. Dieses wird hauptsächlich für Isolierstücke verwendet, die auf Zug beansprucht werden. Symons[1]) gibt an: als Durchschlagsfestigkeit 11000 Volt, als Isolationswiderstand 20000 Megohm, als Zugfestigkeit 400 kg pro Quadratzentimeter. Ein Probestück nahm in $1^1/_2$ Stunde bei Eintauchen in Wasser von 50^0 C. $3,17^0/_0$ seines eigenen Gewichtes auf.

Es widersteht großer Hitze ohne Veränderung, ist aber etwas brüchig.

Andere Materialien dieser Art, die in Deutschland weniger gebraucht werden, sind Psychiloid, Litholite, Roburine, Mineralite.

Ebonit und Vulkanit sind Hartgummisorten. Die Durchschlagsfestigkeit ist sehr groß, bei 0,6 mm Stärke beträgt die Durchschlagsspannung rund 21000 Volt. Dagegen sind diese Materialien brüchig und ihre Oberfläche wird durch Luft angegriffen.

Stabilit.[2]) Stabilit ist ein Material, das als Ersatz für das teure Hartgummi dienen soll. Bei der Zusammensetzung ist besonders darauf geachtet, daß das Material nicht hygroskopisch ist. Die Unempfindlichkeit gegen Feuchtigkeit beweist folgende Zusammenstellung:

---

[1]) Technics, Dezember 1904: „Insulation and Insulators."
[2]) Nach Mitteilungen der Allgem. Elektrizitäts-Gesellschaft, Berlin.

Spezifischer Widerstand von Stabilit in Megohmzentimeter
(bei 15⁰ C.).

In trockenem Zustand 8 Tage einer Temperatur
von 30⁰ C. ausgesetzt 10000
24 Stunden der Zimmerluft ausgesetzt 9000
Konstant bleibender Wert nach 4 Wochen in
feuchter Luft . . . . 8500.

Zum Durchschlagen einer Stabilitplatte von 1 mm Dicke gebraucht man eine Spannung von 10000—15000 Volt.

In mechanischer Beziehung übertrifft Stabilit mit seiner Zugfestigkeit von 2,8 kg pro Quadratmillimeter sogar das Hartgummi, dem es freilich in bezug auf Elastizität etwas nachsteht. Im übrigen läßt sich Stabilit in gleicher Weise wie Hartgummi auf der Drehbank bearbeiten, bohren, sägen und mit Gewinde versehen.

Stabilit wird in Platten, Stangen und Röhren, sowie in runden Scheiben, Büchsen, Spulen und komplizierten Formstücken hergestellt und läßt sich um metallene Konstruktionsteile herumpressen. Das Herausarbeiten von Formstücken aus dem vollen Material empfiehlt sich nur dann, wenn eine ganz geringe Anzahl der Stücke gebraucht wird; bei größeren Mengen ist es vorteilhaft, Preßformen herzustellen; es wird jedoch ausdrücklich darauf hingewiesen, daß bei solchen in Formen hergestellten Fassonstücken eine absolut genaue Innehaltung der Maße nicht garantiert werden kann. Fig. 64 und 65 zeigen verschiedene Ausführungsformen von Stabilit, wie es die Allgem. Elektrizitäts-Gesellschaft, Berlin, herstellt.

Ähnliche Materialien sind **Cornit** mit einem spezifischen Gewicht von 1,6, nicht hygroskopisch und unempfindlich gegen Witterungseinflüsse, sehr hitzebeständig, deformiert sich selbst bei einer Temperatur bis zu 250⁰ C. absolut nicht. Cornit besitzt hohe mechanische Festigkeit, läßt sich drehen, bohren und polieren und in allen möglichen Formstücken pressen.

Pecolit. Nach Angabe der liefernden Firma[1]) eine Kautschukmischung, läßt sich drehen, schneiden, feilen und wird in Form von Platten, Röhren, Stäben und beliebigen Formstücken hergestellt. In warmem Zustande läßt es sich mäßig biegen, es kann hart und weich hergestellt werden, je nach der Vulkanisation, und besitzt eine ziemlich bedeutende Druckfestigkeit.

---

[1]) Persicaner & Co., Berlin-Wien.

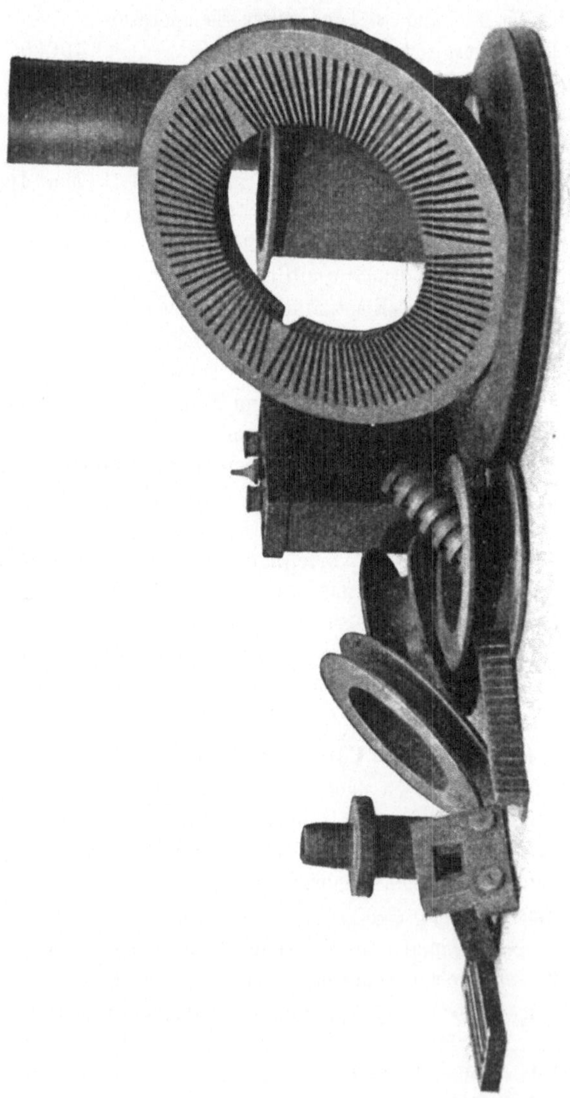

Fig. 64. Isolierstücke aus Stabilit. (Allgemeine Elektrizitäts-Gesellschaft, Berlin.)

Als oberste Temperatur ist 70—80⁰ C. angegeben, da bei höheren Temperaturen eine Nachvulkanisation eintritt, durch die das Material in kurzer Zeit spröde wird.

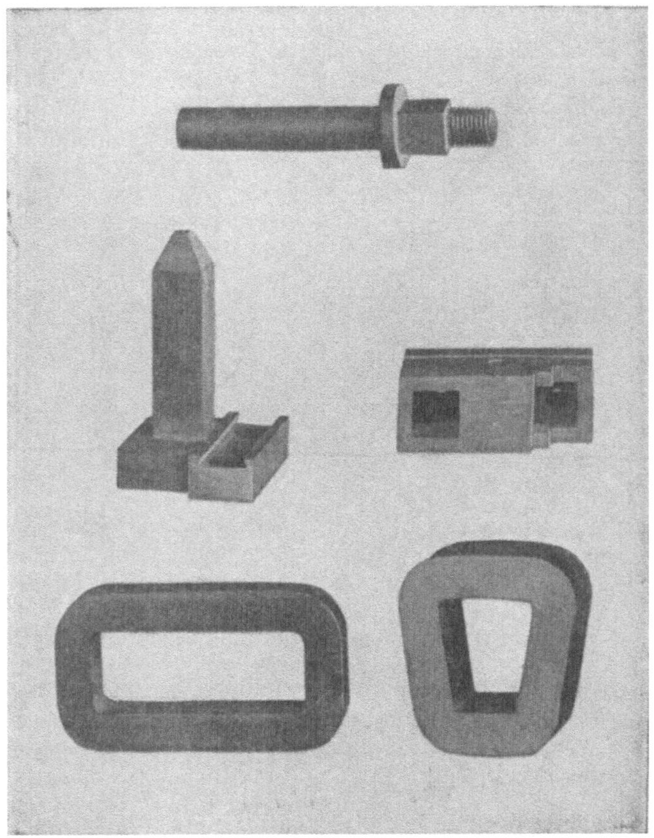

Fig. 65. Isolierstücke aus Stabilit. (Allgem. Elektr.-Gesellschaft, Berlin.)

Ein Stück Pecolit von 1,65 mm Stärke wurde zwischen zwei 100×220 mm großen Blechplatten auf Isolation geprüft und ergab einen Widerstand von 55000 Megohm entsprechend 73×10^6 Megohmzentimetern.

Die Platte wurde eine halbe Stunde mit 19000 Volt geprüft, ohne durchzuschlagen; die Platte wurde dann halbiert, das eine Stück auf 0,95 mm, das zweite auf 0,85 mm abgedreht.

Das 0,95 mm starke Stück wurde mit 12000 Volt beansprucht, die Spannung wurde von 5 zu 5 Minuten gesteigert bis 18000 Volt; bei dieser Spannung wurde es nach 2 Minuten durchgeschlagen.

Das 0,85 mm starke Stück ging, auf die gleiche Art geprüft, bei 17000 Volt nach zwei Minuten durch.

Durchschlagsproben für höhere Temperaturen zeigten keine Abnahme der Durchschlagsfestigkeit.

Fig. 66. Spulkasten aus Isolit.

Isolit. Isolit ist eine Art von Preßpappe, imprägniert und mit einem Speziallack überzogen. Spulenkasten aus Isolit sind außerordentlich kräftig und leicht. Um große Hitzebeständigkeit zu erreichen, werden besondere Fabrikationsmethoden angewendet. Bei den Spulenrahmen für Gleichstrommaschinen sind in die Flanschen eiserne Wickelstücke eingelassen, um die Widerstandsfähigkeit zu vergrößern.

Für Wechselstrom ist dies unzulässig, indes genügt die Festigkeit im allgemeinen auch ohne diese Anordnung.

Isolit-Rahmen sind in Fig. 66, 67 und 68 dargestellt.

Adit. Adit dient dem gleichen Zwecke wie Isolit, von dem es eine Spezialqualität darstellt. Es ist besonders fest und zäh. Es hält bis zu 130 kg pro Quadratzentimeter Belastung aus, läßt

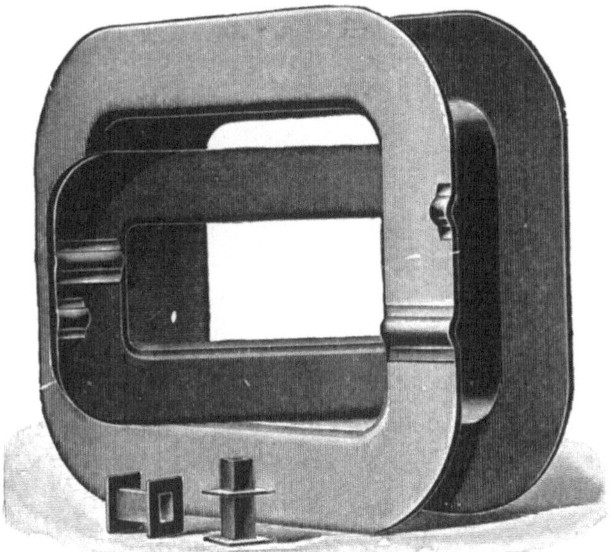

Fig. 67. Spulkästen aus Isolit.

Fig. 68. Spulkästen aus Isolit.

sich mit scharfen Ecken pressen und mit Metallstücken zur Verstärkung von gefährdeten Ecken und Kanten versehen. Adit schrumpft nicht ein und kann in genauen Maßen angefertigt werden.

Die Durchschlagsspannung soll betragen:

bei 1 mm etwa 1000 Volt,
„ 2 „   „ 1800 „
„ 4 „   „ 3000 „
„ 5 „   „ 4000 „ .

Adit soll schwer entzündbar sein und nach dem Anzünden nicht weiter brennen; es soll unempfindlich gegen Dampf sein, in einigen Sorten Temperaturen von 60° C., in anderen bis zu 120° C. aushalten.

Vulkanfiber. Unter Vulkanfiber versteht man Pflanzenfaser, die mit starken Säuren speziell behandelt wird, so daß jede Faser ihre Form aufgibt und zu einer zähen, klebrigen Masse wird, welche unter starkem hydraulischen Druck zusammengepreßt wird und so ein ziemlich homogenes Material bildet. Hiernach werden die Säuren herausgezogen, das Ganze in bestimmter Weise behandelt, gewalzt, gepreßt und verschiedenen Spezialverfahren unterworfen.

Da dieses zum Teil sehr empfindliche chemische Vorgänge voraussetzt, die geneigt sind, sich unter dem Einfluß der Luftfeuchtigkeit und Temperatur zu verändern, so erfordert der ganze Prozeß äußerste Genauigkeit, Sorgfalt und große Erfahrung, um gleichmäßige gute Erfolge zu erzielen. Die erforderlichen Maschinen und Apparate sind kostspielig und erfordern viel Raum, müssen außerdem beständig auf genaue Einstellung geprüft werden.

Die Fabrikation geschieht in Amerika durch einige Fabriken, die zu einem Trust vereinigt sind. Das Material wird in roter, grauer und schwarzer Farbe geliefert, in Platten von ca. 2 qm Größe, sowie in Röhren von 600—800 mm Länge.[1]

Runde Stäbe und Isolierstücke aller Art müssen aus Platten gearbeitet werden, da sich das Material nicht pressen läßt; es läßt sich aber sehr gut sägen, stanzen, bohren, drehen, fräsen. Die Stärke der Platten ist nach oben beschränkt; 40 mm ist etwa das Maximum.

Vulkanfiber ist sehr kräftig, elastisch und dauerhaft, vollständig unlöslich in den gewöhnlichen Lösungsmitteln und unempfindlich gegen Alkohol, Äther, Ammoniak, Terpentin, Naphtha, Benzin, Petroleum und alle animalischen, vegetabilischen und mineralischen Öle.

---

[1] Mit innerem Durchmesser 5—65 mm bei einer Wandstärke von 2 mm bei den engsten, bis 9 mm bei den weitesten Röhren.

Als Isoliermaterial hat Vulkanfiber den Nachteil, daß es stark hygroskopisch ist und in der Feuchtigkeit quillt. Es wird indessen nicht durch das Wasser angegriffen und nimmt seine ursprünglichen Dimensionen wieder an, sobald es trocken wird.

Man unterscheidet zwischen hart und biegsam. Das biegsame Vulkanfiber ist aber für elektrische Zwecke nicht brauchbar, es wird nur für Dichtungszwecke benutzt. Die harte Sorte läßt sich durch besondere Imprägnierung unempfindlich gegen Wasser machen und behält bei den normalen Temperaturen ihre Festigkeit. Seine Isolierfähigkeit soll mit der Zeit, also durch das „Altern“, besser werden.

Überall, wo es nicht der Feuchtigkeit ausgesetzt ist, leistet es gute Dienste, namentlich weil es absolut nicht spröde ist, Hinfallen und kräftige Stöße aushält, ohne zu brechen.

Man hat Vulkanfiber für Kommutatoren und Spulenrahmen verwendet, aber hauptsächlich eignet es sich für Konstruktionsteile. Die Isolation ist für viele Fälle ausreichend; es ist außerdem sehr billig und infolgedessen für manche Zwecke dem Hartgummi und ähnlichen Stoffen vorzuziehen, zumal es mit dem Altern besser und nicht wie diese schlechter wird.

Asolit.[1]) Asolit scheint ein dem Vulkanfiber ähnliches Produkt mit einer besonderen Imprägnierung zu sein. Es soll von großer mechanischer Festigkeit und unempfindlich gegen Feuchtigkeit und Nässe sein; bei Erwärmung bis zu mehreren hundert Graden Celsius ist eine Formveränderung nicht wahrnehmbar.

Es wird in Platten von 1 qm und 1—10 cm Dicke, auch in Stäben, Ringen, kegelförmigen und zylindrischen Teilen, Röhren, Büchsen, Scheiben und in besonderer Bearbeitung für Spulenrahmen geliefert.

Für die Durchschlagsfestigkeit liegt ein Attest der Technischen Prüfanstalt des Schweizer Elektrotechnischen Vereins vor. Die zur Prüfung überbrachte Platte hatte eine Fläche von $16 \times 18{,}5$ cm und eine mittlere Dicke von 5,5 mm (5,25—5,75). Als untere Elektrode diente ein Stanniolpolster, als obere ein runder Stift von 1 qcm Fläche und 50 g Gewicht. Die Durchschlagsspannung wurde mit Wechselstrom von 50 Perioden an 4 Stellen bestimmt; es ergaben sich bei 31^0 C. folgende Werte:

---

[1]) Nach Mitteilung der Isola-Werke, Oerlikon-Zürich.

$$
\left.\begin{array}{llll}
\text{1. Stelle} & . & . & . & . & . & 17\,500 \\
\text{2. } \qquad & . & . & . & . & . & 17\,250 \\
\text{3. } \qquad & . & . & . & . & . & 15\,625 \\
\text{4. } \qquad & . & . & . & . & . & 16\,875
\end{array}\right\} \text{Mittelwert } 16\,800 \text{ Volt.}
$$

Die Durchgänge erfolgten plötzlich, ohne wesentliche Erwärmung an der Kontaktstelle. Die Durchschlagsfestigkeit ist bei dünneren Platten etwas höher, bei 1 cm Stärke etwa $10\,\%$ höher als bei 5 cm Stärke.

Paraffin-Wachs dient zur Vergrößerung der Isolationsfähigkeit von faserigem Material, ist aber sehr leicht entzündbar. Es ist wasser- und säurefest und gibt zusammen mit Leinöl einen Isolierlack von hoher Durchschlagsfestigkeit.

Bitumen ist ein vorzügliches Isoliermaterial, aber infolge der niedrigen Temperaturgrenzen (etwas über 100^0 C. fließt es direkt) ist es für elektrische Maschinen nicht in Gebrauch. Die Durchschlagsfestigkeit ist sehr hoch, bei 2,5 mm 30 000 Volt, die Isolation ist ebenfalls sehr gut. Es ist chemisch träge und geht nicht so schnell zugrunde wie Steinkohlenteerpech.

Steinkohlenteerpech hat eine geringere Durchschlagsfestigkeit (bei 2,5 mm etwa 5000 Volt) und Isolation als Bitumen und wird schnell brüchig.

Asphalt wird neuerdings mit sehr gutem Erfolge für Kabelleitungen verwendet; es hat den Vorzug, unempfindlich gegen Wasser zu sein, läßt sich leicht vergießen; Reparaturen sind leicht und billig auszuführen.

Chatterton Compound wird in der Praxis viel verwendet zum Ausfüllen von Muffen etc.; es besteht aus 1 Gewichtsteil Stockholm-Teer, 1 Gewichtsteil Harz und 3 Gewichtsteilen Guttapercha.

Schiefer und Marmor werden viel für die Anschlußklemmbretter von Maschinen verwendet; sie lassen sich gut bearbeiten (Schiefer ist etwas spröde). Man muß darauf achten, daß das Material keine metallischen Adern enthält, die es direkt leitend machen.

Schiefer nimmt etwas Feuchtigkeit auf, wird deshalb zweckmäßig mit einem Emaillelack gestrichen. Marmor ist empfindlich gegen Säuren.

Porzellan. Das meiste billige Porzellan ist hygroskopisch und ist bezüglich seiner Eigenschaften abhängig von der Glasur; das beste Porzellan zeigt einen glasigen Bruch. Eine einfache Probe zeigt die Qualität des Porzellans: Man stößt an einer Stelle die Glasur ab; wenn ein Tintenfleck darauf ausläuft, so ist das Porzellan schlecht. Die besten Sorten, z. B. Hartporzellan, haben eine große Durchschlagsfestigkeit, großen Widerstand und sind unabhängig von atmosphärischen Einflüssen. Eine wesentliche Eigenschaft des Porzellans ist die, daß eine nachweisbare Erwärmung oder Verschlechterung des Porzellans durch andauernde Beanspruchung mit hohen Spannungen nicht auftritt. Die Durchschlagsspannungen sind also nahezu unabhängig von der Zeitdauer der Prüfung. Während die Konstruktionsteile für Anschlußklemmen bei Maschinen bis zu 500 Volt in der Regel aus Fiber, Ambroin, Marmor oder Schiefer bestehen, verwendet man bei höheren Spannungen meist Porzellan in geeigneter Form. Für sehr hohe Spannungen bietet indes die Ausführung dieser Isolationsteile große Schwierigkeiten (siehe Kap. XIX).

Glas hat eine sehr große Oberflächenleitfähigkeit. Es ist löslich in Regenwasser, das seine Oberfläche angreift, sie rauh macht und so zur Ansammlung von Schmutz führt, wodurch die Isolationseigenschaften herabgesetzt werden.

Trotzdem ist Glas einem schlechten Porzellan vorzuziehen, dagegen hat es den Nachteil, daß es durch einen Stoß direkt bricht oder zersplittert, während bei Porzellan in der Regel nur die Glasur verletzt wird. Es werden jedoch Sprünge und Fehlstellen im Glase weit eher entdeckt als im Porzellan, bei dem meist Isolationsproben dazu erforderlich sind.

Lava.[1]) Das jetzt unter den Namen „Lava" wegen seiner weiten Verwendung für Gasbrenner und elektrische Leuchtkörper allgemein bekannte Material ist nicht, wie oft angenommen wird, natürlichen und zwar vulkanischen Ursprungs. Es ist das Mineral Talkum, welches in seiner natürlichen Form bearbeitet wird und dann unter bestimmten Bedingungen für Dauer und Temperatur (rund 1100° C.) zu einem außerordentlich harten Material gebrannt wird, so daß es kaum mit dem Diamanten geschnitten werden kann. Nach diesem Brennen ist das Material gegen nahezu die gleiche Temperatur vollkommen unempfindlich und es hält alle Hitzegrade,

---

[1]) Aus einer Veröffentlichung der American Lava Co. Chattanooga, Tennessee, U. S. A. Dasselbe Material, Lava, wird auch von D. M. Steward Mfg. Co. Chattanooga u. a. hergestellt.

denen es in Bogenlampen, Widerständen, Heizapparaten ausgesetzt ist, aus; unter jeder Bedingung widersteht es weit höheren Temperaturen als der Leiter, zu dessen Schutz es dient. Es schmilzt nur schwer im Gebläse, ist also das beste Material für Widerstandsfähigkeit gegen den Lichtbogen.

Es wird nur langsam aufgelöst durch Chlorwasserstoffsäure, von allen anderen Säuren oder Alkalien wird es nicht angegriffen. Es ist vollkommen frei von Metalloxyden oder anderen Beimengungen, die die Isolation verringern könnten. Es ist unveränderlich in Struktur und Zusammensetzung. Es quillt und schrumpft nicht bei Änderung der atmosphärischen Feuchtigkeit; der Ausdehnungskoeffizient ist zu vernachlässigen; seine Verwendung hat besonderen Wert für Apparate, bei denen fester Zusammenhang aller Teile unter allen Bedingungen nötig ist.

Vor dem Brennen kann das Material gesägt, gedreht, gebohrt und gefräst werden, und zwar mit derselben Leichtigkeit und denselben Werkzeugen wie Messing.

Lavaprodukte können mit derselben Genauigkeit und Unveränderlichkeit hergestellt werden, wie ein Stück auf der Drehbank, ohne daß kostspielige Gesenke und Formen nötig sind.

Für die meisten Gegenstände, namentlich große Teile, geschieht das Brennen wie beim Porzellan mit Kohlen- oder Koksöfen, für kleine Teile und dann, wenn eine genaue Kontrolle der Temperatur mit Rücksicht auf Genauigkeit und Gleichförmigkeit erforderlich ist, wird elektrische Heizung oder das Gasgebläse angewandt.

Was Genauigkeit und Gleichmäßigkeit anlangt, so übertrifft Lava alle anderen durch Brennen gewonnenen Produkte und ist Porzellan weit überlegen.

Die American Lava Co. Chattanooga, Tennessee, hat eine große Anzahl Untersuchungen der Durchschlagsfestigkeit mit großen Transformatoren und genau geeichten elektrostatischen Voltmetern angestellt. Es hat sich gezeigt, daß Lava auch in der Widerstandsfähigkeit gegen hohe Spannungen sehr gleichmäßige Resultate liefert, nicht nur momentan, sondern für unbegrenzte Zeit, da die elektrische Hysteresis und Oberflächenentladungen bei andauernder Spannungseinwirkung keine größere Erwärmung hervorrufen, als unter gleichen Umständen bei Porzellan.

Man kann die Durchschlagsfestigkeit zu 3000—10000 Volt pro Millimeter angeben, in Abhängigkeit von der absoluten Dicke des Prüfstückes. Fig. 69 gibt eine anschauliche Darstellung.

Die äußere Belegung von Stanniol mußte nach wiederholten Versuchen verkleinert werden, bis die Spannung tatsächlich das Material durchschlug, statt durch Luft und über die Oberfläche zu schlagen. Die Spannungen waren effektive Wechselstromspannungen.

Da Lava säurefest ist, Porzellan und Glas an elektrischen Eigenschaften übertrifft, sich auch in kleinen Dimensionen leicht herstellen läßt, so ist es in vielen Fällen das geeignetste Material für die erwähnten Zwecke, da kein anderes alle Vorzüge so vereinigt. Verglichen mit Holz, Horn, Fiber und den Hartgummisorten etc.

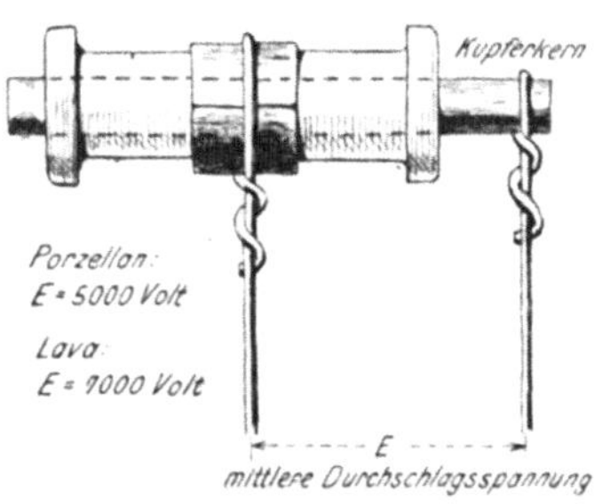

Fig. 69. Vergleichende Versuche mit Lava und Porzellan in ²/₃ der nat. Größe.

stellt es sich erheblich billiger und auf jeden Fall besser.

Verbesserungen und Verbilligung des Herstellungsverfahrens haben in der letzten Zeit den Preis der Lava so niedrig gestellt, daß es auch in dieser Beziehung alle gebräuchlichen Materialien übertrifft.

Neuerdings sind folgende Herstellungsarten von Lava üblich: Das Talcum wird zu sehr feinem Mehl gemahlen und erhält einen Zusatz von Klebstoff. Dieser Brei geht dann durch Preßwalzen hindurch, um die nötige Gleichförmigkeit zu bekommen, und wird entweder von der Hand direkt in die entsprechende Form gedrückt oder unter hydraulischem Druck zu einer ziemlich harten Masse gepreßt, die dann in irgend einer Weise bearbeitet werden kann.

Bei beiden Methoden wird das Material nach dem Formen gebrannt und nimmt hierauf seine charakteristischen Eigenschaften an.

Siebentes Kapitel

Die Isolation von Kommutatoren.

Bei der Auswahl des Isoliermaterials für den Kommutator muß man vor allem daran denken, daß kein Teil der ganzen Maschine so leicht zu Störungen Anlaß gibt wie gerade der Kommutator, und tatsächlich ist der Zustand desselben in den meisten Fällen ein sicheres Zeichen für den Zustand der ganzen Maschine.

Die Anforderungen, die an die Isolation zwischen den Lamellen gestellt werden müssen, sind folgende. Das Material muß sein:

1. äußerst dicht und fest, aber nicht zu hart,
2. unempfindlich gegen Hitze,
3. gleichmäßig in der Dicke,
4. undurchlässig für Feuchtigkeit und Öle,
5. von hoher Durchschlagsfestigkeit.

Durch Experimentieren mit verschiedenen Materialien wie Karton, Fiber, Asbest, Leatheroid und Glimmer ist man allgemein zu der Erkenntnis gelangt, daß kein Material die Bedingungen so gut erfüllt, wie Glimmer. Aber auch bei diesem Material muß man Unterschiede machen und darf nur die geeignetsten Sorten anwenden.

Einige Firmen haben Isolationssegmente vielfach aus einfachen Glimmerblättern, die in den Dimensionen der Lamellen geschnitten wurden, hergestellt; die Blätter wurden dann trocken und ohne jeden Klebstoff zwischen die Lamellen gelegt und mit diesen zusammengepreßt.

Die Verfasser können diese Methode nicht empfehlen. Wenn man sie doch anwendet, so muß man den weichsten Glimmer nehmen, so daß seine Abnutzung nahezu gleich der des Kupfers ist; anderenfalls stehen allmählich die Glimmerschichten über die Oberfläche hinaus und verhindern einen guten Kontakt der Bürsten; dadurch werden dann Funken und ein Verbrennen der Lamellen hervorgerufen, so daß ein häufiges Abdrehen und Abschmirgeln des Kommutators nötig ist.

Außerdem hat diese Methode den Nachteil der Kostspieligkeit, da die großen Abfallstücke beim Schneiden der Segmente nur geringen Wert haben, so daß sich dies Verfahren in manchen Fällen von selbst verbietet.

Nach einem anderen Verfahren wird der Glimmer vorsichtig in ganz dünne Plättchen gespaltet und diese werden zu Blättern zusammengeklebt; dabei hat das Zerspalten den Zweck, eine möglichst gleichmäßige Stärke zu erhalten. Schellack, Kopallack und verschiedene Mischungen werden zum Kleben der Blätter verwendet; dieser Klebstoff muß ganz dünn und sparsam aufgetragen werden; die fertige Platte wird dann stark erhitzt und gepreßt (möglichst in einer Operation), um alles Klebmaterial bis auf eine ganz dünne Schicht herauszutreiben, die eben zum Zusammenhalten der einzelnen Blättchen genügen muß.[1]) Die soweit hergestellte Platte wird dann gesägt oder geschnitten, und zwar etwas größer als das Segment, nochmals erhitzt und gepreßt und schließlich bis zu der bestimmten Dicke abgeschliffen oder abgefräst. Die Stärke der Platte muß ganz genau gleichmäßig sein und bereits ein Unterschied von über 0,05 mm ist nicht mehr zulässig.

Sind alle Isolations- und Kupfersegmente in dem Preßring zusammengefaßt, so muß das Ganze abermals vor oder während des Pressens erhitzt werden, so daß aller überflüssige Lack entweicht und Kupfer und Glimmer einen vollständig festen Körper bilden. Dieser Teil des Prozesses erfordert die größte Aufmerksamkeit.

Als Material ist grünlicher oder gelber Glimmer, da dies die weichsten Sorten sind, zu verwenden und, wie bereits bemerkt, jede unnötige Spur von Lack muß entfernt werden.

Die Kollektorendringe können aus irgend einer guten Glimmersorte hergestellt werden, denn hierbei kommt es mehr auf mechanische Festigkeit an; für die Stärke der Isolierschicht sind auch mehr mechanische als elektrische Rücksichten maßgebend.

Der Glimmer wird wieder fein zerspalten und zusammengeklebt, entweder in Ring- oder in Halbkreisform; letztere wird dann zu-

---

[1]) Dieses Verfahren wurde bereits bei der Herstellung der Glimmerprodukte: Mikanit, Megotalc, Megohmit, eingehend besprochen.

sammengebogen, die Stoßstellen werden zusammengepreßt. Die weitere
Gestaltung erfolgt entweder in einer besonderen Form unter Erwärmung oder auf dem Kommutator selbst, der dann als Form dient.

Die erstere Methode ist vorzuziehen, trotz der höheren Kosten.
Das Geheimnis, gute Resultate zu erzielen, liegt darin, die Masse
bei jeder Pressung zu erwärmen. Dies erleichtert die Entfernung
des überflüssigen Lackes und der Feuchtigkeit und trägt wesentlich
dazu bei, den Zusammenbau fest und kompakt zu machen.

Indessen darf die Erwärmung nicht übertrieben werden, daß
etwa der Schellack verkohlt, weil in diesem Fall alles Öl, was mit
dem Kommutator in Berührung kommt, von dem Glimmer aufgenommen wird und diesen verdirbt.

Es wurde schon auf die Notwendigkeit hingewiesen, nur ganz
weichen Glimmer für die Isolation zwischen den Lamellen zu wählen.

Es sei erwähnt, daß die große Mehrzahl aller im Kommutator
auftretenden Fehler durch Öl verursacht wird. Diese Tatsache ist
vielfach nicht in genügendem Maße gewürdigt worden. Wenn es
unbedingt nötig ist, den Kommutator zu schmieren, so sollte nur
Vaseline oder Paraffin verwendet werden. Öl sollte nie erlaubt
sein. Die Spritzringe der Welle und die Lager sollten stets so
konstruiert sein, daß das Öl nie aus dem Lagerhals entweichen
kann. Ein Tropfen Öl ruft nicht mit einem Male irgendwelche Miß-
stände hervor, aber mit der Zeit vereinigt sich das Öl mit dem
Kupfer und Kohlenstaub und verkohlt unter dem Einfluß der Hitze,
die durch Stromwärme, Bürstenreibung und Funken hervorgerufen
wird; damit tritt dann die Wirkung auf.

Hier und dort wird eine Stelle auf dem Kollektor schließlich
anfangen zu glimmen und dieses Glimmen wird tiefer und tiefer
in die Isolation eindringen, häufig ganz unbemerkt.

Mit der Zeit wird dieser Prozeß genügenden Umfang erreicht
haben, um eine erhebliche Widerstandsabnahme zwischen zwei Lamellen zu verursachen. Das geht dann immer weiter fort, die Lamellen laufen mitunter von der Hitze blau an und oft schlägt die
betreffende Spule durch, infolge der durch den Kurzschluß in den
Segmenten auftretenden starken Erwärmung. Manchmal gelingt es,
diesen Schaden rechtzeitig zu lokalisieren und zu heben, indem man
sorgfältig alle schadhafte Isolation herauskratzt und die Höhlung
durch eine hitzebeständige Masse ausfüllt. Als solche kann kiesel-

saures Natrium vermischt mit Glimmerstaub in Form eines Breies benutzt werden. Diese Ausbesserung mit Erfolg auszuführen, erfordert indes viel Übung und Sorgfalt.

FARRINGTON gibt für die zerstörende Wirkung des Öls auf die Glimmerisolation eine andere Erklärung, nach der das Öl selbst unschädlich ist. Die eigentliche Ursache der Zerstörung liegt nach FARRINGTON in dem als Bindemittel benutzten Lack; dieser enthält meistens Säuren in mehr oder weniger gebundenem Zustand; dringt nun Schmieröl in einen derartigen Lack ein, so vereinigt es sich mit gewissen Bestandteilen des Lackes; dadurch wird das chemische Gleichgewicht in dem Lack gestört, die Säuren werden frei und bilden mit dem benachbarten Kupfer Salze, die sich im Augenblicke des Entstehens vielleicht in nahezu gasförmigem Zustande befinden und die Glimmerschicht durchdringen und leitend machen. Werden statt des säurehaltigen Lackes säurefreie Lacke, z. B. die der Paraffinreihe benutzt, so übt Schmieröl absolut keinen schädlichen Einfluß aus. FARRINGTONS Ansicht, die wir in einem späteren Kapitel ausführlich mitteilen werden, mag für die übrigen Isolationen an Maschinen vollkommen richtig sein, für Kollektorisolationen kommt indes noch das beschriebene Ausbrennen des Glimmers in Frage, das direkt durch das verkohlende und glimmende Öl hervorgerufen wird.

Achtes Kapitel

Isolierlacke und Imprägniermaterialien.

Man verwendet Isolierlacke, um die ursprünglichen Isolationseigenschaften von Papier, Stoffen und faserigem Material, die mit
den Lacken getränkt werden, zu verbessern und dauernd zu erhalten.

FARRINGTON[1]) spricht sich hierüber etwa folgendermaßen aus:
„Wozu ist überhaupt Lack nötig? Allein aus dem Grunde, daß es
kein Fasermaterial gibt, das nicht irgend eine Verstärkung nötig
hat, und diese läßt sich natürlich am besten in Form eines Lackes
oder Anstrichs hinzufügen.

Motoren werden im allgemeinen auch in ganz trockenen Räumen
nicht gut arbeiten, wenn die Isolation nicht durch Lack verbessert
ist. Der Ingenieur gibt als Erklärung in der Regel an, daß Wasser
in die Maschinenisolation eindringt, wenn diese nicht imprägniert
wurde. Für Straßenbahnmotoren, die nicht genügend gekapselt sind,
oder für offene Motoren, die im Freien arbeiten, mag diese Erklärung
ausreichen, aber für Maschinen, die unter den denkbar günstigsten
Bedingungen arbeiten, versagt sie.

Auf keinen Fall ist die Lackisolation nötig, um den Motor
überhaupt in Betrieb nehmen zu können; denn man kann sich keine
gute Maschine vorstellen, bei der das Spannungsgefälle zwischen zwei
benachbarten Windungen den zehnten Teil der Durchschlagsfestigkeit
einer doppelten Baumwollumspinnung erreicht. Würde also die Widerstandsfähigkeit der Baumwolle die gleiche bleiben, so würde jede
Verstärkung der Isolation durch Lack oder Imprägnierung unnötig
sein. Mit anderen Worten: die Verwendung von Lack oder Imprägnierungen in Magnet- und Ankerspulen soll nur den Zweck
haben, den Widerstand der Baumwollumspinnung dauernd und gleich-
bleibend zu machen.“

[1]) Franklin Institute, 12. März 1903.

Einem Artikel aus The Electrical Engineer 1904, S. 411 sei noch folgendes entnommen:

„Der Anstrich oder der Lack soll das Isoliermaterial schützen gegen Feuchtigkeit, Öl, Säuren und Salzwasser. Zunächst ist es allgemein bekannt, daß Wasser ein sehr übler Begleiter für Isolation ist; es ist also nicht weiter nötig, hierauf einzugehen, es sei nur darauf hingewiesen, welchen ungünstigen Bedingungen im Freien arbeitende Motoren ausgesetzt sind, namentlich Bahnmotoren.

In diesen Fällen darf die Isolation nicht innerhalb einer angemessenen Zeit sozusagen ausgewaschen werden. Was Schmieröl anlangt, so werden viele Maschinendefekte durch dasselbe veranlaßt, z. B. bei Motoren mit schlecht konstruierten Lagern, bei Maschinen aus demselben Grunde oder bei direkt gekuppelten durch das von den Dampfmaschinen abgeschleuderte Öl. Säuren zerstören ohne weiteres die Isolation und mehr als eine Maschine mußte neu gewickelt werden, wenn sie den Säuredämpfen von Akkumulatorenräumen ausgesetzt war. Salzwasser kommt für das Binnenland weniger in Frage, sondern nur für Maschinenstationen in der Nähe der Küste, speziell für Hochspannungsanlagen, da bei normalen Spannungen die Unbrauchbarkeit der Isolation nur eine Frage der Zeit ist.“

Wohl kein Lack vereinigt in sich alle erforderlichen Eigenschaften, deshalb muß man die guten und schlechten Eigenschaften eines Lackes genau kennen, um seine Brauchbarkeit beurteilen zu können. Für die meisten Fälle muß man von einem Lack folgendes fordern: Der Lack muß eine ununterbrochene, dichte und gleichmäßige Isolationsschicht geben; er darf nicht reißen, brechen oder sich abschälen, durch Temperatur, Alter und normale Betriebsbeanspruchung nicht beeinträchtigt werden. Er muß elastisch sein und darf nicht bei Temperaturen unter 200^{0} C. flüssig werden, die mechanische Festigkeit soll gleichbleiben. Er darf weder durch Wasser, Säuren und Öl leiden, noch selbst zerstörend und fressend wirken.

Mit Rücksicht auf billige Fabrikation muß er möglichst schnell trocknen. Wesentlich ist natürlich auch niedriger Preis. Oft kann man durch Mischung zweier Lacke ein besseres Resultat erzielen, als wenn man sie einzeln verwendet; aber um hiermit Erfolg zu haben, muß man über viel Erfahrung und auch genaue Kenntnis der Zusammensetzung beider Sorten verfügen.

Die Lacke[1]) bestehen meist aus Harzen, die in geeigneten Stoffen gelöst sind. Metallzusätze, durch die oft ein schnelles Trocknen erreicht wird, sind unbedingt schädlich. Die hauptsächlichsten Harzarten sind Kolophonium, Asphalt, Pech, Teer, Gummi, Guttapercha, Schellack und Kopal. Die Lösungsmittel sind Terpentin, Benzin, Benzol, Naphtha, Essig, Alkohol, Schwefelkohlenstoff, Leinöl, in einigen Fällen Wasser. Eine gute Lackmischung muß eine ursprüngliche Durchschlagsspannung von 1000 Volt bei 0,025 mm Schichtdicke haben. Manche Lacke geben sogar bessere Resultate und hierdurch läßt sich dann der Elektriker häufig verleiten, mechanische und chemische Fehler zu übersehen, welche den Lack in kurzer Zeit vollständig wertlos machen und obendrein alle Isolation zerstören, die mit ihm in Berührung kommt.

Hohe anfängliche Durchschlagsfestigkeit ist nicht nötiger als Dauerhaftigkeit und chemische Beständigkeit.

Um einen guten Lack zu bekommen, muß der Elektrotechniker den Chemiker über das Wesen der elektrischen Vorgänge aufklären, und dieser muß durch praktische Erfahrung und technisches Wissen befähigt sein, alle Hindernisse festzustellen und endgültig zu beseitigen; dabei muß er natürlich veraltete Anschauungen und Gewohnheiten beiseite lassen und die Sache mit modernen Arbeitsmethoden angreifen.

Fessenden[2]) hat eine große Anzahl wertvoller Beiträge auf Grund ausgedehnter Untersuchungen zu dem Kapitel der Isolierlacke geliefert. Folgendes sei seinem Vortrage entnommen: „In den Fällen, wo Stoffe behandelt werden, ist verschiedenes zu berücksichtigen. Man kann das Tuch auf zwei Arten benutzen. Erstens lediglich als Träger der Imprägnierungsmasse, indem man seine Oberfläche mit irgend einem Material bedeckt, wie Lattenwerk mit Dachpappe. Manche Stoffe geben in dieser Weise gute Resultate, aber die von Upton vor einigen Jahren beobachtete Tatsache, daß kleine Zelluloseröhren durch die Deckschicht hindurchragen und daß, wenn einmal Feuchtigkeit in eine Ecke eindringt, sie sich rasch über die ganze

---

[1]) Der folgende Abschnitt ist zum Teil einem Aufsatz in dem Elektrochem. Ind., zum Teil einer Veröffentlichung der „Armalack"-Fabrikanten entnommen.

[2]) Insulation and Conduction; Proc. Amer. Inst. Elec. Engrs. 1898, S. 148—150.

Fläche ausbreitet, macht dieses Verfahren zu einem weniger sicheren. Gummi wird in dieser Weise auf Band aufgetragen, wird aber trotz des anfänglich guten Isolationsvermögens sehr bald schlecht. Allgemein läßt sich sagen, wo auf die Dauer gute Resultate erzielt werden sollen, darf Gummi nicht verwendet werden, wenn er nicht im Dunkeln und von Luft abgeschlossen gehalten werden kann, sonst ist seine Lebensdauer sehr kurz.

Die zweite Methode beruht darauf, den ganzen Stoff mit einer Substanz zu tränken, die in jeden Hohlraum eindringt und beim Trocknen alle Haarröhren und Höhlungen ausfüllt. Aus diesem Grunde ist keine Substanz als Imprägnierung brauchbar, die in einer anderen gelöst ist.

Wenn man z. B. einen in Alkohol gelösten Lack untersucht, so findet man, daß die Konzentration der Lösung in den Haarröhren geringer ist als außen, aus demselben Grunde, wie Seewasser bei Filtrierung durch Sand sein Salz verliert.

Infolgedessen sind beim Trocknen diese kapillaren Räume nicht vollständig ausgefüllt und lassen Feuchtigkeit ein. Wenn wir daher nicht nach· der ersten Methode das Isoliermittel so dick auftragen, daß die Isolitionsfähigkeit des Trägers nicht mehr von Bedeutung ist, so dürfen wir nur feste Materialien in geschmolzenem Zustande oder trocknende Öle verwenden.

Unglücklicherweise sind nur wenige der ersteren elastisch, da die Elastizität durch eine bestimmte Struktur bedingt wird, die mit dem Schmelzen verloren geht, und solche festen Substanzen, die geschmolzen zu dünnen Flüssigkeiten werden und beim Hartwerden ihre Elastizität wiedergewinnen, behalten in der Regel diese Elastizität nicht, höchstens innerhalb sehr enger Temperaturgrenzen, wovon man sich leicht überzeugen kann, wenn man ein Probestück unter einen Kaltwasserhahn hält und nun kräftig schlägt. Weiches Paraffin leistet in einigen Fällen gute Dienste, wenn der Faserstoff gut getrocknet und vollständig damit gesättigt wird.

Die Asphaltarten können nicht verwendet werden, da sie beim Schmelzen nie genügend flüssig werden. Die einzige Ausnahme hiervon bildet Gilsonit.[1] Diese Substanz hat, wie ich vor mehreren Jahren nachgewiesen habe, die Eigenschaft, in geschmolzenem Zu-

---

[1] Gilsonit ist eine besonders gute Asphaltsorte, die in den westlichen Staaten von Nordamerika gewonnen wird. Anm. der Übersetzer.

stande wie Paraffin oder Öl in die Poren von Zellulose oder Stoff einzudringen. Sie hat einen sehr hohen Schmelzpunkt, rund 300° C., mischt sich sehr gut mit Paraffin in allen Mengen-Verhältnissen und gibt vorzügliche Isoliermischungen für Induktionsspulen.

Einige Jahre später verwandte ich dies Material mit Leinöl für Transformatoren. Es wurde zunächst im Vakuum gekocht, ergab aber auch ohne dieses eine vollständige Sättigung. Meines Wissens wird diese Mischung auch jetzt noch von der Firma angewendet, für die ich es zuerst angab, wenn auch in abgeänderter Weise.

Von trocknenden Ölen sind mit Ausnahme einiger fremd-ländischer Öle, wie chinesisches Baumöl und eine afrikanische Öl-sorte, Leinöl und einige Nußöle die besten.

Leinöl dehnt sich aus beim Trocknen, füllt daher alle Poren aus; seine Dauerhaftigkeit ist durch die gute Verfassung der alten Gemälde erwiesen; die Lacke werden brüchig und zergehen, das Öl bleibt. Die Isolierfähigkeit wird auch bei hohen Temperaturen nicht vermindert, bei denen Schellack, Gummi u. a. längst wertlos sind. Leinöl wurde früher viel von der Edison-Gesellschaft angewendet, führte aber oft zu Durchschlägen. Dies wurde dem Bleitrockenmittel zugeschoben und nach vielen Versuchen entschloß sich der Leiter des Werkes, Herr MARSHALL, zum Gebrauch von reinem Leinöl.

Dies ergab vorzügliche Resultate, brauchte aber ziemlich lange Zeit zum Trocknen; schließlich fand ich, daß borsaures Magnesium als Trockenmittel auch diesem Übelstand abhalf. Dies Material wurde von der United States Company in Newark für Maschinen ver-wendet mit dem Erfolge, daß nach einem Jahre nur 2 in dieser Weise isolierte Anker zur Reparatur zurückkamen (sie waren vom Blitz durchgeschlagen) und keine Feldspulen. Dasselbe Material ver-wendet die Stanley-Company für Transformatoren. Ein weiterer Vorteil dieses borsauren Öles ist, daß es etwas klebrig ist und an den Drahtumwicklungen gut haftet. Wo eine glatte Oberfläche nötig ist, läßt sie sich leicht erreichen durch Aufstäuben von etwas Talgpulver, was, soviel ich weiß, zuerst von EDISON angegeben wurde. Es kann auch außen Japanpapier aufgelegt werden.

Harzlacke sollten nie mit Leinöl verwendet werden, da sie brüchig werden und da die Elastizität des trockenen Öls eben für das Öl allein ausreicht. Ist also das Öl trocken, so ist der Lack immer etwas brüchig. Zeitweise bleibt der Lack allerdings elastisch, indem nämlich, wenn das Lösungsmittel trocken ist, das Öl sich immer noch im flüssigen Zustand befindet und das Harz die berührende Luft schnell in sich aufnimmt; auf diese Weise kann der Lack etwa ein Jahr lang biegsam bleiben. Im kalten Zustande brechen solche Mischungen aber stets.

Probestück C ist ein mit borsaurem Öl gesättigter Stoff, der jetzt acht bis neun Jahre alt ist. Es ist zu bemerken, daß er jetzt noch frisch und biegsam ist und neuerdings noch eine sehr hohe Durchschlagsspannung — 15000 Volt glaube ich — zeigte. Das reine Leinöl ist bei etwa 200° C. gekocht und beginnt mit einem Zusatz von $^1/_2\,^0/_0$ igem borsauren Magnesium bereits in einigen Stunden dick zu werden.

Nicht brennbare Stoffe kann man herstellen, wie ich an anderer Stelle gezeigt habe, indem man Kohlenwasserstoffen den Wasserstoff entzieht und durch Chlor ersetzt.

Sogar Paraffin kann in warmem Zustande so behandelt werden, wird zunächst flüssig und dann fest. Eine Zeitlang hielt man dies für sehr wichtig, aber seitdem die Ankerleiter in Nuten eingebettet werden, ist die größte Gefahr, Feuer zu fangen, beseitigt."

Früher verwendete man in weitem Maße Schellack in Alkohollösung mit oder ohne Wasserzusatz. Schellacklösung ohne Wasser ist erheblich kostspieliger; dazu kommt, daß auch der so hergestellte Firnis sehr schnell Feuchtigkeit aufnimmt, sobald er der Luft ausausgesetzt oder aufgetragen wird.

Schellack ist eine Mischung von vegetabilischen Harzsäuren, die durch das Wachs bestimmter Insekten gebunden sind. Gelöst in Alkohol gibt er einen sehr schnell trocknenden Lack. Da Schellack sehr brüchig ist, zerfällt er bei den Erschütterungen in einer elektrischen Maschine bald zu Staub und verliert seine Isolierwirkung und seine Widerstandsfähigkeit gegen Feuchtigkeit.

Die Harzsäuren greifen außerdem das Kupfer an, bilden Kupfervitriol und imprägnieren damit die Baumwolle, so die Isolation zerstörend.

So ist der Schellack längst durch geeignetere Lacke ersetzt worden. Einer der ersten brauchbaren Lacke war der „Sterling Varnish", der weite Verbreitung gefunden hat. Das jetzt unter diesem Namen verkaufte Material ist in der Zusammensetzung ähnlich, wenn es auch in der Wirkung erheblich besser ist als die ursprüngliche Sorte.

Sterling Varnish.

I. Sterling Extra Insulating Varnish. Ein dickflüssiger Lack, der lediglich aus konzentriertem Leinöl und Terpentin mit geringem Harzzusatz zu bestehen scheint. Er hat eine außerordentlich hohe und gleichmäßige Durchschlagsfestigkeit und gibt eine feste, aber biegsame und elastische Decke.

Er soll für Wasser und Öl vollkommen undurchdringlich sein und wird in der Regel zum Imprägnieren von Papier und Faserstoffen benutzt, wobei die Deckschicht möglichst gleichmäßig sein soll. Das Auftragen geschieht mittels Pinsel oder besser durch Eintauchen des betreffenden Materials in den Lack, bis es sich vollständig vollgesogen hat. Das Stück wird dann zweckmäßig an einer Ecke aufgehängt, so daß der überflüssige Lack abtropfen kann. Dann muß der Lack in einem Ofen bei 60—80° C. getrocknet werden; bei Vakuumöfen ist von Zeit zu Zeit Luft zuzulassen, um durch Oxydation des Lackes eine harte, trockene Oberfläche zu erhalten. Im Vakuum getrocknet bleibt der Lack weich und klebrig, deshalb ist Luftzutritt unbedingt nötig.

Entsprechend der gewünschten Dicke der Lackschicht muß das Eintauchen in den Lack mit jedesmaligem Trocknen häufiger wiederholt werden.

Kann das Lösungsmittel verdunsten, so wird der Lack zu dick, um gute Resultate zu geben. Bei der Versendung von der Fabrik hat der Lack ein spezifisches Gewicht von 0,9, während des Gebrauches soll man das spezifische Gewicht durch Verdünnen mit Petroleumbenzin auf 0,87—0,90 halten. Ist der Lack zu dick, so dringt das Lösungsmittel in die Poren und läßt die ungelösten Bestandteile auf der Oberfläche zurück; beim Trocknen verflüchtigt das Lösungsmittel, die Durchschlagsfestigkeit des imprägnierten Stoffes wird nicht durchweg erhöht sein, und er bleibt infolge der unausgefüllten Poren noch hygroskopisch.

Ausser dieser Sorte werden noch andere geliefert, welche die Grundeigenschaften der Sorte I haben, aber für besondere Zwecke spezielle Eigenschaften zeigen, die in den Namen ausgedrückt sind.

II. Schnell trocknender Sterling Varnish ist nach den Angaben ein schnell trocknender und elastischer Lack, der Öl widersteht, eine gleichmäßige und ebene Isolierschicht gibt. Das Schnelltrocknen entspricht natürlich einer wesentlichen Ersparnis an Zeit und damit einer billigen Fabrikation.

III. Elastischer Sterling Varnish ist speziell in allen Fällen angebracht, wo außerordentliche Elastizität und Widerstandsfähigkeit gegen lange andauernde Erwärmung gefordert werden. Er isoliert gut und widersteht den Einwirkungen von Öl und Wasser. Er hält die Hitze des Trockenofens auf die Dauer von 2 Monaten aus, ohne zu leiden, es ist also wahrscheinlich, daß er auch in Spulen von stark überlasteten Maschinen auf die Dauer gute Dienste leistet.

IV. Schwarzer plastischer Sterling Isolator. Diese erst kürzlich auf den Markt gebrachte Sorte wird außerordentlich empfohlen. Der Beschreibung sei folgendes entnommen:

„Auf die Dauer fest, öl- und wasserbeständig, wasserundurchlässig, von hoher Durchschlagsfestigkeit. Er bleibt auf die Dauer elastisch auch bei hohen Temperaturen, z. B. in stark überlasteten Maschinen, und läßt in seinen Eigenschaften absolut nicht nach. Es ist nachgewiesen, daß er über 3 Monate die Hitze eines Trockenofens von 85° C. ohne Schaden aushielt. Durchschlagsspannung 1500—1800 Volt bei 0,025 mm Schichtdicke. Speziell geeignet für Anker und Feldspulen von Maschinen, die dauernd starker Überlastung ausgesetzt sind.“

Neuerdings hat die Sterling Varnish Co. besonders darauf aufmerksam gemacht, daß der Grad des Trocknens bei den unter I—III aufgeführten Lacken eine außerordentlich wichtige Rolle bezüglich der Dauerhaftigkeit, Elastizität, Widerstandsfähigkeit gegen Öl und Wasser und auch bezüglich der Durchschlagsfestigkeit spielt. Danach soll das Erhitzen des Lackes zum Zwecke des Trocknens so lange erfolgen, bis die blasse Strohfarbe des Lackes in eine leicht bräunliche Färbung übergeht. Wird das Trocknen zu frühzeitig unterbrochen oder über die gegebene Grenze ausgedehnt, so sind die Resultate unter Umständen erheblich ungünstiger.

Ein Fehler, der sich oft bei Leinöllacken findet, liegt darin, daß die Säure des Leinöls die Kupferdrähte angreift. Dieser Vorgang tritt namentlich bei Baumwollumspinnung auf, wenn dieselbe zunächst nicht vollkommen getrocknet war. Man beobachtet jedoch oft, daß der erste grüne Überzug das Kupfer weiterhin schützt, und daß somit der Vorgang ziemlich harmlos verläuft, und zwar um so mehr, je größer der Durchmesser des Drahtes ist. Ein anderer Fehler dieser Lacke ist, daß Schmieröl auf Leinöl und die mit Leinöllacken imprägnierte Isolation zersetzend wirkt.

Farrington ist ein entschiedener Gegner aller aus Leinöl hergestellten Lacke. Folgendes sei auszugsweise aus seinem bereits erwähnten Vortrag „Defective Machine Insulation"[1]) wiedergegeben:

„Zeitweise glaubte ich, daß Leinöl in dem Maße ausgekocht werden könnte, daß es gegen Feuchtigkeit absolut sicher wäre.

Die ursprüngliche hohe Durchschlagsfestigkeit und die Möglichkeit, mit den aus Leinöl hergestellten Lacken äußerst dünne Schichten aufzutragen, haben viel Verlockendes, indes sprechen außerordentliche Nachteile des Leinöls gegen seine Verwendung.

Leinöl ist im Handel so beliebt, lediglich weil es im Verhältnis zu anderen Ölen außerordentlich rasch Sauerstoff absorbiert und oxydiert. (Auf dieser Oxydation beruht das Trocken- und Festwerden.) Aber wir sind nicht in der Lage, diese Oxydation an einem bestimmten Punkte still zu setzen, infolgedessen oxydiert es fort und fort, bis es zu einer rissigen, brüchigen und widerstandslosen Masse wird.

Bei den Reparatur bedürftigen elektrischen Apparaten ist die Schuld in der Mehrzahl der Fälle der Oxydation und anderen Fehlern des Leinöls zuzuschieben. Sehr viele Firmen bezeichnen ihre Maschinen als „gut ventiliert", das bedeutet aber dasselbe wie „gut oxydiert". Für diesen Oxydationsvorgang haben wir eine allbekannte Tatsache:

Lehnt sich jemand mit einem dunkeln Anzug an ein Haus, das im vergangenen Frühjahr mit Leinöl und Bleiweiß gestrichen war, so hat er den weißen Staub auf seinem Stoff, einfach weil das Leinöl, das die Farbe an dem Hause halten sollte, durch atmosphärische Einflüsse vollständig zerstört — oxydiert — ist. Ferner ist es nie bestritten worden, daß zu stark oxydiertes Leinöl nicht nur löslich in Wasser, sondern direkt hygroskopisch ist. Dieselbe geringe Widerstandsfähigkeit gegen Feuchtigkeit zeigen die meisten zu Isolierlacken verwendeten Stoffe. Das einzige Material, das auch unter praktischen Bedingungen Sicherheit gegen Feuchtigkeit gibt, ist Paraffin-Kompound. Ganz besonders leitet der Umstand auf die Anwendung dieses Materials hin, daß es auf längere Zeit hohe Temperaturen aushält, ohne seine ursprüngliche Elastizität zu verlieren.

Die Ausdehnung bei Erwärmung und Zusammenziehung bei Wiederabkühlung der Anker und Feldspulen, ebenso die beständigen

---

[1]) Franklin Institute, March 12, 1903.

Erschütterungen bei elektrischen Maschinen zerstören aber auf die Dauer jede Isolation, die nicht vollständig elastisch bleibt. Deshalb sind sämtliche Lacke, die mit Leinölen, Kopal und Asphaltharzen zusammengesetzt sind, aus der Reihe der brauchbaren Isolationen zu streichen, da sie auf die Dauer absolut unfähig sind, diese Erschütterungen auszuhalten.

Die Unbrauchbarkeit des Leinöls für Isolationen mit Rücksicht auf seinen Gehalt an Säuren läßt sich am besten durch eine unwiderlegliche Tatsache beweisen. Säure greift Kupfer an und bildet mit ihm einen dritten Körper.

Alle Fabrikanten, die Schellack, Kopallack und Leinöllacke verwendet haben, haben gefunden, daß die Baumwollumspinnung ihrer Drähte eine glänzend grüne Färbung annahm; das ist ein untrügliches Zeichen, daß das Kupfer durch die Säure angegriffen war."

An anderer Stelle desselben Vortrags sagt FARRINGTON: „Eine grünliche Verfärbung des Glimmers weist auf irgendwelche Veränderungen hin an einer Stelle, wo gerade Unveränderlichkeit unbedingt erforderlich ist. Da man diese Verfärbung eigentlich nur bei durchgeschlagenen Maschinen findet, so scheint es, als ob sie mit dem Durchschlagen und Kurzschluß der Maschinenwicklungen im Zusammenhang steht.

Aber diese grüne Verfärbung erregt unsere Aufmerksamkeit in noch wesentlich höherem Maße, wenn wir überlegen, was denn eigentlich vorgegangen ist, um eine so gründliche physikalische Veränderung hervorzurufen, die sogar dem unbewaffneten Auge sichtbar ist — eine Veränderung von so weitgehender Wirkung, daß sie die grüne Färbung durch Glimmer von $1^1/_2$ mm Stärke hindurchdringen läßt und dickes Packpapier oder Fasermasse imprägniert.

Bei der Untersuchung dieses Vorgangs brauchen wir uns nur an die nackten Tatsachen und an längst bekannte und anerkannte chemische Vorgänge zu halten.

Wenn wir sehen, daß ein Stück Glimmer mit ursprünglich schön gelber Färbung grün gefärbt wird, daß dieses Glimmerstück, welches bei gelblicher Färbung 10 000 Volt aushält, nun, nachdem es sich verfärbt hat, bereits von 1000 Volt durchschlagen wird und oft nicht einmal für eine Spannung von vielleicht 10 Volt zur Isolation ausreicht, so dürfen wir mit Recht schließen, daß ein bestimmter Zusammenhang zwischen der grünen Verfärbung und dem gleichzeitigen Abfall der Isolationseigenschaft besteht, und daß der dadurch hervorgerufene Kurzschluß durch eine chemische Veränderung hervorgerufen wurde, die durch den Farbenwechsel zur Genüge erwiesen ist. So haben wir die Erscheinung auf einen ganz einfachen chemischen Vorgang zurückzuführen.

Wir finden z. B., daß ein Lack sehr leicht auf Kupfer einwirken kann; diese Einwirkung ist sogar mehr Regel als Ausnahme.

Gehen wir auf diesen einfachen chemischen Vorgang zurück, so sehen wir, daß gerade die grüne Färbung ein charakteristisches Merkmal für Verbindungen des Kupfers mit Säuren ist. Die Anwesenheit von Säuren in der Nähe von Kupfer wird stets durch die Grünfärbung bewiesen. Die Säuren bilden in der bekannten Weise mit dem Kupfer Salze, indem der Wasserstoff durch das Kupfer ersetzt wird. Nun darf man annehmen, daß diese Bildung in Gas- oder beinahe gasförmigem Zustande erfolgt und daß die Kupferverbindungen in diesem Zustande allmählich in den Glimmer eindringen und ihn mit der Zeit leitend machen, so daß schließlich bei einer Spannung von 8—10 Volt ein Kurzschluß eintritt.

Wenn wir finden, daß Kurzschlüsse jedesmal auftreten, wenn die grüne Färbung der Isolation in Maschinen zu beobachten ist, die beständig in Betrieb sind, so haben wir den positiven Beweis, daß Säuren auf keinen Fall in die Wicklungen eintreten dürfen, auch wenn diese über und über mit schwarzem Lack bestrichen sind, um die Wirkung der chemischen Tätigkeit zu verdecken.

In diesem Zusammenhang wird auch ein alter Aberglaube in der Elektrotechnik als solcher aufgedeckt: die Behauptung, daß Schmieröl die Kurzschlüsse verursacht. Schmieröl ist nie und nimmer die Ursache des Kurzschlusses gewesen und kann es auch nicht sein.

Wenn wir einen Generator konstruieren, der vollständig in Öl läuft, vollständig eingetaucht in Öl wie ein Transformator, so würden wir zweifellos eine vorzügliche Maschine bauen, was Isolation anbelangt. Warum also sollte Schmieröl den Kurzschluß verursachen? Der erste Ingenieur, dessen Maschine aus solcher Veranlassung Kurzschluß zeigte, war jedenfalls äußerst unangenehm überrascht und suchte nach einer Entschuldigung; nun fand er, daß Schmieröl in die Wicklungen eingedrungen war, und schob die Schuld an der Störung dem Schmieröl zu. Der tatsächliche Vorgang war hingegen der: das Schmieröl drang in die mit Lack imprägnierten Spulen ein und weckte die ruhenden oder gebundenen Säuren des verwendeten Lackes.

Infolgedessen haben verschiedene Lackfabrikanten, die sich mit der Herstellung von Isolierlacken beschäftigen, bei verschiedener Gelegenheit behauptet, ihre Lacke seien undurchlässig für Öl. Wiederholt haben Lackpraktiker die Undurchlässigkeit ihres Lackes für Öl dadurch zu beweisen versucht, daß sie Zeitungspapier mit Lack tränkten und Öl darin halten konnten, wohlgemerkt in freier Luft und ohne die Temperatur einer Maschine im Betriebe. Tatsächlich vereinigt sich ein in dieser Weise geprüfter Lack ohne weiteres mit Schmieröl bei Temperaturen bereits unter 70° C.

Das Schlimme dabei ist, daß die Vereinigung nicht gleichmäßig erfolgt. Das Öl verbindet sich nur mit einem Teil des Lackes, der Gleichgewichtszustand des Lackes wird unterbrochen und dieser spaltet sich in zwei oder drei verschiedene Substanzen. In einer von diesen sind nun die Säuren vielleicht nicht mehr gebunden und greifen sofort das Kupfer an; so kommen dann die Kurzschlüsse, wie oben beschrieben, zustande und dem Schmieröl wird die Schuld zugeschoben. Dabei ist das Öl unschuldig. Ferner ist das Öl absolut notwendig, die Säuren der Säurelacke dagegen sind überflüssig.

Soweit man bei Benutzung der Paraffinreihen säurefreie Isolierlacke herstellen kann, die dem Schmieröl im Verhalten vollständig gleich sind, ist es außerordentlich leicht, eine gute Maschinenisolation zu erhalten, die sich sehr gut mit jeder anderen guten Isolation verträgt, die vielleicht in Form von Öl in sie eindringt." Ähnlich lautet auch das Urteil Symons[1]) über Leinöl:

„Fortwährende hohe Temperatur ruft leicht Brüchigkeit infolge von Oxydation hervor. Aus diesem Grunde ist mit Leinöl getränktes Papier oder Leinen unzulässig für die Isolation elektrischer Maschinen. Leinöl hat große Affinität zu Sauerstoff und bei modernen Konstruktionen ist gute Ventilation des Ankers bezw. Stators vorgesehen, so daß namentlich unter Mitwirkung der Wärme die Oxydation des Leinöls lebhaft gefördert wird und dieses infolgedessen brüchig wird. Für Ankerwicklungen von Maschinen ist aber die Isolation von hervorragender Bedeutung, von ihr hängt ein zufriedenstellendes Arbeiten der Maschinen ab; andererseits werden an die Isolationen außerordentliche Anforderungen gestellt durch die beständigen Temperaturwechsel und die zeitweise sehr hohen Temperaturen bei dauernden Überlastungen."

---

[1]) Symons „Insulation and Insulators".

Die Verfasser möchten hiergegen auf die unbestreitbare Tatsache hinweisen, daß Leinöllacke in erheblich größerem Maße bei der Fabrikation elektrischer Maschinen angewendet werden, als alle anderen Lacke zusammengenommen. Es hat sich bei richtiger Verwendung derselben gezeigt, daß sie den besten Fabrikaten auf diesem Gebiete durchaus gleichwertig sind.

Ferner ist hervorzuheben, daß Leinöl sich beim Trocknen ausdehnt und, bis zum Siedepunkt erhitzt, leicht eindringt und so alle Poren von Holz und jedem Fasermaterial vollkommen ausfüllt. Auf diese Weise ist Feuchtigkeit ausgeschlossen und die Isolation des getränkten Materials bedeutend erhöht. Ein geringer Paraffinzusatz ist für Imprägnierungszwecke zulässig.

Bei der Verwendung von Leinöl ist es empfehlenswert, einen großen, durch Dampfrohre geheizten Behälter zu verwenden, in dem das zweimal gekochte Leinöl beständig auf einer dem Siedepunkt nahen Temperatur gehalten wird. Bevor die zu imprägnierenden Materialien in das Leinöl getaucht werden, sollten sie im Vakuumofen getrocknet werden, dann 24 Stunden in dem Leinöl bleiben und schließlich in einen Ofen mit Luftzutritt bei nicht über 70° C. getrocknet werden.

Neben diesen Lacksorten sind viele andere Lacke in den Handel gekommen, bei denen zum Teil behauptet wird, daß diese besonderen Fehler der Leinöllacke beseitigt sind.

Dies ist sicherlich bei einem von ihnen der Fall, nämlich bei dem Armalack, da in diesem Material ein vollständig anderes Material verwendet ist, nämlich Paraffinwachs.

Armalack ist schwarzes Paraffinwachs in einer Lösung von Petroleum-Naphtha; die Schmelztemperatur des Paraffins wird durch geheim gehaltenen Fabrikationsprozeß bedeutend erhöht. Es wird behauptet, daß der Schmelzpunkt über 300° C. liegt, daß es niemals hart und brüchig wird, daß keine Spur von Harzsäure vorhanden ist und daß somit jede Möglichkeit zur Bildung von Kupfersalzen ausgeschlossen ist. Armalack soll alles eindringende Schmieröl in sich aufnehmen, ohne dadurch schlechter zu werden.

Es bleibt ständig elastisch und trocknet trotzdem schnell und vollständig. Ebenso soll die ursprüngliche Durchschlagsfestigkeit unverändert bleiben. Im Aussehen gleicht es einem schnell trocknenden Asphaltlack. Es ist eine vollständig gleichförmige Zusammensetzung, enthält keinen Satz, verändert sich chemisch nicht, weder vor dem Auftragen noch nachher. Das Lösungsmittel verdampft sehr schnell und läßt eine trockene, aber elastische Schicht zurück.

Die Firma gibt in einer ihrer Veröffentlichungen folgendes über die Zusammensetzung und Brauchbarkeit der auf anderen Prinzipien beruhenden Lacke an:

„Französische Kopal- und Spirituslacke bestehen aus fossilen oder nichtfossilen säurehaltigen Harzen, die in Spiritus aufgelöst sind; sie sind brüchiger als Schellack und weniger widerstandsfähig gegen Feuchtigkeit. Die Säuren sind nur außerordentlich schwach gebunden.

Asphalt, Japan- und schwarzer Lack sind verschiedene Mischungen von Bitumen in Naphtha, Terpentin oder Schwefelkohlenstoff, bei denen man die Brüchigkeit des Asphalts durch Leinöl, Pech oder Gummi zu mildern sucht. Die Zusätze sind aber von sehr kurzer Lebensdauer und zerfallen bei höheren Temperaturen und Erschütterungen in Staub, so daß der Lack unfähig wird, die Feuchtigkeit auszuschließen, und seine gute Isolation verliert.

Leinöl. Ein vegetabilisches Öl, das wegen seiner Fähigkeit, schnell zu oxydieren, also zu trocknen, im Handel sehr beliebt ist. Bei der hohen Temperatur und bei der intensiven Berührung mit Luft in einer gut ventilierten Maschine oxydiert es bald in solchem Maße, daß es Feuchtigkeit in sich aufnimmt. Außerdem unterstützt Leinöl am allermeisten die Imprägnierung der Baumwollumhüllung mit Kupfersalzen.

Öllacke bestehen aus fossilen oder nicht fossilen säurehaltigen Harzen, die in Leinöl gelöst sind und mit Terpentin oder Naphtha verdünnt werden. Von dieser Sorte existiert eine endlose Zahl von Lacken, die sich hauptsächlich in der prozentualen Zusammensetzung von Öl und Harzen unterscheiden. Sie zeigen alle Nachteile der Spirituslacke, die noch durch die Fehler des Leinöls verschärft sind.

Bei einigen Lacken hat man die Brüchigkeit durch Zuführung von langsam trocknenden Ölen, wie Baumwoll-, Raps- und Kornöl, zu beseitigen versucht. Bei oberflächlicher Prüfung scheinen sie besser als die reinen Leinöllacke. Bei den scharfen Beanspruchungen im Betriebe sind sie dagegen noch weniger zuverlässig."

Für die Verwendung von Armalack sind folgende Vorschriften gegeben: „Sollen Armaturen oder Spulen aus doppelt baumwollumsponnenem Draht imprägniert werden, so ist es gut, dieselben in einem Ofen zu trocknen, um alle Feuchtigkeit zu entfernen. Dann kann man sie in kalten Armalack eintauchen oder damit bestreichen. Es sei bemerkt, daß beim Streichen der Armalack ganz durch die Baumwolle hindurchdringt und kaum an der Oberfläche zu sehen ist.

Formspulen taucht man am besten in Armalack und hängt sie dann für kurze Zeit in einen Trockenofen oder etwa eine halbe bis eine ganze Stunde an die Luft, dann können sie direkt gebogen und eingesetzt werden, ohne daß der Lack sich abschält.

In speziellen Fällen läßt man den baumwollumsponnenen Draht direkt durch ein Armalackbad gehen und führt ihn zum Trocknen durch warme Röhren oder durch eine Kammer mit einigen Öffnungen (um Durchzug zu haben). Auf diese Weise trocknet fast unmittelbar das Petroleum-Naphtha und der Draht kann sofort für die verschiedensten Zwecke benutzt werden.

Wird Armalack zu dickflüssig, was übrigens selten eintritt, so kann man ihn mit Benzin verdünnen.

Man darf nichts mit Armalack mischen, muß alle Teile der zu imprägnierenden Wicklung vollständig rein und trocken halten. Gummiertes Band ist zu vermeiden."

Indes auch der Armalack hat seine Nachteile, indem er unter dem Einfluß hoher Temperaturen und großer Zentrifugalkräfte aus den Wicklungen hervorquillt oder herausgeschleudert wird. Seine Durchschlagsfestigkeit ist nicht sehr hoch, bleibt aber sehr konstant; man verwendet ihn daher mit großem Vorteil an ruhenden Maschinenteilen.

Günstiger in dieser Beziehung sind einige Asphalt- und Gilsonitlacke, die, obwohl auf die Dauer elastisch bleibend, weniger leicht unter dem Einfluß von Hitze und Zentrifugalkraft ausgeschleudert werden und außerdem eine höhere Durchschlagsfestigkeit haben als Armalack. Dagegen sind sie nicht ganz frei von Säuren und deren angreifende Wirkung wird durch ihre Farbe leichter verdeckt.

Kein Lack genügt allen Zwecken. Ein säurehaltiger, fressender Lack kann ohne Gefahr benutzt werden, wenn ein anderer Lack, der säurefrei ist, zunächst über dem Kupfer liegt und es so beschützt. Ein Lack, der beständig weich und bildsam bleibt, leistet hervorragende Dienste bei Ankerformspulen, da Biegsamkeit wesentich ist beim Herstellen und beim Reparieren solcher Spulen.

In manchen Fällen braucht der Lack nur mittelmäßige Isoliereigenschaften, wenn er nur zäh und dauerhaft ist. In anderen
Fällen ist die Wärmeleitfähigkeit ein besonderer Vorzug. Für
manche Zwecke muß der Lack möglichst schnell in Luft trocknen
und eine harte, glatte Oberfläche bilden, an der weder Staub noch
Öl leicht haften. Für andere ist wieder ein wasserdichter oder
schließlich säure- und hitzebeständiger Lack unentbehrlich.

Eine Lackart wird geliefert unter dem Namen **„Dielectric
Varnish"**; es soll ein vollständig reiner Leinöl-Lack sein, allein
trocknen, ohne jeden Zusatz von Harz, metallischen Trockenmitteln,
von freien und gebundenen Säuren, mit Ausnahme natürlich der
zusammengesetzten Leinölsäuren. Er soll nach dem Trocknen sehr
elastisch sein und eine außerordentliche Durchschlagsfestigkeit und
hohen Ohmschen Widerstand haben. Er wird hauptsächlich verwendet, um die Spulen außen mit einer Isolierhaut zu versehen.
Dies Material würde allem Anschein nach dem Sterling Varnish
ziemlich ähnlich sein.

Dieselbe Firma liefert einen Paraffinlack unter dem Namen
Dielectrol und beschreibt ihn folgendermaßen: „Eine schwarze,
flüssige Isoliermasse für das Innere der Spulen, entweder während
des Wickelns mit dem Pinsel aufzutragen oder als Tauchbad für
die fertig gewickelten Spulen zu verwenden." Das Material soll
chemisch träge sein und der Paraffinart angehören, beständig elastisch
sein und in wenigen Minuten an Luft trocknen. „Trocknen im
Ofen ist empfehlenswert, da hierdurch die Feuchtigkeit aus der
Baumwollschicht entfernt wird und das überflüssige Material ein-
trocknen kann."

In einer Veröffentlichung geben die Fabrikanten bezüglich
dieses Lackes an, daß eine Schicht von minimaler Dicke zwischen
den Drähten für die normalen Isolationsbedingungen ausreicht, wenn
nur der Abstand sicher aufrecht erhalten werden kann und seine
Eigenschaft als Dielektrikum beibehält. Das Problem besteht also
darin, leitende Körper, speziell Feuchtigkeit, ebenso, soweit wie
möglich, zersetzende Stoffe, wie sie in schlechten Lacken vorhanden
sind, auf die Dauer fernzuhalten, und den Abstand zwischen den
Drähten zu sichern.

Für letzteres kommen mechanische Überlegungen in Frage.
Doppelte Baumwollumspinnung ist zu schwach, um die Inanspruch-

nahme beim Wickeln auszuhalten, namentlich die Druck-, Zug- und Scherbeanspruchungen, die beim Einlegen und Herausziehen der Spulen auftreten. Es ist also wünschenswert, die Windungen fest miteinander zu verkitten mit einem auch auf die Dauer elastischen, festen und zähen Material, das außerdem noch chemisch träge und wasserdicht ist.

„Empire"-Isolierlack wird beschrieben als schwarzer Öllack mit hohem Durchdringungsvermögen, sich schnell ausbreitend und trocknend, auf die Dauer biegsam, mit hoher Durchschlagsfestigkeit, salz- und säurefest, wasserdicht und bei Hitze nicht blasig werdend.

Elektralack[1]) soll nicht auf dem sonst üblichen Wege durch Oxydation, sondern durch einen Vorgang, der als Polymerisation bezeichnet wird, aus Ölen hergestellt sein, und zwar ohne Harzzusatz. Er wird auch unter Luftabschluß schnell trocken, ist säure- und alkalifest, gibt eine harte glatte Oberfläche und erträgt bis 300° Hitze.

„Berrite" ist ein sprödes Imprägniermaterial, aber von hoher Durchschlagsfestigkeit; eine Schicht von 0,75 mm Stärke wurde bei 15 700 Volt durchschlagen; bei verhältnismäßig niedriger Temperatur leicht flüssig, aber bezüglich seiner Isoliereigenschaft auch durch starke Hitze unbeeinflußt; es ist geeignet zum Imprägnieren von Papier und Stoffen, indes müssen damit behandelte Papiere sehr vorsichtig behandelt werden, daß sie nicht brechen.

Symons Resultate für die Durchschlagsfestigkeit von Berrite sind in den Kurven der Fig. 91 gegeben.

Excelsiorlack.[2]) Schnell trocknend, vollkommen unempfindlich gegen Witterungseinflüsse, heißes und kaltes Öl, Alkalien und gegen das bei starken elektrischen Entladungen sich bildende Ozon. Der Lack hält dauernd die in Maschinen auftretenden Temperaturen aus, ohne spröde zu werden; er verkürzt die Papier- oder Gewebefasern nicht, imprägniert vollkommen und füllt alle Hohlräume aus; er ruft keine Grünspanbildung am Kupfer hervor.

Die schnelle Trockenfähigkeit wird in erster Linie durch die Zusammensetzung und Behandlung der Öle erzielt, durch welche ein Teil des Trockenprozesses bereits bei der Herstellung des Lackes vorweg genommen ist; infolge der schnellen Trocknung der impräg-

---

[1]) Nach einer Veröffentlichung der Deutschen Elektralack-Fabrik, Bruchsal.

[2]) Nach einer Veröffentlichung von Meirowsky & Co., Köln-Ehrenfeld.

nierten Gegenstände werden die teuren Vakuumöfen rationell ausgenutzt und die Leistungsfähigkeit in der Ferstigstellung von Maschinen erhöht. Der Entflammungspunkt des Rohöls ist ein außerordentlich hoher; das verwendete Öl oxydiert auch nicht an der Luft und bleibt aus diesem Grunde dauernd geschmeidig, selbst bei hohen Temperaturen.

Die endgültige Trocknung nach dem Evakuieren und Tauchen der Spulen findet im Vakuum oder ventilierten Ofen statt; die Temperatur soll mit Rücksicht auf die Faserstoffe 80—90⁰ C. betragen, die Lackschicht selbst widersteht dauernd 300⁰ C.

Der Excelsiorlack ergibt in Verbindung mit Seide, Leinen, Papier, Preßspan ausgezeichnete Isoliermaterialien, deren Durchschlagsfestigkeiten die derselben Stoffe in Imprägnierungen mit Öl und anderen Lacken bedeutend übertreffen (siehe die Abhandlung von GLAZEBROOK, Kap. XIV). Auch sollen diese Excelsiormaterialien widerstandsfähig gegen Witterungseinflüsse, Öl, Säuren sein.

Da sie auch in heißem Öl ihre wertvollen Eigenschaften nicht einbüßen, so gehören sie zu den wenigen Isolierstoffen, welche für Öltransformatoren verwendet werden können; sie haben sich in diesen bestens bewährt.

Die sogenannten Japanlacke sind bezüglich ihrer Durchschlagsfestigkeit und Zusammensetzung sehr verschieden.

Kollodium- und Zelluloidlacke können benutzt werden, um die Kupferdrähte mit einer dichten, zähen und biegsamen Isolierhaut zu umgeben, die nicht leicht reißt. Diese Isolierart kommt mehr und mehr zur Verwendung in den Fällen, wo sonst die Raumausnutzung sehr niedrig sein würde. Bei Anwendung derselben in weiterem Maße muß man zahlreiche Versuche anstellen, um die günstigsten Verhältnisse auszuprobieren.

Vergleichende Untersuchungen mit zwei Lackarten haben die Resultate der Tabelle XXXVIII (S. 140) ergeben; alle Werte sind Mittelwerte von verschiedenen Probestücken. Interessant ist, daß der eine Lack mit dem einen Material, der andere Lack mit dem anderen Material die günstigsten Resultate ergibt.

Als Prüfungsmethode für Lacke gibt Dr. HOLITSCHER[1] folgendes an:

---

[1] ETZ. 1902, S. 170.

Tabelle XXXVIII.

Durchschlagsfestigkeit von verschieden lackierten Substanzen.

Lack	Material	Lagendicke vor dem Eintauchen mm	Lagendicke nach dem Eintauchen mm	Volt für 0,01 mm der lackierten Dicke	
				1 Lage	2 Lagen
„Sticker"	Rotes Hanfpapier	0,105	0,18	360	327
	Graues „	0,200	0,32	155	157
	Rotes „	0,230	0,32	113	121
	Hornfiber . . .	0,560	0,66	133	129
	Gebleichtes Baumwolltuch . . .	0,170	0,44	103	96
	6 oz. Cotton-drill	0,520	0,67	38	37
„Volta-Lack"	Rotes Hanfpapier	0,105	0,16	231	277
	Graues „	0,200	0,26	190	139
	Rotes „	0,230	0,30	151	192
	Hornfiber . . .	0.560	0,74	117	135
	Gebleichtes Baumwolltuch . . .	0,170	0,28	186	150
	6 oz. Cotton-drill	0,560	0,60	29	20

„Die flüssigen Isoliermaterialien (Isolierlacke etc.) lassen sich nur schwer in ihrem flüssigen Zustande beurteilen, und es wird sich wohl am meisten empfehlen, dieselben stets auf bestimmte Leinewand oder Papier entweder durch Pinseln nach zwei Querrichtungen hin oder zweimaliges Tauchen (einmal von oben nach unten, sodann Trocknen und abermaliges Durchziehen von unten nach oben) aufzutragen. Dieses zweimalige Durchziehen ist nach unseren Erfahrungen unbedingt nötig, da sonst die Streifen ungleichmäßig werden und unzuverlässige lokale Durchschlagswerte ergeben. Es gibt nur zu Bedenken Anlaß, daß diese Versuchsart schwer zur Einheitlichkeit führt; denn selbstredend muß, um die Güte der Isolation der Flüssigkeit zu bestimmen, bei allen Versuchen z. B. dieselbe Leinewand verwendet werden, wobei nicht nur deren Dicke, sondern auch Webart von Einfluß ist.

Wir verwenden zu diesen Versuchen sogenanntes Battistleinen von gewisser Dicke, tauchen dies nach obigen Ausführungen in die Flüssigkeit, indem es dann jedesmal bei der, zumeist vom Fabrikanten angégebenen Temperatur getrocknet wird, bis die Flüssigkeit nicht mehr „klebt". Die so entstandenen Proben werden dann kalt und warm, ganz und gebrochen auf Durchschlag probiert. Außerdem werden die Lacke auf ihre Säurefreiheit geprüft."

In dem bereits erwähnten Artikel des Electrical Engineer 16. September 1904 wird folgende Serie von Prüfungen vorgeschlagen:

1. Schnell trocknen. Lediglich zu beobachten an offener Luft oder im Trockenraum, wie für das betr. Material vorgeschrieben.

2. Elastizität. Ein Stück Preßspan oder Kuperblech wird mit dem Material getränkt und getrocknet hin und her gebogen. Nach dem Biegen wird zweckmäßig die Durchschlagsfestigkeit noch einmal geprüft.

3. Hohe Schmelztemperatur. Zunächst werden die flüssigen Bestandteile getrocknet, der Rückstand erhitzt und die Schmelztemperatur beobachtet. Wenn es sich um eine dünne Schicht handelt, sollte auch der Anfang des Verkohlens beobachtet werden.

4. Einwirkung auf Kupfer. Kupferdrähte werden mit einer Lackschicht bedeckt und nach einiger Zeit (entsprechend den Anforderungen der Praxis) untersucht. Schneller führt folgender Weg zum Ziel: Man gibt in einem Reagenzglase zu Kupferfeilspänen etwas von der betr. Flüssigkeit, dann zeigt sich bereits in ganz kurzer Zeit, ob eine Einwirkung auf das Kupfer stattfindet.

5. Wasserfestigkeit etc. Am besten läßt sich dieses an einem Motor oder anderen Apparat, der ja meist vorhanden sein wird und eventuell unter den betr. ungünstigen Bedingungen arbeitet, prüfen. Anderenfalls streicht man ein Metallblech mit der Masse und setzt es den betr. Einflüssen für längere Zeit aus.

Für die Prüfung von Lacken gibt die Sterling Varnish Co. folgende genaue Anweisungen.

Spezifisches Gewicht.

Nach dem spezifischen Gewicht kann der Konsument am besten beurteilen, ob der ihm gelieferte Lack gleichmäßig in Zusammensetzung und Qualität ist. Die Messung kann erfolgen mit einem gewöhnlichen Hydrometer (die Höhen zweier Flüssigkeitssäulen, welche sich in kommunizierenden Röhren das Gleichgewicht halten, verhalten sich umgekehrt wie die Dichtigkeiten) oder, wenn es auf genaue Bestimmung ankommt, mit Hilfe der Wägung.

Der Lack wird in einer auf 500 cm³ genau graduierten Flasche mit Glasstöpsel gewogen; ist das Gewicht von Flasche und Stöpsel bekannt, so ergibt sich aus dem reinen Gewicht des Lackes dividiert durch sein Volumen das spezifische Gewicht. Es ist dabei folgendes zu beachten: Flasche und Stöpsel müssen ganz rein und trocken sein; der Lack wird erst etwas über den betreffenden Teilstrich eingefüllt, stehen gelassen, bis alle Luftblasen heraus sind, und mit Hilfe einer Glasröhre genau bis auf den Teilstrich abgezogen.

Der Lack muß aus einem frisch geöffneten Behälter entnommen sein, damit noch nichts von dem Lösungsmittel verdampft ist; der Glasstöpsel wird dauernd geschlossen gehalten, die Messung soll bei normaler Temperatur unter 30^0 C. und über 5^0 C. ausgeführt werden, der Lack soll über Nacht in dem Prüfraum aufbewahrt werden und das Meßgefäß soll mindestens 2 Stunden vor der Wägung in dem trockenen Gehäuse der Wage stehen. Das spezifische Gewicht wird in der Regel auf 15^0 C. bezogen; je nach der Temperatur ist noch eine Korrektur wegen der Ausdehnung des Lackes bei Erwärmung erforderlich. Der entsprechende Temperaturkoeffizient beträgt 0,0006.

Beispiel: Temperatur des Lackes $23,5^0$ C.

$$
\begin{array}{lr}
\text{Gewicht: Flasche, Stöpsel und Lack .} & \text{570,00 g,} \\
\text{„ \quad Flasche und Stöpsel allein .} & \text{132,25 „} \\
\hline
\text{„ \quad von 500 cm}^3 \text{ Lack . . .} & \text{437,75 g.} \\
\text{Spez. Gewicht } \dfrac{437,75}{500} = \text{. . . . .} & \text{0,8755} \\
\text{Korrektur 0,0006 . 8,5 . 0,8755} = \text{. .} & \text{0,0045} \\
\hline
& \text{0,88.}
\end{array}
$$

Öl- und Wasserbeständigkeit.

Einige vollständig reine Kupferstreifen von 50 mm Breite und 250 mm Länge werden auf 200 mm in den Lack getaucht und getrocknet, in dem Maße, wie dies für den betreffenden Lack vorgeschrieben ist. Die Bleche werden dann in ein Gefäß gehängt, so daß sie sich nicht berühren, und das Gefäß wird mit Wasser gefüllt, daß die Kupferstreifen auf 120 mm von unten bedeckt sind; darüber gießt man ein gutes Schmieröl in einer Schicht von 15 mm. Das Gefäß wird dann erhitzt, bis das Wasser heftig kocht, und 2 bis 4 Stunden auf dieser Temperatur gehalten. So hat man den lösenden Einfluß des heißen Öls und Wassers, gleichzeitig die mechanische Beanspruchung durch das kochende Wasser. Man setzt nun so viel Wasser während des Kochens zu, daß die Linie, auf der die Ölwirkung beginnt, genau eingehalten wird.

Ein guter Lack muß diese Probe zwei Stunden lang gut aushalten, vier Stunden lang, ohne erhebliche Beschädigung zu erleiden.

Säuregehalt.

Ein Stück Kupferblech wird sorgfältig mit Benzin gereinigt und trocken gewogen. Dann läßt man es einige Tage lang in dem Lack hängen, säubert es abermals mit Benzin, trocknet es und wägt es nochmals; ist dann ein Gewichtsverlust zu beobachten, so ist der Lack nicht ganz säurefrei.

Gleichmäßigkeit der Schicht und Isolation; Verhalten gegenüber Trocknen und Erhitzen.

Taucht man einen längeren Streifen Papier in den Lack und hängt den Streifen zum Trocknen auf, so wird die Lackschicht oben am dünnsten, unten am stärksten sein; je geringer dieser Dickenunterschied ist, um so brauchbarer ist der Lack; von der verschiedenen Dicke der Lackschicht wird auch die Durchschlagsfestigkeit abhängen.

Die Bestimmung geschieht in folgender Weise: Man nimmt 100 mm breite, 400 mm lange Streifen von einem guten, glatten, weißen Papier von ca. 0,07 mm Dicke und zieht darauf mit einem Bleistift eine Anzahl von Linien, eine etwa 10 mm vom untersten Rande als Grundlinie, die zweite 70 mm darüber mit der Bezeichnung „250“, die dritte 100 mm höher mit der Bezeichnung „150“, die vierte 100 mm höher mit der Bezeichnung „50“, die letzte 50 mm darüber mit der Bezeichnung Tauchlinie.

Das Papier wird dann 2 Stunden lang getrocknet, wobei es sich nicht werfen darf, und wird in ein Lackgefäß von mindestens 350 mm Tiefe eingetaucht, so daß die Papierstreifen genau bis zur Tauchlinie von Lack bedeckt sind. Die Streifen werden dann gleichzeitig in den Trockenraum gebracht, bis die vorgeschriebene Trocknung erreicht ist, und untersucht. Zunächst wird die Dicke bei Linie 50 und 250 mit Hilfe einer Mikrometerschraube gemessen; bei einem guten Lack und sachgemäßer Behandlung soll die Dicke der Lackschicht etwa 0,06 mm sein, der Dickenunterschied nicht mehr als 0,005 mm auf 200 mm Länge betragen. Eine genaue Besichtigung der Oberfläche darf keine Verdickungen oder Fäden in der Lackschicht zeigen.

Die Messung der Durchschlagsspannungen bei der Linie 50, 150, 250 ergibt dann die mittlere Durchschlagsfestigkeit, indem die Spannungen auf die gemessenen Dicken bezogen sind.

Man kann hierbei in noch höherem Maße wie bei den vorigen Messungen den Einfluß des Trocknungsgrades erkennen. Da die Lackschicht verschieden stark ist, so wird die Trocknung ebenfalls verschieden sein; ist der Lack bei Linie 50 grade richtig trocken, so ist er bei 250 noch nicht ganz trocken; ist er bei 250 ganz trocken, so ist er bei 50 schon zu lange getrocknet. Läßt man die einzelnen Papierstreifen verschieden lange trocknen, so kann man durch Messung der Durchschlagsspannungen die Abhängigkeit der Durchschlagsfestigkeit von der Dauer der Trocknung und in entsprechender Weise von der Temperatur untersuchen und durch Kurven wiedergeben.[1])

Eindringungsvermögen.

50 Scheiben Filtrierpapier von 50 mm Durchmesser werden getrocknet in den Apparat gebracht und mit einer Lackschicht von 250 mm Höhe bedeckt, bei ganz bestimmter Temperatur. Man läßt den Lack 20 Minuten auf den Papieren und nimmt dann die Papiere sofort auseinander. Ein guter Lack wird 25—28 Scheiben durchdrungen haben.

Elastizität.

Diese Prüfung wird zweckmäßig bei der niedrigsten Temperatur ausgeführt, die überhaupt in Frage kommt. Der Einfachheit halber nimmt man 0° C. Kupferblechstreifen von 160 mm Länge und 50 mm Breite werden in der bereits beschriebenen Weise lackiert und getrocknet. Man taucht sie dann längere Zeit in schmelzendes Eis, nimmt sie einzeln heraus und biegt und knickt sie sofort heftig zwischen den Fingern. Ein guter Lack muß das aushalten, ohne zu reißen. Auch in diesem Fall wird auf eine richtige Trocknung des Lackes sehr viel ankommen.

---

[1]) Diese Äußerungen einer der bedeutendsten Lackfirmen über die Abhängigkeit der erreichbaren Resultate von der richtigen Trocknung, was Dauer und Temperatur anlangt, sind jedenfalls sehr beachtenswert.

Anm. der Übersetzer.

Neuntes Kapitel

Wärmeableitende Imprägniermaterialien.

Verhältnismäßig neu unter den Isoliermethoden ist die Anwendung von Imprägnierstoffen, die, obwohl nur unwesentlich geringer in der Isolationsfähigkeit als andere Imprägnierungen, die Eigenschaft haben, die Ableitung der Wärme aus dem Innern der Spulen zu erleichtern.

Elektro-Emaille. Das unter diesem Namen gehende Originalmaterial und die neueren Sorten dieser Lackart, die als erste auf dem Markt erschien, verdienen eine kurze Beschreibung, da sie einen neuen Gesichtspunkt in die Isoliermethoden bringen.

Nach den Angaben soll dieser Lack Wärme gut leiten, säure- und wasserfest sein und gut haften, würde also die besten Eigenschaften in sich vereinigen.

Elektro-Emaille wurde, soweit den Verfassern bekannt, zuerst von einer deutschen Firma[1]) als ein säurefester Emailleanstrich für Akkumulatorenzellen und -Räume, ferner als Rostschutz und zum Dichten von Wandungen hergestellt.

Ihre Eigenschaft als guter Wärmeleiter wurde zuerst zufällig beobachtet. Zwei kleine Transformatoren, von denen der eine mit einer Elektro-Emaille-Imprägnierung getränkt war, hatten mit starker Überlastung gearbeitet; sie mußten abgewickelt werden und es zeigte sich, daß die Baumwollisolierung des nicht imprägnierten stark verkohlt war, während die des anderen in tadelloser Verfassung war. Diese Entdeckung leitete auf den Gedanken, daß man eine gute Wärmeleitfähigkeit event. auch mit guten Isolationseigenschaften vereinigen könnte, und so ging man bei der Herstellung des Lackes auf dieses Ziel los.

---

[1]) B. Paege & Co., Berlin.

Die geringe Isolierfähigkeit war zunächst ein Hindernis, indes
gelang es, das Material auch in dieser Beziehung zu verbessern.
und es wurde für elektrische Apparate, namentlich Transformatoren
verwendet. Spulen, die vielfach zu Störungen Anlaß gegeben hatten.
da die Isolation durch hohe und andauernde Erwärmung gelitten
hatte, wurden durch Imprägnierung mit Elektro-Emaille nicht nur
dauerhafter, sondern sie blieben auch im Betriebe kühler.

Es wird ferner von einem Umformer berichtet, der zweimal
nacheinander von einer Akkumulatorenfabrik in unbrauchbarem Zustande zurückgeschickt worden war, da die Isolation oben in den
Ventilationsschlitzen vollständig von Säuredämpfen, die in den Anker
eingedrungen waren, zerfressen
war. Nach Behandlung mit
Elektro-Emaille gab derselbe sehr
zufriedenstellende Resultate.

Infolgedessen erfreut sich dieses
Material jetzt einer weiten Verbreitung. Die klebende Eigenschaft
hat man sich zunutze gemacht,
indem man gebogene Asbestplatten
zu Röhren zusammenklebte, ferner
um bei Spulen und Wicklungen
Bandagen und Spulenkasten unnötig zu machen.

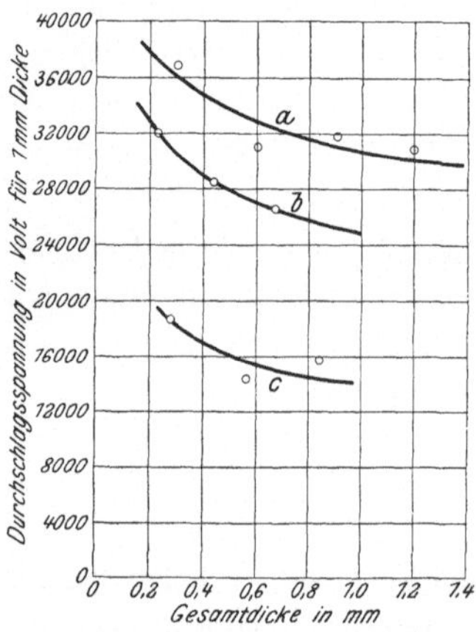

Fig. 70. Durchschlagsspannung von
mit Elektro-Emaillelack imprägnierten
Stoffen.
a Empire Cloth; b Hornfiber; c Baumwolltuch.

Ein vergleichender Versuch
wurde an einem vierpoligen Motor
von 5 P.S. angestellt, indem zwei
der vier rahmenlosen Feldspulen
mit wärmeableitendem Lack be-
handelt wurden. Es ergab sich ein Temperaturunterschied von
30 % zwischen beiden Spulenarten.

Andere Versuche sollen angestellt sein, welche zeigten, daß
bei demselben Strom nichtimprägnierte Baumwollumspinnungen vollständig verkohlten, während die imprägnierten nur eine leichte
Verfärbung der Isolation erkennen ließen, im übrigen ihre Isoliereigenschaft vollkommen behielten. Die Untersuchungsresultate über
Durchschlagsspannungen einiger mit Elektro-Emaille getränkter
Materialien sind in Fig. 70 gegeben.

Es wird folgende Gebrauchsanweisung gegeben: Die Drähte werden durch Elektro-Emaille gezogen und in nassem Zustande direkt auf die Form aufgewickelt.

Bei dieser Methode kann man in demselben Raum die gleiche Windungszahl unterbringen wie bei nichtimprägnierten Drähten, gleichzeitig mit dem Vorteil, daß, wenn die Spule im Ofen getrocknet wird, sie vollständig fest und hart wird und somit Bandagen unnötig macht.

Armalack Putty. Dieser Lack wird oft zum Ausfüllen der Zwischenräume in Feldspulen benutzt und wird hergestellt durch Auflösen von gewöhnlicher Schlemmkreide in Armalack. Dieses Material soll ebenfalls die Wärme gut ableiten.

Schließlich sei noch erwähnt, daß auch andere Fabrikanten neuerdings Isolierlacke herstellen, welche die gleiche Eigenschaft, die Wärme abzuleiten, haben.

Zehntes Kapitel

Öl für Isolationszwecke.

Öl für Isolierzwecke ist in neuerer Zeit ein wichtiger Handelsartikel geworden. Allerdings beschränkt sich seine Verwendung in elektrischen Apparaten hauptsächlich auf Transformatoren, Schalter und Anlasser.

Die ersten Öluntersuchungen rühren von STEINMETZ her und sind in Tabelle XXXIX wiedergegeben.

Tabelle XXXIX.

Versuche mit Öl von STEINMETZ 1892 (ausgeführt mit 5000 Volt Durchschlagsspannung).

Material:	Durchschlagsfestigkeit für 1 mm	Bemerkungen
Getrocknetes Paraffin	8100	65⁰
Gekochtes Leinöl	8000	21⁰
Terpentinöl	6400	
Rohes Schmieröl (Mineralöl) . .	1600	sehr unrein.

Zum Vergleich mag angeführt sein, daß STEINMETZ zu derselben Zeit die Durchschlagsfestigkeit der Luft pro Millimeter zu 1670 Volt bei einer Durchschlagsspannung von 5000 Volt bestimmte. Die besten Resultate für Öl ergeben also eine etwa fünfmal größere Durchschlagsfestigkeit als Luft.

Andere Untersuchungen von HUGHES[1]) vergleichen die Funkenlängen in Öl und in Luft. HUGHES untersuchte speziell die Kohlen-

---

[1]) Proc. Inst. Elec. Engrs. Bd. XXI, 1892, S. 244.

wasserstofföle, wie Petroleum und Harzöl. Er fand bei dem Harzöl große Unterschiede, die Isolierfähigkeit schwankte zwischen der von schlechtem Rizinusöl und bester Guttapercha. Dasselbe ergab sich für die meisten Öle, deshalb muß jedes Öl vor seiner Verwendung bezüglich der elektrischen Eigenschaften genau untersucht werden. Bezüglich ihrer Brauchbarkeit sagt Hughes: Bei der Auswahl von Öl mit hoher Isolierfähigkeit muß man den Zweck, zu dem es angewendet wird, berücksichtigen. So ist für Kondensatoren, Transformatoren und eng gewickelte Spulen ein dünnes Harzöl, wie Harzspiritus, das geeignetste; für Kabel, namentlich Erdkabel, ist reines Harzöl das beste, da es besser isoliert und nicht so schnell entweicht.

Hughes fand ferner beim Eintauchen von Guttapercha und Gummiplatten in verschiedene Öle durch Gewichtsbestimmung vor und nach dem Eintauchen, daß einige Öle Guttapercha, fast alle, mit Ausnahme von Rizinusöl, aber Gummi angreifen. Reines Harzöl gab die beste Isolation, und zwar reichte eine Funkenlänge, die eine gegebene Stärke Guttapercha durchschlug, in keinem Fall zum Durchschlagen einer Schicht Harzöl von gleicher Stärke aus. Außerdem wirkte Harzöl erhaltend auf Guttapercha, denn die Platten zeigten nach dem Eintauchen eine geringe Gewichtszunahme; es war also das Öl in die Poren der Guttapercha eingedrungen, so daß diese nach dem Eintauchen steifer und dichter erschien.

Harzöl ist immer dick und zäh, kann dies aber, falls nötig, in noch höherem Maße werden durch Zusatz von festem Harz oder Palmöl-Rückständen.

Hughes fand, daß bei einer Funkenlänge von 100 mm in Luft Harzöl von 1,4 mm Stärke noch nicht durchschlagen wird; danach würde die Durchschlagsfestigkeit 70 mal größer als die der Luft sein. Eine Ungenauigkeit dieser Bestimmung beruht bereits auf der Annahme einer Proportionalität zwischen Funkenlänge und Spannung.

In einer Besprechung dieser Ergebnisse gibt aber Campbell Swinton seine eigenen Resultate, die er mit einem Induktorium gewonnen hatte, und die sich von denen Hughes' wesentlich unterscheiden. Aus Tabelle XL (S. 150) ergibt sich, daß im Maximum Harzöl eine um 10 mal größere Durchschlagsfestigkeit hat als Luft.

Für gewöhnliches Paraffin fand Swinton die halbe Durchschlagsspannung als für Harzöl.

Tabelle XL.

Vergleichsversuche der relativen Schlagweite in Luft und Harzöl
(Rosin Oil) nach Swinton.

Luft mm	Harzöl mm	Verhältnis
25,4	2,54	0,10
28,6	5,08	0,18
38,0	7,61	0,20
38,0	10,20	0,27
44,4	12,70	0,29
69,7	25,40	0,36
130,0	38,10	0,29
200,0	50,80	0,25

Neuere Untersuchungen[1]) sind von Voege über verschiedene
Ölsorten angestellt, die Resultate sind in Fig. 71 wiedergegeben.

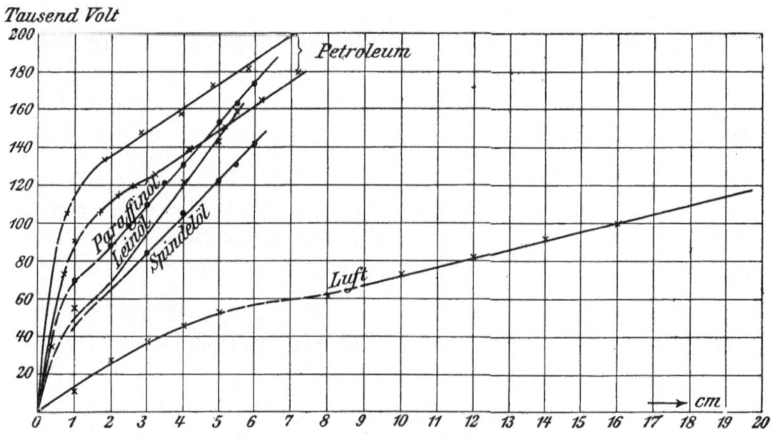

Fig. 71. Versuche von Voege.

Für Petroleum ergibt sich bei Schichtstärken bis zu 5 mm die
10—16 fache Durchschlagsfestigkeit gegen Luft. Die untere Kurve
wurde von frischem Petroleum erhalten; im Laufe des Funkenüber-
ganges wurde die Durchschlagsfestigkeit höher, bis schließlich als
Grenzwert die obere Kurve erreicht wurde. Voege schließt daraus

---

[1]) ETZ. 1904, S. 1033—1035.

auf eine Selbstreinigung des Petroleums infolge der elektrischen Entladungen, die sich gleichzeitig dadurch bemerkbar machte, daß die Farbe des Petroleums rein gelb geworden war und die Fluoreszenz verschwand.

Im ganzen zeigten sich Schwankungen bei den beobachteten Durchschlagsspannungen, die jedenfalls durch die Beschaffenheit des Öles bedingt waren.

Bei Verwendung einer Spitze für die positive Elektrode ergaben sich die Resultate der Fig. 72; die Durchschlagsfestigkeit war also wesentlich geringer. Nach längerem Erhitzen der Öle auf 120⁰ C. stieg die Isolationsfähigkeit um fast 30 %; dieselbe wurde aber sehr bald wieder schlechter.

Fleming hat herausgefunden, daß es sich vielfach empfiehlt, die zu tränkenden Materialien zuerst in ein dünneres Öl einzutauchen, da die dickflüssigen Ölrückstände nur schwer und langsam eindringen; nachher kann dann die Spule in ein dickes Öl getaucht werden.

Cuthbert Hall erwähnt den hohen Temperaturkoeffizienten der Harzöle; danach beträgt die Widerstandszunahme 10 % pro Grad C. bei rund 17⁰ C. und wächst bei höheren Temperaturen bedeutend schneller.

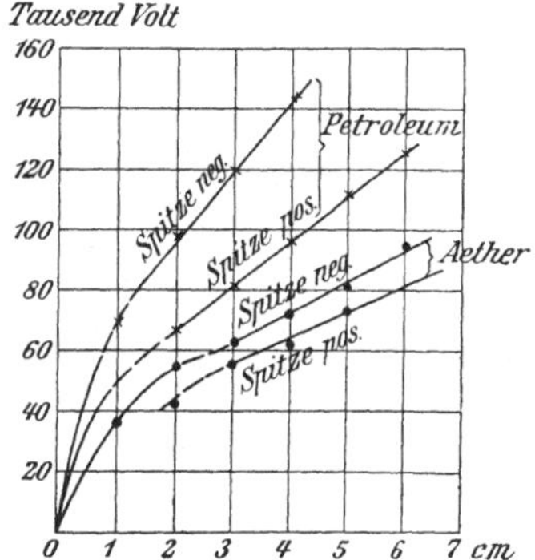

Fig. 72. Versuche von Voege.

Vor dem Gebrauch sollte deshalb das Öl langsam auf hohe Temperaturen erwärmt werden, hauptsächlich aus dem Grunde, den Wassergehalt und die leicht flüchtigen Öle, die stets in dem in den Handel gebrachten Harzöl vorhanden sind und weniger gut isolieren, auszutreiben.

Der Übelstand, der dem Gebrauch von dicken Ölen anhaftet, kann dadurch beseitigt werden, daß das Öl auf hohe Temperatur gebracht wird, und daß die Spule oder das betreffende Material mit dem noch heißen Öl getränkt wird. Dies ist besser als die Verwendung von dünnflüssigen Ölen, da diese nicht so gut isolieren.

Cuthbert Hall gibt als beste Mischung mit Rücksicht auf Ohmschen Widerstand und auf Durchschlagsfestigkeit an: auf drei

Teile reines Harz ein Teil leicht füssiges Harzöl (welches beim Schmelzen zuerst abläuft). Harzöl wird heutzutage viel verfälscht, infolgedessen fällt es schwer, jetzt noch so gut isolierendes Harzöl zu bekommen, wie früher.

Für Transformatoren wird viel ein Mineralöl, sogen. „Transil-Öl", mit großem Erfolg angewendet. Es hat sich herausgestellt, daß die Destillate der Kohle viel weniger Schwierigkeiten machen als die vegetabilischen Öle.

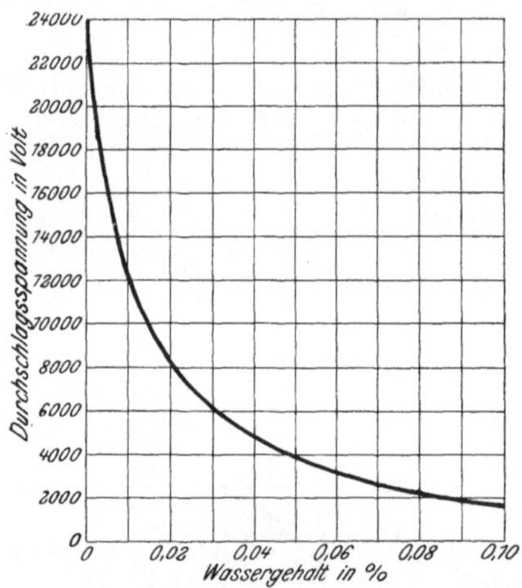

Fig. 73. Abnahme der Isolierfähigkeit von Transformator-Öl infolge geringer Anwesenheit von Wasser. Nach Dielectric Mfg. Co.

Den Einfluß eines geringen Wassergehaltes bei Mineralölen zeigt die Kurve (Fig. 73), die einer Veröffentlichung der Dielectric Manufacturing Co. entnommen ist. Ein Wassergehalt von $1/_{10}$ °/₀ bedingt eine Verringerung der Durchschlagsfestigkeit um rund 92 °/₀. Ähnliches zeigen die Untersuchungen Skinners, die in Fig. 74 zusammengestellt sind.

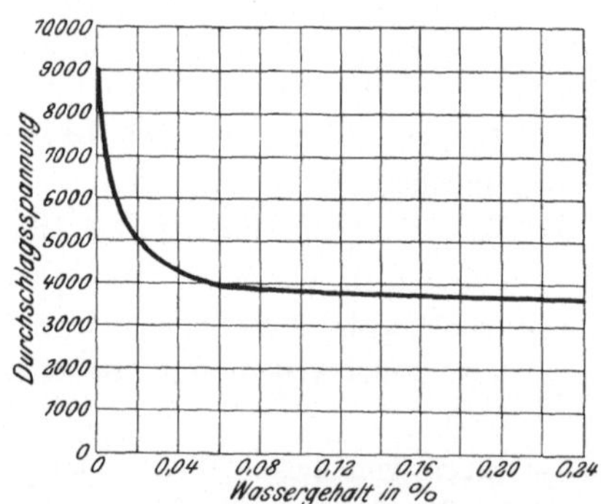

Fig. 74. Durchschlagswerte von Transformator-Öl, abhängig vom Prozentsatz an Wasser. Nach Skinner. Elektroden: Kugeln 12,7 mm Durchmesser; Funkenstrecke: 1,9 mm; sinusähnlicher Wechselstrom von 113 Perioden.

Es ist einleuchtend, einen wie großen Einfluß der Feuchtigkeitsgehalt auf die Durchschlagsfestigkeit des Öles hat. Der Einfluß der Temperatur auf den Ohmschen Widerstand wird durch die Kurven der Fig. 76 des nächsten Kapitels deutlich gemacht.

Die Einwirkung von Öl auf Isolationen im allgemeinen, Glimmer und die Kommutatorisolation im besonderen wurde bereits erwähnt (S. 120).

Es seien noch die Ausführungen Skinners[1] über diesen Gegenstand angeführt. „Während früher Harze, Lein- und Baumöl verwendet wurden, hat es sich neuerdings herausgestellt, daß die aus Petroleum-Rückständen gewonnenen Mineralöle billiger und besser sind, so daß sie letzthin ganz allgemein für Transformatoren und Schalter benutzt werden. Mineralöle, vegetabilische und animalische Öle sind in reinem Zustande alle gute Isolatoren.

Der große Unterschied in der Isolierfähigkeit der Mineralöle ist mehr ein Zeichen für die Reinheit als die chemische Zusammensetzung des Öles selbst. Die Verunreinigungen in Öl bestehen aus Säuren, alkalischen Stoffen, Wasser und sonstigen Fremdstoffen.

Die Mineralöle verdampfen etwas unterhalb ihrer Entzündungstemperatur, bei der Entzündungstemperatur und darüber geschieht die Verdampfung sehr schnell. An Transformatorenöl muß man folgende Anforderungen stellen:

1. Das Öl muß ein reines Mineralöl sein, das durch Destillation aus Petroleum gewonnen ist, nicht vermischt mit anderen Substanzen und keiner weiteren chemischen Behandlung unterworfen ist.

2. Die Entflammungstemperatur[2] darf nicht unter 100^0 C. liegen, die Verbrennungstemperatur[3] nicht unter 200^0 C.

3. Das Öl darf keine Feuchtigkeit, keine alkalischen oder Schwefelverbindungen enthalten.

4. Das Öl darf bei einer Erwärmung bis 100^0 in 8 Stunden nicht über 0,2 % Verdampfung zeigen.

5. Wünschenswert ist, daß das Öl so flüssig wie möglich und daß seine Farbe so hell ist, wie sie sich ohne chemische Behandlung erreichen läßt. Ein Öl, das diesen Bedingungen entspricht, kann man als erstklassigen Isolator bezeichnen.“

Bei der Verwendung von Öl muß man dann die Gewißheit haben, daß das Öl sehr sorgfältig hergestellt ist, daß die Fässer rein und vollkommen trocken sind und daß das fertige Material genau auf Grund der angegebenen Bedingungen geprüft ist. Ferner muß man dafür sorgen, daß kein Wasser in das Öl eindringen kann,

---

[1] The Electric Club Journal 1904, No. 4.
[2] und [3] Siehe S. 159.

nachdem man es erhalten hat. Wird das Öl in Fässern aufbewahrt, so müssen die Fässer unter Dach stehen; es darf sich kein Wasser auf dem Boden ansammeln, da es dann leicht zu dem Öl hindurchdringen könnte. Kannen und Behälter aus Metall sind geeigneter für Transport und Aufbewahrung von Öl, weil sie tatsächlich öl- und wasserdicht gemacht werden können und so ein Naßwerden des Öles leichter verhindert wird. Bei Metallfässern fällt auch der bei Holzfässern zum Dichten erforderliche Leim fort.

Weiter sind die Transformatoren und ihre Gehäuse sorgfältig zu trocknen, bevor das Öl eingefüllt wird, und es muß besonders dafür gesorgt werden, daß nach der Aufstellung des Transformators kein Wasser eindringen kann. Bei wassergekühlten Transformatoren müssen die Kühlspiralen vollkommen wasserdicht sein, und das Zuführungsrohr für das Wasser muß eine Strecke vor seinem Eintritt in den Transformator bis zu diesem hin mit schlechten Wärmeleitern bewickelt werden, damit sich dort keine Feuchtigkeit aus der Luft an dem kälteren Rohre niederschlägt (Kondensationswasser). Für Ölschalter sind dieselben Anforderungen an das Öl zu stellen wie für Transformatoren.

Speziell wünschenswert wird ein niedriger Gefrierpunkt für Apparate, die im Freien aufgestellt werden. Sonst gibt ein möglichst zähes Öl die besten Resultate, da es den Lichtbogen besser unterbricht wie ein leichtflüssiges Öl. In anderer Beziehung besteht kein Unterschied, so daß man gut ein Öl herstellen kann, das für beide Zwecke sehr gut brauchbar ist. — Soweit Skinner.

Zum Imprägnieren von Holz und Fasermaterial nimmt man meist Leinöl, weil es diese Stoffe außerordentlich gut durchdringt. Besonders günstig ist der Umstand, daß sich das Leinöl beim Trocknen ausdehnt, somit alle Poren ausfüllt und ein späteres Eindringen von Feuchtigkeit verhindert. Alle Materialien, die mit Leinöl getränkt werden sollen, müssen zunächst im Vakuumofen getrocknet werden und sofort in ein Bad von heißem Leinöl getaucht werden, darin bleiben sie 24 Stunden und werden dann in einem normalen Trockenofen getrocknet, wobei die Temperatur aber 70° C. nicht überschreiten darf.

Elftes Kapitel

Die Untersuchung von flüssigen Isoliermaterialien.

Wenn in der Regel nur die Durchschlagsfestigkeit der Isoliermaterialien in Frage kommt, so kann für manche Zwecke doch auch der Ohmsche Widerstand von Interesse sein. Zur Messung des Ohmschen Widerstandes gibt Humann folgendes Verfahren in der ETZ. 1903, S. 1082 an:

Der spezifische Widerstand der meisten flüssigen Isoliermaterialien ist bei Zimmertemperatur so hoch, daß eine Messung außerordentlich schwierig ist. Bei höheren Temperaturen nimmt aber dieser Widerstand sehr rasch ab, so daß die Widerstandsbestimmung in der normalen Weise mit Hilfe eines empfindlichen Spiegelgalvanometers möglich wird.

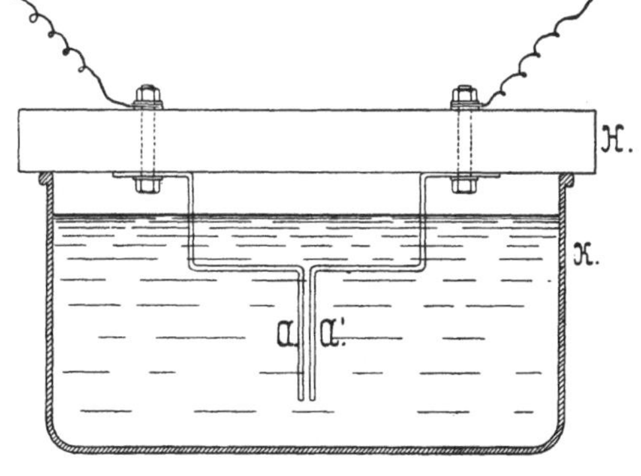

Fig. 75. Apparat von Humann zur Untersuchung des Isolationswiderstandes von flüssigem Isoliermaterial.

Ist nun der Isolationswiderstand für verschiedene höhere Temperaturen festgelegt, so kann man rückwärts auf den bei etwa 20° mit einiger Genauigkeit schließen.

Die Untersuchung wird in folgender Weise durchgeführt: Die zu untersuchende Flüssigkeit wird zuerst gut gekocht, so daß man sicher annehmen kann, es ist alle Feuchtigkeit heraus. Dann wird dieselbe in den in Fig. 75 dargestellten Apparat warm eingefüllt und ihre Isolation bei verschiedenen Temperaturen durch Strommessung mittels Spiegelgalvanometers bei bekannter Spannung gemessen.

In Fig. 75 bedeutet K ein Gefäß von beliebiger Form; H ist ein Hartgummistück, an dem die beiden Elektroden $A\,A'$ befestigt sind, welche von der Gefäßwandung überall genügend Abstand haben müssen. Die Befestigungsstellen sind so weit auseinander angeordnet, daß Übergangsströme vermieden sind.

Die Elektrodenplatten sind einander unterhalb des Flüssigkeitsspiegels bis zu einem Abstand von etwa 1 mm genähert. Die Temperaturmessung erfolgt mit Quecksilberthermometer, dessen Quecksilberkugel stets an derselben Stelle der Elektroden anliegt und so mit guter Annäherung die wirkliche Temperatur der Ölschicht zwischen den Elektroden $A\,A'$ anzeigt.

Je nach der Güte des Materials beginnt man die Messung bei 120^0 C. oder bei genügender Temperatur und bestimmt den Isolationswiderstand fortgesetzt mit abnehmender Temperatur so lange, wie noch ein hinreichend großer Ausschlag am Galvanometer abzulesen ist. Die Messungen wurden mit einer Spannung von 150 Volt ausgeführt; die gemessenen Werte ergaben die Widerstände bei der betr. Elektrodenfläche und -Entfernung; im vorliegenden Falle war die Elektrodenfläche 25 qcm, die Dicke der Ölschicht 0,1 cm; die gemessenen Werte mußten also mit 250 multipliziert werden, um den Widerstand des Materials in Megohm-Zentimeter zu ergeben.

Die Resultate sind in den Kurven der Fig. 76 zusammengestellt.

Wenn man auch nicht für jeden Fall mit Genauigkeit auf den Widerstand bei 20^0 C. schließen kann, so bietet diese Methode doch sicher eine gute Grundlage für Vergleiche von verschiedenen Materialien.

Für die Messung der Durchschlagsfestigkeit von Öl ist von Skinner ein Apparat angegeben entsprechend Fig. 77 (S. 158). Der Apparat besteht aus einer graduierten Glasröhre von etwa 200 ccm Inhalt und 35 mm lichter Weite. Durch eine Öffnung im Boden dieses Gefäßes ist die untere Elektrode eingeführt, während die obere Elektrode in einem Halter befestigt ist und mit Mikrometerschraube eingestellt werden kann. Die Elektroden werden gebildet durch Messingkugeln von ca. 12 mm Durchmesser, die an 5 mm-Drähten befestigt sind.

Sämtliche Teile sind so hergestellt, daß sie leicht gereinigt werden können und daß der Apparat vor dem Versuch leicht justiert werden kann. Die Funkenstrecke kann beliebig eingestellt werden. Nach zahlreichen Versuchen mit verschiedenen Anordnungen ergab sich diese als die beste, zumal sie auch verhältnismäßig wenig Öl für jeden Versuch verbraucht.

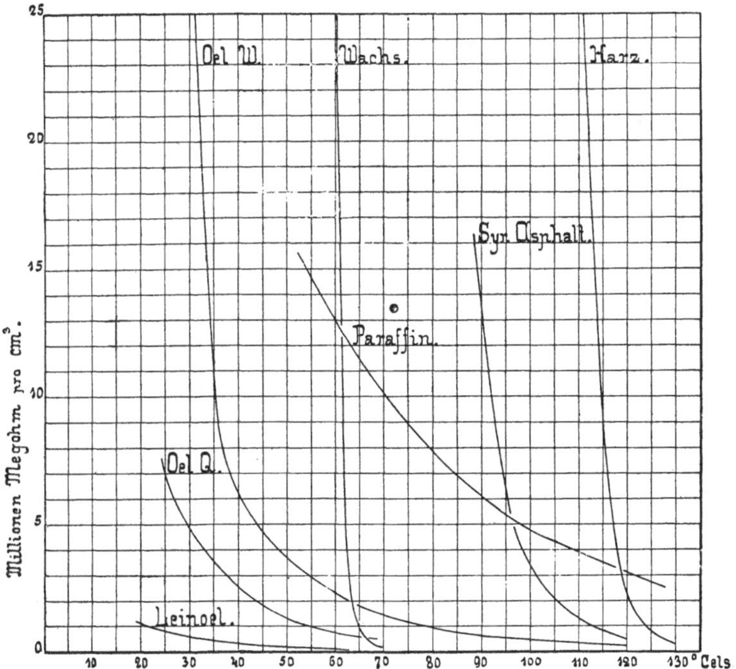

Fig. 76. Isolationswiderstand von Ölen und anderen Flüssigkeiten. Nach HUMANN.

Um gut übereinstimmende Resultate zu erhalten, müssen die Elektroden immer die gleiche Form haben und blank poliert sein, namentlich wenn sie klein sind. Geringe Rauheit oder Unebenheit der Oberfläche ändern die scheinbare Durchschlagsfestigkeit des Öles. Die Funkenstrecke muß sich immer in der gleichen Tiefe in der Flüssigkeit befinden, da auch der Druck von Einfluß ist.[1]) Die scheinbare Durchschlagsfestigkeit steigt mit dem Druck.

---

[1]) Nimmt man das spezifische Gewicht des Öles im Mittel gleich 1 an, so würde eine Verschiebung der Funkenstrecke um 10 cm einer Quecksilbersäule von nur ca. 7 mm entsprechen. Dementsprechend müßten die Schwankungen des Barometerstandes einen wesentlich größeren Einfluß ausüben als verschiedene Tiefen der Funkenstrecke in der Flüssigkeit.

Anm. der Übersetzer.

Die Spannung muß auch stets in der gleichen Weise zugeführt werden. Am besten ist es, die Funkenstrecke auf eine bestimmte Länge festzustellen und die Spannung zu erhöhen, bis das Durchschlagen erfolgt. Man kann auch bei konstanter Spannung die Funkenstrecke so lange verkürzen, bis das Öl durchschlagen wird.

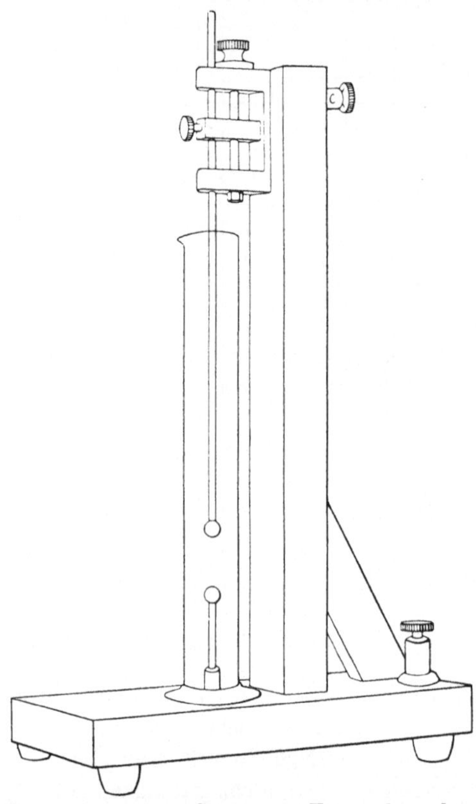

Fig. 77. Apparat von Skinner zur Untersuchung der Durchschlagsfestigkeit von Öl vermittels untergetauchter Funkenstrecke.

Bei der ersten Methode kann die Spannung ganz allmählich erhöht werden durch Regulierung der Generatorerregung, oder aber stufenweise, indem man während der Erhöhung die Funkenstrecke angeschaltet läßt oder nicht. Für Vergleichszwecke sollte man aber stets nur eine Methode anwenden.

Die Dauer der Spannungseinwirkung sollte auch möglichst gleich sein, ferner besonders die Zeit, die verstreicht, nachdem die Spannung etwa $50^0/_0$ des Durchschlagswertes erreicht hat.

Für jede Ölprobe sind mehrere Untersuchungen zu empfehlen, da die Durchschlagsfestigkeit oft nach den ersten Durchschlägen zunimmt; es ist dabei das Öl nach jedem Versuch zu schütteln, damit das durch den Lichtbogen verbrannte Öl sich nicht zwischen den Elektroden ansammelt. Nach dem Schütteln muß das Öl so lange stehen, bis es frei von Luftblasen ist. Die Zunahme der Durchschlagsfestigkeit scheint auf den trocknenden Einfluß der Durchschläge oder aber auf ein Ausbrennen der Unreinlichkeiten zurückzuführen zu sein. Die besten Öle zeigen in der Regel nur eine geringe Zunahme der Durchschlagsfestigkeit nach wiederholtem Durchschlagen. Wird das Öl schwarz und schmutzig durch zu häufige Untersuchungen, so fällt die Durchschlagsfestigkeit sehr rasch ab.

Die Ölmenge soll bei jedem Versuch die gleiche sein, namentlich wenn mehrere Durchschläge vorgenommen werden. Denn die beim Verbrennen des Öles sich bildende Kohle verbreitet sich durch das Öl, und die Resultate hängen in gewissem Grade von dem Gehalt an Kohle pro Kubikzentimeter Öl ab. Es folgt aus dem Vorstehenden, daß auch die für den Lichtbogen verbrauchte Energiemenge bei jedem Durchschlag ungefähr die gleiche und möglichst klein sein muß.

Darum ist es gut, in den Primärstromkreis des Transformators eine Sicherung oder einen selbsttätigen Schalter einzubauen, so daß der Stromkreis bereits bei geringeren Strömen unterbrochen wird. Dadurch wird natürlich auch das Reinhalten der Elektroden erleichtert.

Die Periodenzahl des Prüfstromes muß bei vergleichenden Versuchen gleich sein.

Prof. Elihu Thomson hat vor einigen Jahren darauf hingewiesen, daß Öl bei geringer Periodenzahl nicht so gut isoliert wie bei hoher. Indes ist der Unterschied bei den gängigen Stromwechseln nicht sehr bedeutend. Bezüglich der Wellenform ist bekannt, daß bei spitzer Wellenform jedes Isolationsmaterial eher durchgeschlagen wird als bei flacher Wellenform, wenn die effektive Spannung auch in beiden Fällen gleich ist. Die Anwendung eines Widerstandes, um die Spannung zu verändern, ist also sehr bedenklich.

Alle Gefäße und Apparate müssen vollkommen rein gehalten werden, da jedes einzelne Fäserchen oder eine Spur von Feuchtigkeit die Durchschlagsfestigkeit erheblich reduzieren kann.

Weiter führt Skinner die Untersuchung der Entflammungs- und Verbrennungstemperatur an. Unter Entflammungstemperatur versteht er diejenige, bei welcher das Öl in der Weise vergast wird, daß es mit der umgebenden Luft ein explosives Gemisch bildet, unter Verbrennungstemperatur diejenige, bei welcher das Öl selbst Feuer fängt und weiter brennt, wenn seiner Oberfläche eine Flamme genähert wird.

Bei der Bestimmung dieser Temperaturen wird das Öl allmählich erhitzt und die Prüfflamme von Zeit zu Zeit zugeführt; auf diese

Weise werden die beiden Temperaturen festgelegt, bei denen eben eine Entzündung der Gase stattfindet, bezw. eine lebhafte Verbrennung eintritt.

Für Öle, deren Entflammungstemperatur ungefähr ebenso hoch liegt wie bei dem Transformatoröl, geschieht die Bestimmung in einem offenen Behälter. Die Gleichmäßigkeit der gewonnenen Resultate hängt von verschiedenen Vorsichtsmaßregeln[1]) ab:

1. Geschwindigkeit der Erhitzung. Je schneller das Öl erhitzt wird, um so niedriger ist der Entflammungspunkt, da das Öl heftiger verflüchtigt wird.

2. Größe und Tiefe des Gefäßes. In einem weiten, flachen Gefäß verdampft das Öl schneller, also liegt der Entflammungspunkt niedriger. Die übereinstimmendsten Resultate erhält man bei einem tiefen, etwa zur Hälfte gefüllten Gefäß.

3. Ölmenge. Je größer die Ölmenge, um so mehr Öl wird verdampft, daher also der Entflammungspunkt niedriger.

4. Entfernung der Prüfflamme. Je näher oder, was dasselbe hervorbringt, je größer die Prüfflamme, um so niedriger der Entflammungspunkt. Eine große Flamme kann eine lokale Überhitzung hervorrufen.

5. Angriffspunkt der Flamme. Die Flamme muß an einer Ecke zugeführt werden, da dort die Mischung von Ölgas und Luft am vollständigsten ist. In der Mitte des Gefäßes ergibt die Entflammungstemperatur zu hohe Werte. Am besten ist es, die Flamme diagonal von einer Ecke des Gefäßes zur anderen zu führen.

6. Die angewandten Thermometer sind häufiger zu kontrollieren.

7. Luftzug muß sorgfältig vermieden werden.

Zum Erhitzen des Öles kann man zwei Methoden anwenden. Nach der ersten wird das Öl in ein Gefäß gefüllt und dies in ein zweites Gefäß mit sehr dickem Öl gesetzt; das letztere leitet die Wärme zu dem zu untersuchenden Öl. Nach der zweiten Methode wird die Heizflamme direkt an den Ölbehälter geführt oder die Erwärmung geschieht mittels Sandbades. Beide Methoden haben ihre Anhänger, indes scheint die zweite mehr für Öle mit hohem Entflammungspunkt angewandt zu werden.

Man ist vielfach der Ansicht, daß Öl ein leicht entzündbarer Körper ist, dies ist indes völlig verkehrt. Man kann z. B. ein

---

[1]) Nach GILL, Handbook of Oil Analysis.

brennendes Scheit über Öl hin- und herführen, das eine Entflammungstemperatur von 175° C. oder mehr hat, ohne daß das Öl in einiger
Zeit Feuer fängt, tatsächlich nicht eher, bis eben die Entflammungstemperatur erreicht ist. Ebenso kann man dies brennende Scheit
in das Öl hineinstoßen; es erlischt genau so, als ob es in Wasser
eingetaucht wäre. Weißglühendes Eisen kann in Öl eingetaucht
werden; es kühlt sich ab, ohne daß das Öl anfängt zu brennen, wenn
nur das glühende Eisen vollkommen untergetaucht wird. Die Anwendung des Öls für Ölschalter beweist, daß es ein sehr wirksames
Mittel zum Auslöschen des Lichtbogens ist. Es handelt sich in den
erwähnten Fällen um eine beträchtliche Ölmenge, zu deren Erhitzung
das brennende Scheit oder auch das glühende Eisen nicht ausreicht.
Anders liegt der Fall, wenn irgend ein anderes Material mit Öl getränkt ist; dann wird die verhältnismäßig geringe Ölmenge durch
eine Flamme oder einen Lichtbogen sehr schnell über die Brenntemperatur des Öles erhitzt und fängt Feuer; die so entstehende
Flamme erhitzt dann auf die Dauer auch das umgebende Material
auf die Brenntemperatur.

Deshalb sollte man bei der Verwendung von Öl stets die Vor-
sichtsmaßregel treffen, soweit als möglich faserige oder poröse
Materialien auszuschließen, die sich mit dem Öl vollsaugen können,
ohne ganz davon bedeckt zu sein.

Skinner ist der Ansicht, daß Verdampfungstemperatur nicht
so wesentlich ist wie Isoliereigenschaft und Entflammungspunkt;
indes sollte sie doch untersucht werden, wenn es sich um Transformatoröl handelt.

Eine bequeme Prüfmethode besteht darin, eine kleine Ölmenge,
etwa 2 g, in einer kleinen Porzellanschale mit Hilfe eines Bades auf
annähernd 100° C. 12 Stunden lang zu erwärmen; dann wird durch
Messung des Gewichtsverlustes die prozentuale Verdampfung bestimmt.

Da Mineralöle in der Regel nur etwas unter ihrem Entflam-
mungspunkte verdampfen, so muß Transformatorenöl eine möglichst
hohe Entflammungstemperatur haben, damit das Öl nicht etwa bei
den normalen Betriebstemperaturen des Transformators verdampft.
Die Verdampfungsprobe bei etwa 100° C. wird auch etwas Feuchtigkeit aus dem Öl heraustreiben. Bei Ölen mit hoher Verdampfungstemperatur wird also die Verdampfungsprobe bei 100° C. annähernd
den Feuchtigkeitsgehalt des Öles ergeben.

Eine einfache und ausreichende Methode zum Nachweis von Feuchtigkeit in Öl ist folgende: Man gießt ein wenig Öl in eine Schale und fährt mit einem Stück Eisen oder anderen Metall, das wenig unter matte Rotglut erhitzt ist, hinein. Ein zischendes oder prasselndes Geräusch zeigt die Gegenwart von Feuchtigkeit an.

Eine andere Methode beruht darin, daß man ein klein wenig Anhydrit des Kupfersulfates in einem Reagenzglas mit Öl bedeckt; nachdem man beides gründlich durcheinander geschüttelt hat, wird die bläuliche Färbung des Kupfersulfates die Anwesenheit von Feuchtigkeit nachweisen.

Es ist sehr schwer, den genauen Feuchtigkeitsgehalt in Öl zu bestimmen, und in der Regel ist es auch nicht nötig, da es genügt, nachzuweisen, ob das Öl überhaupt Feuchtigkeit enthält oder nicht. Will man den Einfluß des verschiedenen Feuchtigkeitsgehaltes untersuchen, so muß man das Öl vollständig trocknen und die Feuchtigkeit in genau bestimmten Mengen in das geschlossene Gefäß einführen; das Öl wird heftig geschüttelt und nimmt das Wasser in sich auf.

Diese Methode gibt nicht absolut zuverlässige Werte, immerhin ergab sie für Untersuchungszwecke die überraschenden Resultate, die in der Kurve Fig. 74 zusammengestellt sind. Die Kurvenform ist entschieden richtig, wie auch Kontrollversuche zeigten; vielleicht stimmt der prozentuale Feuchtigkeitsgehalt zwischen den Elektroden nicht vollständig. Jedenfalls zeigt sich, daß ein Feuchtigkeitsgehalt von rund $0{,}06\,^0/_0$ die Durchschlagsfestigkeit um $50\,^0/_0$ des Betrages bei vollständiger Trockenheit verringert und daß bei größerem Wassergehalt die weitere Abnahme der Durchschlagsfestigkeit nur gering ist.

Die gemachten Angaben sind größtenteils einer Abhandlung Skinners im The Electric Club Journal, May 1904, entnommen, die noch weitere sehr wertvolle Beiträge enthält.

Zwölftes Kapitel

Isolationseigenschaften von Papier und anderen Fasermaterialien in dünnen Schichten.

Papier und anderes Fasermaterial wird infolge des dichten, gleichmäßigen Gewebes sehr viel zu Isolierzwecken benutzt, und zwar entweder allein oder in Verbindung mit anderen Stoffen, z. B. Glimmer. Wird Papier als Unterlage für Glimmer benutzt, so braucht es nicht von besonders guter Qualität zu sein.

Als beste Papiersorten bezüglich der elektrischen und mechanischen Eigenschaften gelten Manila-, Pack- und Hanfpapier; auch das sog. rote Hanfpapier wird sehr viel verwendet.

Diese vier Sorten geben, imprägniert mit gutem Isolierlack, ausgezeichnete Isolationen. Japanpapier ist infolge der außerordentlichen Feinheit zum Herstellen von Isolierhülsen sozusagen unbrauchbar, dagegen wegen seiner Festigkeit ausgezeichnet bei der Verwendung als Deckpapier für Glimmer. Derartiges Glimmerpapier kann in Streifen geschnitten werden und zur Umwicklung von Ankerleitern wie Band verwendet werden.

Hornfiber ist das zäheste und beste Fasermaterial, wird aber vorläufig noch nicht in erheblichem Maße verwendet.

Leatheroid, früher außerordentlich stark benutzt, wird auch heute noch angewendet.

Preßspan ist ein sehr gutes Material infolge seiner glatten, ebenen Oberfläche und der gleichmäßigen Struktur und ist auf dem Kontinente sehr beliebt.

Vulkanfiber ist für manche Zwecke sehr brauchbar, hält aber auf die Dauer keine Erwärmung aus, ohne seine mechanische Festigkeit zu verlieren und brüchig zu werden.

Kein Fasermaterial sollte ohne Imprägnierung mit wasserdichtem Lack verwendet werden, da es sonst sehr bald Feuchtigkeit aufnehmen wird.

Man hat neuerdings vielfach das Vertrauen zu den isolierenden Eigenschaften der Fasermaterialien aufgegeben und verläßt sich mehr auf die Lackschichten, welche die Imprägnierung bilden; das Fasermaterial wird dann nur aus mechanischen Rücksichten angewendet.

Die Verfasser haben die Isoliereigenschaften von verschiedenen imprägnierten Manila-, roten Hanf-, Packpapieren, Preßspan und Hornfiber untersucht, aber es ist schwierig zu unterscheiden, inwieweit die Resultate den Eigenschaften der verschiedenen Papiersorten, bezw. den zur Imprägnierung derselben benutzten Lackarten zuzuschreiben sind.

Die Resultate sind in den Kurven der Fig. 78 für die rohen, der Fig. 79 für die imprägnierten Materialien zusammengestellt.

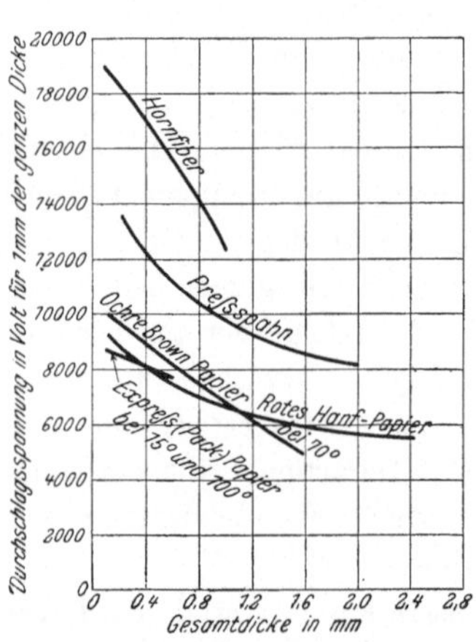

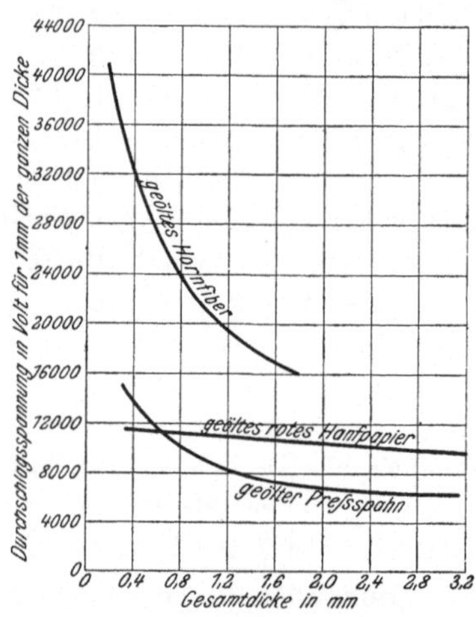

Fig. 78. Durchschlagsfestigkeit von rohem Papier und Fasermaterial, Vor dem Versuche wurden die Proben 3 Stunden im Vakuumofen getrocknet.

Fig. 79. Durchschlagsfestigkeit von präpariertem Papier und Fasermaterial. Vor dem Versuch im Vakuumofen getrocknet, dann 8 Stunden in heißem Leinöl eingeweicht, darauf abermals im Vakuumofen 3 Stunden getrocknet.

Interessant ist das Schneiden der Kurven für rotes Hanfpapier und Preßspan in Fig. 79, ferner die starke Abnahme der Durchschlagsfestigkeit von Hornfiber mit zunehmender Materialstärke.

Die Kurve für Ochre Brown-Papier in Fig 78 entspricht dem Mittelwerte der beiden Kurven der Fig. 27 (S. 36).

Die Tabellen XLI (S. 165) und XLII (S. 166) geben Werte für rotes Hanfpapier und Hornfiber, roh und imprägniert.

Tabelle XLI.

Durchschlagsversuche mit Hanfpapier („Rope Paper").

Material	Dicke vor dem Lackieren mm	Dicke nach dem Lackieren mm	Durchschlagsspannnung für 0,01 mm der lackierten Dicke:				Bemerkungen.
			1 Lage	2 Lagen	3 Lagen	4 Lagen	
Rotes Hanfpapier	0,105	⎫ nicht lackiert	117,0	124,0	—	—	Vom Lager genommen, nicht getrocknet.
Graues „	0,200		103,0	96,3	—	--	Desgleichen.
Rotes „	0,230		82,5	81,0	—	—	Desgleichen.
Rotes „	0,230	⎭	86,8	80,5	75,5	71,5	3 Stunden im Vakuumofen bei 120° getrocknet.
Rotes „	0,105	0,18	360,0	327,0	—	—	Eingetaucht in „Sticker" (Lack), 1 Std. im Vakuumofen bei 130° getrocknet, dann luftgetrocknet über Nacht (16 Std.), zuletzt 20 Minuten im Ofen (nicht Vakuum) bei 212° getrocknet.
Graues „	0,200	0,32	155,0	157,0	—	—	
Rotes „	0,230	0,32	113,0	121,0	—	—	
Rotes „	0,105	0,16	231,0	277,0	—	—	Dieselbe Behandlung wie oben, nur in Volta-Lack getaucht.
Graues „	0,200	0,26	190,0	139,0	—	—	
Rotes „	0,230	0,30	151,0	192,0	—	—	

Tabelle XLII.

Durchschlagsversuche mit Hornfiber.

Bemerkungen.	Dicke vor dem Lackieren mm	Dicke nach dem Lackieren mm	Durchschlagsspannung für 0,01 mm der lackierten Dicke:	
			1 Lage	2 Lagen
Vom Lager genommen, nicht getrocknet	0,56	nicht lackiert	107	105
3 Stunden bei 120° im Vakuumofen getrocknet	0,56		123	111
Material in Lack getaucht und 1 Stunde bei 130° im Vakuumofen getrocknet, dann über Nacht (16 Stunden) an Luft getrocknet und noch 20 Min. im Ofen (nicht Vakuum) bei 212° getrocknet. "Sticker"-Lack . .	0,56	0,66	133	129
"Volta"-Lack . .	0,56	0,74	117	135

HOLITSCHERS Resultate[1]) über Materialien der Preßspanart sind in Tabelle XLIII wiedergegeben. Alle Probestücke waren 1 mm dick.

Tabelle XLIII.

HOLITSCHERS Untersuchungen an Preßspan von 7 verschiedenen Firmen.

Firma	Durchschlagsspannung (plattenförmige Elektroden):			Gewichtszunahme nach 24 stündigem Liegen in Wasser
	kalt		warm	
	flach	gebogen	flach	
A	12 000	8 000	10 000	—
B	11 000	11 000	11 000	—
C	22 500	8 500	20 000	—
D	17 000	8 800	14 000	—
E	11 000	7 500	9 200	83,5 %
F	13 500	8 800	8 600	65,0 „
G	15 800	9 500	15 500	15,0 „

Andere Resultate über Preßspan sind in Fig. 80 aufgetragen.

---

[1]) ETZ. 1902, S. 171.

Die Resultate der Verfasser sind in den Kurven der Fig. 81 und 82 zusammengestellt und führen zu einem interessanten Schluß.

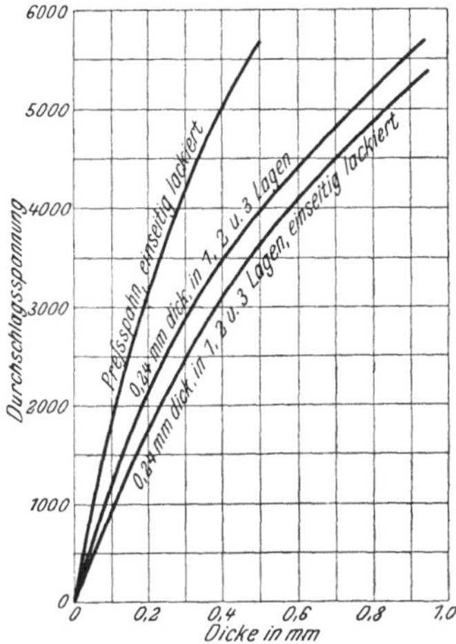

Fig. 80. Durchschlagsspannung von Preßspan nach Lewis.

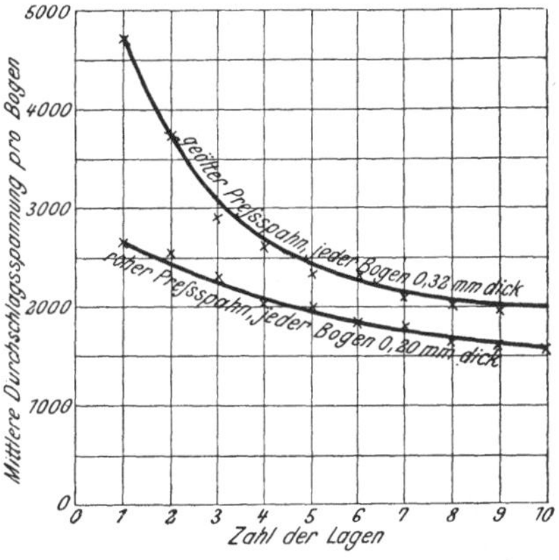

Fig. 81. Durchschlagsspannung von Preßspan, abhängig von der Lagenzahl.
Die Proben wurden zuerst im Vakuumofen getrocknet, der geölte Preßspan dann noch 24 Stunden in zweimal gekochtes Leinöl getaucht.   Jeder Punkt ist das Mittel aus 7 Werten.

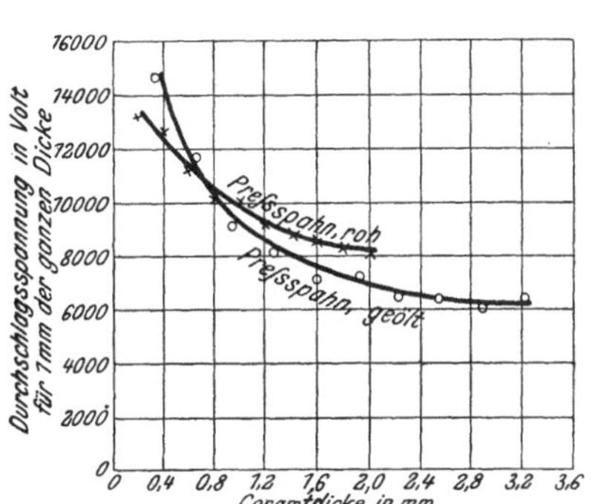

Fig. 82. Verschlechterung des Preßspans durch Öl. Die Proben sind dieselben gewesen wie in Fig. 81.

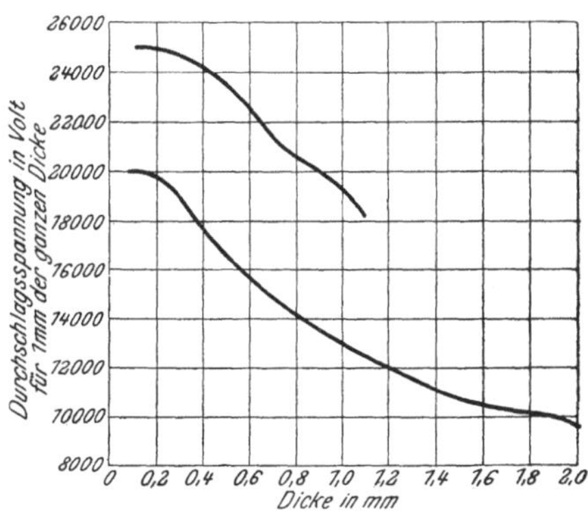

Fig. 83. Durchschlagswerte von zwei Preßspanproben bei Wechselstrom von 50 Perioden nach Symons.

Wird, wie in Fig. 81, die Lagenzahl als Abszisse aufgetragen, so hat geölter Preßspan die höhere Durchschlagsfestigkeit, ausgedrückt in Volt pro Lage. In Fig. 82 ist dagegen die totale Dicke in Millimetern als Abszisse, die Durchschlagsfestigkeit in Volt pro

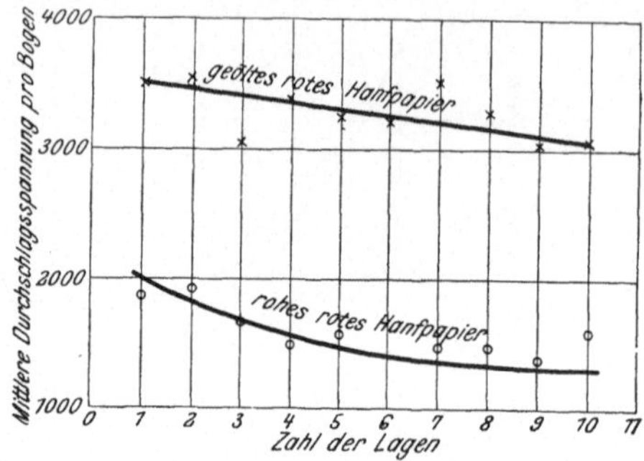

Fig. 84. Die untersuchten Proben wurden zuerst im Vakuumofen getrocknet, die für geöltes rotes Hanfpapier außerdem in heißes Leinöl getaucht und noch 3 Stunden im Vakuumofen getrocknet. Die rohen Proben waren 0,23 mm dick, die geölten 0,28—0,32 mm; 10 Bogen ergaben zusammen eine Dicke von 3,2 mm. Jeder Punkt ist das Mittel aus mehreren Versuchen.

Millimeter angegeben, und es zeigt sich, daß geölter Preßspan tatsächlich eine geringere Durchschlagsfestigkeit besitzt, in allen Stärken über 0,7 mm.

Nach den Untersuchungen der Verfasser zeigt Preßspan allein dies Verhalten, daß die Durchschlagsfestigkeit nach der Imprägnierung kleiner wird. Der scheinbare Widerspruch in den

Kurven der Fig. 81 und 82 erklärt sich einfach dadurch, daß die Preßspanstücke durch das Tränken mit Öl dicker geworden sind, so

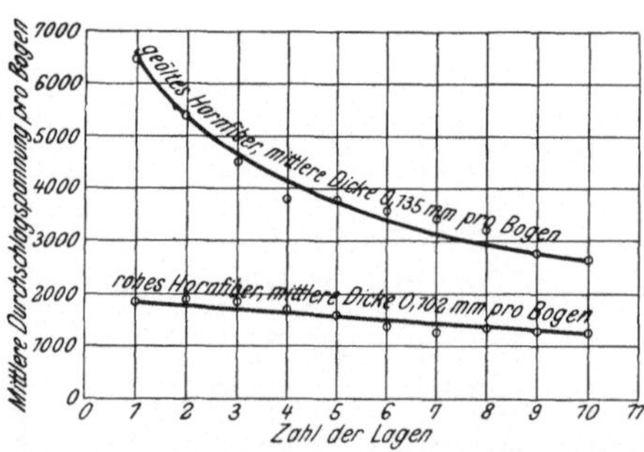

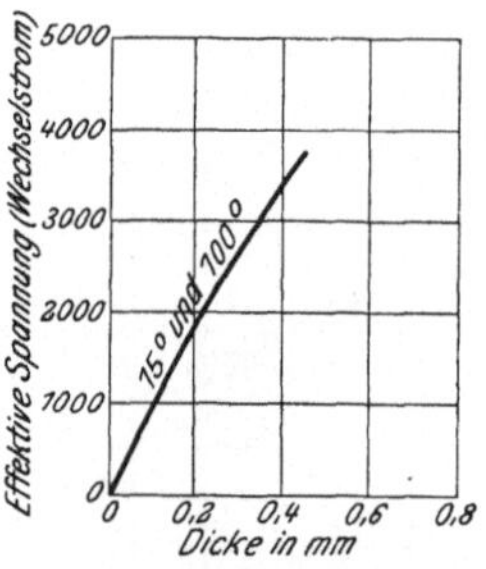

Fig. 85. Das Material wurde zuerst im Vakuumofen getrocknet, das geölte Hornfiber dann noch 18 Stunden in zweimal gekochtes Leinöl getaucht mit fast Siedetemperatur, darauf noch einmal im Vakuumofen getrocknet.

Fig. 86. Unabhängigkeit der Durchschlagsspannung für Packpapier von der Temperatur.

daß trotz der erhöhten Durchschlagsspannung pro Lage die Durchschlagsfestigkeit pro Millimeter geringer wird.

Die Ergebnisse der Versuche von Symons mit Preßspan zeigen die Kurven in Fig. 83.

Von den übrigen Kurven sind noch zu erwähnen die für Hornfiber und rotes Hanfpapier, Fig. 84 und 85, welche zeigen, daß der durch die Imprägnierung erreichte Gewinn wesentlich größer ist wie bei Preßspan.

Die Kurve der Fig. 86 zeigt, daß die Durchschlagsfestigkeit des Packpapiers nahezu unabhängig ist von der Temperatur.

Für Excelsiorpapier[1]) gelten folgende Tabellen:

Excelsiorpapier No. 0.

Lagenzahl	Dicke mm	Durchschlags- spannung in Volt	Durchschlags- festigkeit pro mm in Volt
1	0,08	5 100	63 700
2	0,17	10 000	51 800
3	0,26	12 900	49 600
4	0,34	19 500	57 400
5	0,44	21 500	48 800

Excelsiorpapier No. 1.

Lagenzahl	Dicke mm	Durchschlags- spannung in Volt	Durchschlags- festigkeit pro mm in Volt
1	0,13	6 600	50 700
2	0,26	12 700	48 800
3	0,39	18 200	46 700
4	0,52	23 100	44 500
5	0,65	25 600	39 400

Excelsiorpapier No. 4.

Lagenzahl	Dicke mm	Durchschlags- spannung in Volt	Durchschlags- festigkeit pro mm in Volt
1	0,21	11 100	52 800
2	0,42	18 100	43 100
3	0,63	24 200	38 400
4	0,86	31 300	36 400
5	1,15	39 950	34 700

[1]) Für diese auf unseren Wunsch von der Firma MEIROWSKY & Co. aufgenommenen Versuchsresultate, sowie für das sonstige uns in zuvorkommendster Weise zur Verfügung gestellte Material sagen wir auch an dieser Stelle unseren verbindlichsten Dank.   Die Übersetzer.

Die Prüfung wurde zwischen zwei Messingscheiben von ca. 3 cm Durchmesser vorgenommen. Die Erhöhung der Spannung erfolgte sprungweise in Abständen von etwa 10 Sekunden so lange, bis das Material meistens sofort oder nach wenigen Sekunden durchgeschlagen wurde. Für jede Lagenzahl wurde eine größere Anzahl von Durchschlägen gemacht. Das Mittel aus diesen sind die Durchschlagsspannungen.

Die Abhängigkeit der Durchschlagsfestigkeit von der Schichtdicke zeigt Fig. 86a.

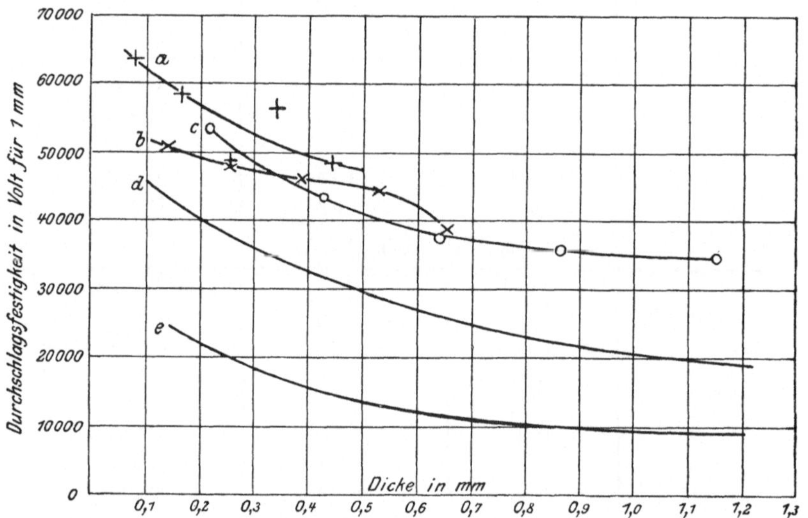

Fig. 86a. Durchschlagsfestigkeit von Excelsiorpapier der Firma MEIROWSKY & Co., Köln-Ehrenfeld.
a Excelsiorpapier No. 0; b Excelsiorpapier No. 1; c Excelsiorpapier No. 4; d geöltes Hornfiber; e geölter Preßspan.

Es ergibt sich eine verhältnismäßig gute Übereinstimmung der Durchschlagsfestigkeit bei den drei verschiedenen Sorten. Zum Vergleich sind die Kurven für geöltes Hornfiber und geölten Preßspan aus Fig. 79 mit aufgetragen.

Interessante Vergleichswerte für die einzelnen Materialien, namentlich ihr Verhalten gegenüber langdauernden Erwärmungen, gibt Tabelle LII.

Dreizehntes Kapitel

Imprägnierte Gewebe.

Bei der heutigen Herstellungsweise von Isolationen sind Gewebe und Garne in der Regel unentbehrlich. Sie dienen als Gerüst oder Netzwerk zum Halten der Haut oder Schicht eines Isolierlackes, deshalb sind bei der Wahl des geeigneten Materials Dicke, Struktur und mechanische Festigkeit von wesentlicher Bedeutung. Kattun, Musselin, Batist u. a. sind die Bezeichnungen für die Materialien, die sich am besten für diesen Zweck eignen.

Empfehlenswert sind die Stoffe, welche eine möglichst glatte Oberfläche haben und frei von vorspringenden Flocken und Fäden sind; man wird deshalb die besten Resultate erzielen, wenn der Stoff gebügelt oder besser noch gesengt wird. Vorspringende Fäden unterbrechen die Gleichmäßigkeit der Lackschicht und rufen veränderliche Durchschlagsfestigkeit hervor. Der Stoff muß frei von Chlor sein, das beim Bleichen verwendet wird, da dieses ein Faulen und Vermodern des Fadens zur Folge hat und das vollständige Eindringen des Lackes verhindert. Um Chlor nachzuweisen, wird eine Stoffprobe in destilliertem Wasser gekocht und diesem Wasser in einer Röhre einige Tropfen einer Silbernitratlösung zugesetzt. Durch Auftreten eines Niederschlages wird die Anwesenheit einer Chlorverbindung nachgewiesen.

Für die Imprägnierung gibt es verschiedene Methoden, darunter ganz rohe, die kaum mehr als eine Lackkanne, einen Pinsel und einige Klammern zum Aufhängen des getränkten Stoffes erfordern.

Der Stoff wird in einigen Lagen übereinander auf einer Bank ausgestreckt und mit dem Pinsel überstrichen; der Lack dringt bis zur nächsten Lage durch, die bereits in der gleichen Weise behandelt ist.

Nach einem anderen Verfahren wird der Stoff auf einen Rahmen gespannt und in einem Ofen getrocknet; darauf wird der Lack mit einem Pinsel aufgetragen, wiederum getrocknet und in derselben Weise so oft behandelt, bis die erforderliche Durchschlagsfestigkeit erreicht ist. Oder der Stoff geht von der Rolle durch ein Gefäß mit Leinöl, nachdem er vorher im Ofen getrocknet ist, wird abermals getrocknet und dann erst lackiert; dabei gibt das Leinöl die Grundlage, auf der sich der Lack gleichmäßig ausbreitet.

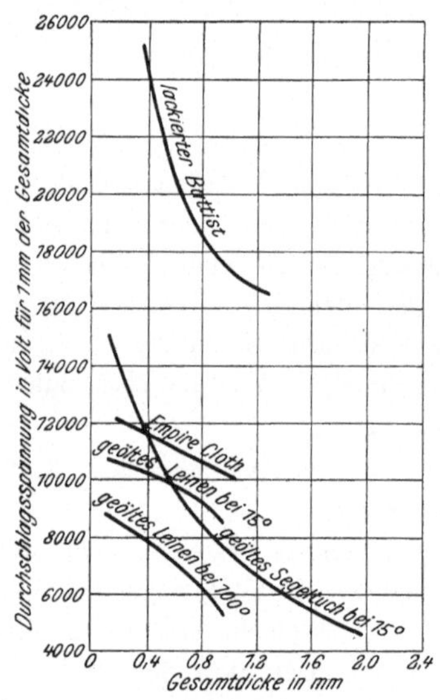

Fig. 87. Durchschlagsfestigkeit für imprägnierte Gewebe.

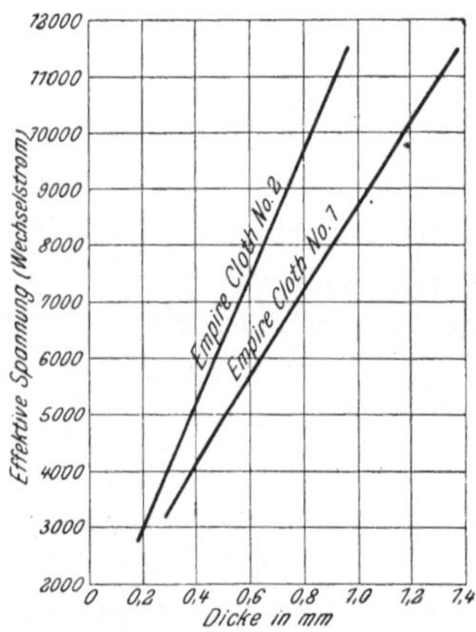

Fig. 88. Durchschlagswerte für Empire Cloth nach O'Gorman.

Empire Cloth ist der Handelsname für einen mehrfach mit Leinöl behandelten Batist.

Handelt es sich um Herstellung in großem Maßstabe, so kann man mit gutem Erfolg so verfahren: Ein Trockenofen wird in Kaminform gebaut, in dem unten ein Behälter mit Lack steht. Der Stoff geht durch diesen Lack und steigt langsam in dem Kamin in die Höhe und läuft über eine Rolle oben im Kamin wieder nach unten. Der Kamin ist mit Dampfröhren umkleidet, so daß der Lack durch die aufsteigende Hitze schnell getrocknet wird. Dasselbe wiederholt sich und schließlich wird der Stoff ganz trocken wieder in einer Rolle aufgewickelt. Für dieses Verfahren ist mechanischer Antrieb erforderlich, auch im übrigen stellt es sich etwas teuer; diese Ausgaben werden aber reichlich durch das gute Resultat der systematischen Herstellungsweise aufgewogen.

Man kann auch Stoffstücke mit einer schwerflüssigen Isoliermischung tränken und diese durch heiße Rollen in den Stoff hineinwalzen. Hierbei wird die mechanische Festigkeit absolut nicht beeinträchtigt, trotzdem ist das Verfahren nur äußerst selten in Anwendung.

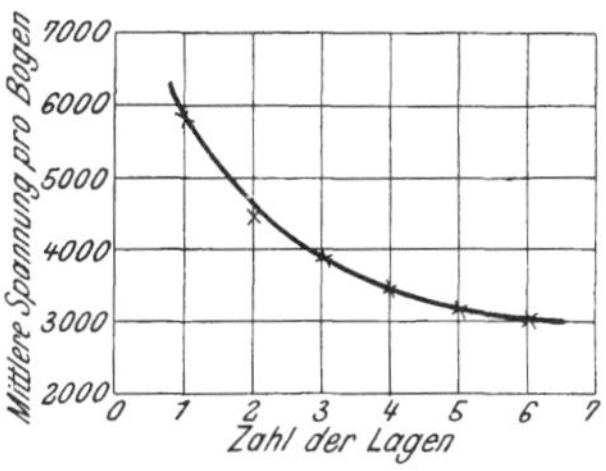

Die Isoliereigenschaften von getränkten Stoffen und Garnen.

Untersucht wurden:

Geöltes Leinen;

geölter Kanevas (Segeltuch);

Empire Cloth (geölter, ganz feiner Batist, der in Amerika weite Verbreitung gefunden hat);

lackierter Batist.

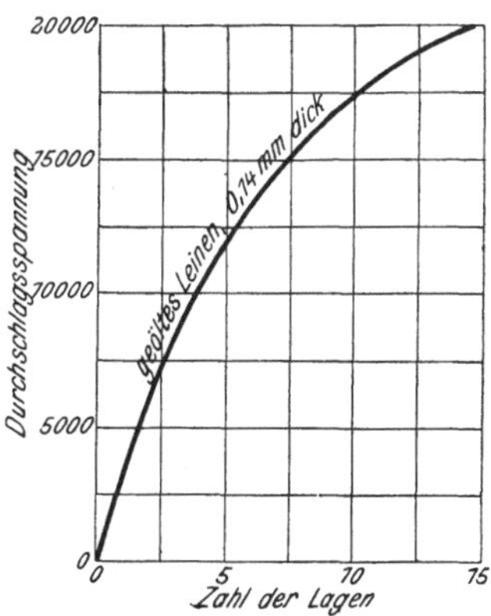

Fig. 88a. Versuche mit lackiertem Batist (ähnlich wie Empire Cloth). Jeder Bogen 0,18 mm dick.

Die Durchschlagsfestigkeit dieser getränkten Stoffe fällt sehr stark ab bei Temperatursteigerung; dies wurde bereits in Fig 28 (S. 36) für geöltes Leinen gezeigt. Entsprechende Kurven sind in Fig. 87 (S. 172) zusammengestellt. Das Verhalten der getränkten

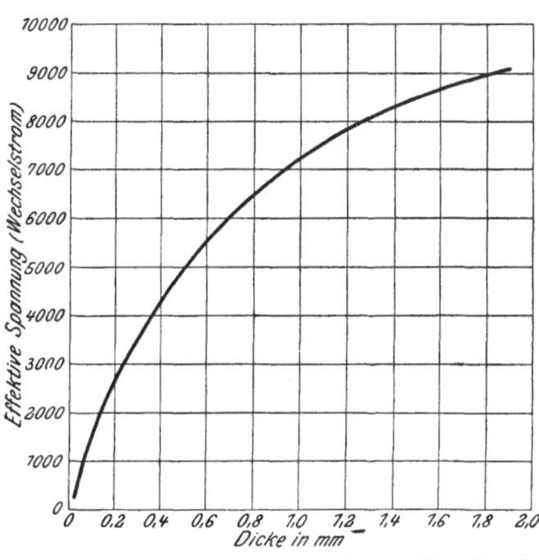

Fig. 89. Durchschlagswerte für geöltes Segeltuch nach Dr. Thomson.

Fig. 90. Durchschlagswerte für geöltes Leinen nach Lewis.

Stoffe bei zunehmender Dicke zeigt sich in der Kurve Fig. 88a für lackierten Batist.

Das Verhalten von Leinen und Seide, mit Excelsiorlack[1]) imprägniert, zeigen folgende Tabellen und Fig. 91 (S. 174).

Excelsiorleinen No. 0.

Lagenzahl	Dicke mm	Durchschlags-spannung in Volt	Durchschlags-festigkeit pro mm in Volt
1	0,16	4 800	30 000
2	0,32	9 000	28 100
3	0,48	12 900	26 800
4	0,63	15 700	24 900
5	0,78	17 700	22 700

Excelsiorseide No. 2.

Lagenzahl	Dicke mm	Durchschlags-spannung in Volt	Durchschlags-festigkeit pro mm in Volt
1	0,13	5 700	43 800
2	0,26	10 600	40 800
3	0,39	14 500	37 200
4	0,52	20 100	38 600
5	0,64	24 300	37 900

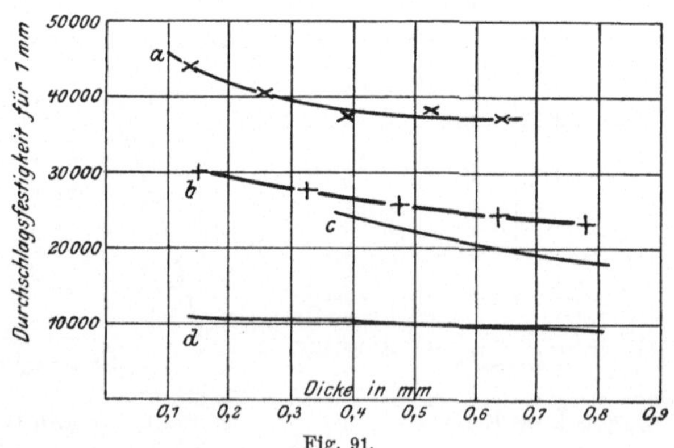

Fig. 91.

a Excelsiorseide No. 2; b Excelsiorleinen No. 0; c lackierter Batist; d geöltes Leinen.

[1]) Siehe Fußnote S. 169.

Zum Vergleich sind in Fig. 91 die Kurven für lackierten Batist und geöltes Leinen aus Fig. 87 aufgetragen; man erkennt auch hier die hohe Durchschlagsfestigkeit der mit Excelsiorlack imprägnierten Stoffe.

Die übrigen Kurven und Tabellen geben das Verhalten anderer Stoffe mit und ohne Imprägnierung. In der Regel ist jeder Wert das Mittel aus den Prüfresultaten verschiedener Proben.

Fig. 91 a gibt Kurven für die Durchschlagsfestigkeit von „Berrite Fabric", die einer Abhandlung Symons'[1]) entnommen sind. „Berrite Fabric No. 1 und No. 2" enthalten pulverisierten Glimmer, und man kann vielleicht annehmen, daß diesem Umstand die erste Erhebung in der Kurve zuzuschreiben ist. Fig. 92 (S. 176) ist ebenfalls nach Beobachtungen Symons' gezeichnet. Zum Schluß sei nochmals auf den Einfluß langdauernder Erwärmung (Kap. XIV, Tabelle LII) hingewiesen.

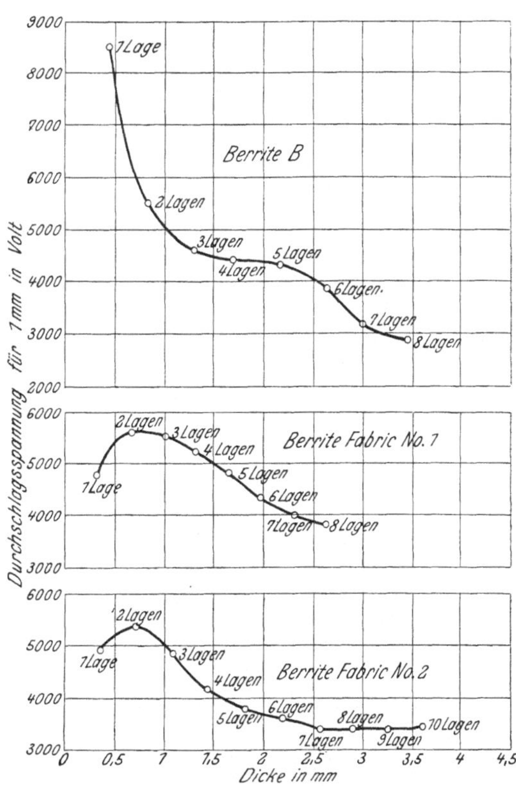

Fig. 91 a. Beobachtungen an „Berrite" und „Berrite Fabric" mit Wechselstrom von 83 Perioden. Nach Symons.

---

[1]) Symons, Insulation and Insulators. Paper read before the Students Section of the Institution of Electrical Engineers, 27. April 1904.

Tabelle XLIV.

Durchschlagsversuche an 8-oz. Baumwolltuch (Cotton-Duck).

Bemerkungen.	Dicke einer Lage mm	Durchschlagsspannung für 0,01 mm Dicke:	
		1 Lage	2 Lagen
Vom Lager genommen, nicht getrocknet	0,56	25,0	22,8
3 Stunden im Vakuumofen bei 120° getrocknet	0,56	27,7	23,6

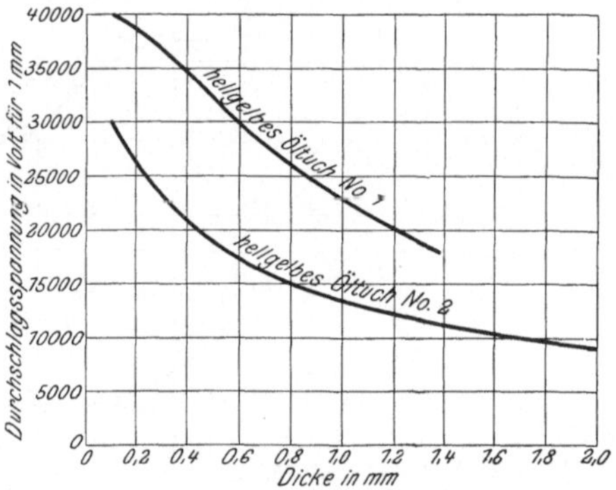

Fig. 92. Durchschlagsfestigkeit von hellgelbem Öltuch bei Wechselstrom von 50 Perioden. Nach SYMONS.

Tabelle XLV.

Durchschlagsversuche an lackiertem Batist.

Bemerkungen.	Dicke einer Lage mm	Durchschlagsspannung für 0,01 mm Dicke:		
		1 Lage	2 Lagen	3 Lagen
Vom Lager genommen, nicht getrocknet	0,175	405	328	314
	0,250	278	280	—
3 Stunden bei 120° im Vakuum- ofen getrocknet	0,250	328	270	—
	2,280	360	268	214

Tabelle XLVI.
Durchschlagsversuche mit Segeltuch.

Bemerkungen.	Dicke einer Lage mm	Durchschlagsspannung für 0,01 mm Dicke:	
		1 Lage	2 Lagen
Vom Lager genommen, nicht getrocknet	0,80	22,8	21,2
3 Stunden im Vakuumofen bei 120° getrocknet.	0,80	33,2	41,9

Tabelle XLVII.
Durchschlagsversuche an 6-oz. Cotton-Drill.

Bemerkungen.	Dicke vor dem Lackieren mm	Dicke nach dem Lackieren mm	Durchschlagsspannung für 0,01 mm Dicke:	
			1 Lage	2 Lagen
Vom Lager genommen, nicht getrocknet	0,52	nicht lackiert	24,5	20,7
In Lack getaucht und 1 Std. bei 130° im Vakuumofen getrocknet, über Nacht (16 Stunden) an Luft getrocknet, dann 20 Min. im Ofen (nicht Vakuum) bei 212° getrocknet. „Sticker"-Lack . .	0,52	0,67	38,0	36,8
„Volta"-Lack . .	0,52	0,60	29,2	20,4

Tabelle XLVIII.
Durchschlagsversuche mit gebleichtem Baumwolltuch.

Bemerkungen.	Dicke vor dem Lackieren mm	Dicke nach dem Lackieren mm	Durchschlagsspannung für 0,01 mm Dicke:	
			1 Lage	2 Lagen
Vom Lager genommen, nicht getrocknet	0,17	nicht lackiert	35,4	36,0
In Lack getaucht und 1 Std. bei 130° im Vakuumofen getrocknet, über Nacht (16 Stunden) an Luft getrocknet, dann 20 Min. im Ofen (nicht Vakuum) bei 212° getrocknet. „Sticker"-Lack . .	0,17	0,44	103,0	95,5
„Volta"-Lack . .	0,17	0,28	186,0	150,0

Vierzehntes Kapitel

Einfluſs der Temperatur auf Fasermaterialien und Gewebe.

Bei der Normalisierung der höchsten zulässigen Temperaturen für elektrische Maschinen ist man hauptsächlich gebunden an die Temperaturen, welche Fasermaterialien und Gewebe dauernd aushalten, ohne schlechter zu werden, da die Isolierung der Wicklungen in der Regel ganz oder doch zum Teil aus diesen Stoffen besteht.

Die deutschen Normalien geben als zulässige Temperatursteigerungen für normale Maschinen bei Lufttemperaturen bis zu 35^0 folgende an:

An isolierten Wicklungen:

bei Baumwollisolierung 50^0 C.,

bei Papierisolierung 60^0 C.,

bei Isolierung durch Glimmer, Asbest und deren Präparate 80^0 C.

Das entspricht höchsten Temperaturen von 85^0 C. bei Baumwolle, 95^0 C. bei Papier, 115^0 C. bei Glimmer oder Asbest.

Bei ruhenden Wicklungen sind um 10^0 höhere Werte zulässig.

Dabei soll die Temperatur im allgemeinen mittels Thermometer, bei Feldspulen und ruhenden Wicklungen aus der Widerstandszunahme bestimmt werden.

In England hat sich neuerdings das zuständige Normalien-Komitee (Sub-Committee on Generators, Motors and Transformers)[1]

---

[1] Das Sub-Committee on Generators, Motors and Transformers ist eine Abteilung des „Engineering Standards Committee“ und setzt sich zurzeit aus folgenden Herren zusammen: Colonel R. E. B. Crompton, C.B. (Chairman); Commander H. W. Richmond, R.N., C. H. Wordingham, Esq., L. J. Steele, Esq., Representing the Admiralty; Colonel H. C. L. Holden, R.A., Captain A. H. Dumaresq, R.E., Representing the War Office; Llewellyn Preece, Esq., Representing the Crown Agents for the Colonies;

mit derselben Frage beschäftigt und erkannt, daß ohne eingehende experimentelle Untersuchungen keine Entscheidung über die zulässigen Temperaturen zu treffen ist.

Infolgedessen wurden von dem National Physical Laboratory unter Dr. Glazebrook,[1]) ferner von den Firmen Crompton & Co. und Siemens Bros & Co. auf Ersuchen des Normalien-Komitees eingehende Materialuntersuchungen zur Feststellung des Temperatureinflusses angestellt, deren Resultate in einem Bericht[2]) des Normalien-Komitees veröffentlicht wurden.

Mit Rücksicht auf die Wichtigkeit des Gegenstandes seien die eingehenden und mustergültigen Untersuchungen möglichst ausführlich wiedergegeben.[3])

Untersuchungen des National Physical Laboratory,
ausgeführt durch E. H. Rayner.

Eine Anzahl von Proben verschiedener Isoliermaterialien wurden mehrere Wochen in elektrisch geheizten Öfen bei folgenden Temperaturen aufbewahrt:

1. 75—100° C.
2. 100—125° C.
3. 125—150° C.

Dr. R. T. Glazebrook, Representing the National Physical Laboratory; B. H. Antill, Esq., W. B. Esson, Esq., Nominated by the Electrical Engineering Plant Manufacturers' Association; Captain H. R. Sankey, R.E. (Ret.); Philip Dawson, Esq.; A. C. Eborall, Esq.; S. Z. de Ferranti, Esq.; Robert Hammond, Esq.; J. S. Highfield, Esq.; W. H. Patchell, Esq.; Charles P. Sparks, Esq.; Leslie S. Robertson, Esq. (Secretary); C. le Maistre, Esq. (Electrical Assistant Secretary).

[1]) Zur Unterstützung und Beratung des Herrn Dr. Glazebrook war folgende Spezialkommission gebildet: Sub-Committee on Physical Standards: Dr. R. T. Glazebrook (Chairman); Colonel R. E. B. Crompton, C.B.; Colonel H. C. L. Holden, R.A.; Commander H. W. Richmond, R.N.; Captain A. H. Dumaresq, R.E.; Captain H. R. Sankey, R.E. (Ret.); A. F. Berry, Esq.

[2]) The Engineering Standards Committee. Report on the Effect of Temperature on Insulating Materials, No. 22. London, Crosby Lockwood & Son, May 1905.

[3]) Das „Engineering Standards Committee" gestattete uns in zuvorkommendster Weise die Benutzung der Veröffentlichung, wofür wir auch an dieser Stelle unseren verbindlichsten Dank aussprechen möchten.

Die Übersetzer.

12*

Die Durchschlagsfestigkeiten wurden sowohl an den auf die angegebenen Temperaturgrade erhitzten Materialien, als auch an nicht auf die Dauer erhitzten Proben bestimmt.

Um die mechanischen Eigenschaften der Materialien zu prüfen, wurden folgende Abscherungs- und Biegungsversuche gemacht:

1. Die Probestücke wurden mit einem Stempel von einem halben Zoll im Umfang durchbohrt.

2. Die Probestücke wurden um Zylinder von ganz bestimmtem Durchmesser gebogen und es wurde der Durchmesser des kleinsten Zylinders, bei dem ein Reißen oder Brechen eintrat, oder die entsprechende Zahl, wie oft das Material um den kleinsten Zylinder gebogen werden mußte, beobachtet.

Es kam zunächst darauf an, für die Untersuchungen Normalbedingungen aufzustellen. Zu diesem Zweck wurde der Einfluß der Periodenzahl der Prüfspannung und der Temperatur während der Prüfung untersucht. Es ergab sich, daß die Durchschlagsspannung eines Probestückes bei geringerer Frequenz abnimmt, nach folgender Tabelle:

Probestück	Periodenzahl	Durchschlags-spannung in Volt
Preßspan, 6 Wochen lang auf 75—100° C. erwärmt . .	56	3750
	36	3300
Geöltes Tuch, nicht erwärmt .	50	4580
	37	4370

Bei Luft ergab sich für die Durchschlagsspannung zwischen zwei Messingstäben von $^1/_4$ Zoll Durchmesser mit abgerundeten Enden das Gleiche:

Dielektrikum	Periodenzahl	Spannung in Volt
Bestimmte Funken-strecke	56	4710
	36	4250

Man kann also annehmen, daß für alle Isolatoren die Durchschlagsspannung mit der Periodenzahl abnimmt.

Der Einfluß der Temperatur, bei welcher das Material durchgeschlagen wurde, zeigt sich deutlich aus folgender Zusammenstellung:

Probestück	Bedingung des Durchschlagsversuchs	Durchschlagsspannung in Volt
Preßspan, 6 Wochen lang auf 100—125° C. erwärmt . .	Im Ofen bei 100° C. . .	3150
	Kalt nach einer Minute	3400
Geöltes Tuch, 6 Wochen lang auf 100—125° C. erwärmt	Im Ofen bei 100° C. . .	4330
	Kalt nach einer Minute	5200

Danach wurden folgende Bedingungen für die Durchschlagsversuche festgesetzt:

Als Periodenzahl wurde 50 gewählt. Vor der Prüfung wurden die Materialien fünf Minuten lang der Lufttemperatur des Prüfraumes ausgesetzt.

Für die Durchschlagsversuche wurde das Probestück zwischen zwei Messing-Elektroden von einem Zoll Durchmesser (5 cm^2 Fläche) gelegt und die obere Elektrode mit 2 kg belastet, bei schmalen Bändern wurden als Elektroden Messingstäbe von $1/_4$ Zoll Durchmesser mit halbkugelförmig abgedrehten Enden mit 250 g Druck angewendet.

Im ersten Falle suchte sich die Durchschlagsspannung bei der verhältnismäßig großen Fläche der Elektroden natürlich die schwächste Stelle zum Durchbruch, das war im zweiten Falle ausgeschlossen, infolgedessen ergaben sich bei diesem höhere und unregelmäßigere Werte.

In der Regel wurde bei dem Versuch die Spannung in einer viertel Minute bis zum Durchschlagspunkt erhöht. Wurden außergewöhnlich regelmäßige Werte erhalten, so wurde dasselbe Probestück an einer benachbarten Stelle einer niedrigeren Spannung ausgesetzt und die zum Durchschlagen erforderliche Zeit beobachtet. Zum Beispiel: Geöltes Leinen, drei Monate lang auf 125—150° C. erwärmt:

1. Die Durchschlagsspannungen waren 3600, 3600, 3600, 3700 Volt, im Mittel 3625 Volt;
2. das Durchschlagen erfolgte:

$$\begin{array}{llllll}
\text{bei} & 3000 & \text{Volt in} & 0 \text{ Min.} & 40 \text{ Sek.,} \\
\text{\textquotedblright} & 3000 & \text{\textquotedblright} & \text{\textquotedblright} \ 0 \text{ \textquotedblright} & 10 \text{ \textquotedblright} \\
\text{\textquotedblright} & 3000 & \text{\textquotedblright} & \text{\textquotedblright} \ 0 \text{ \textquotedblright} & 15 \text{ \textquotedblright} \\
\text{\textquotedblright} & 2500 & \text{\textquotedblright} & \text{\textquotedblright} \ 2 \text{ \textquotedblright} & 15 \text{ \textquotedblright}
\end{array}$$

bei 2500 Volt in 4 Min. 15 Sek.,
„ 2500 „ „ 0 „ 20 „
„ 2500 „ „ 0 „ 20 „ .

Dasselbe geölte Leinen, drei Monate lang auf 100—125⁰ C. erwärmt:

1. Die Durchschlagsspannungen waren 4200, 4200, 4200, 4400 Volt, im Mittel 4250 Volt;
2. das Durchschlagen erfolgte:

bei 3800 Volt in 0 Min. 30 Sek.,
„ 3800 „ „ 1 „ 0 „
„ 3500 „ „ 0 „ 15 „
„ 3300 „ „ 1 „ 0 „
„ 3000 „ „ 1 „ 30 „
„ 3000 „ „ 4 „ 0 „
„ 3000[1]) „ „ 4 „ 15 „
„ 3000[2]) „ „ 1 „ 30 „ .

Aus beiden Beispielen kann man die allgemeine Bedeutung der Versuchsresultate erkennen.[3]

In manchen Fällen war die Durchschlagsfestigkeit der nicht erhitzten Materialien geringer als nach der Erhitzung, jedenfalls infolge der Feuchtigkeit, wie folgende Angaben zeigen: Wasserdichte Pappe, 7 Wochen lang erhitzt auf:

100—125⁰ C., durchgeschlagen bei 3630 Volt,
75—100⁰ „ „ „ 3730 „
nicht erhitzt, „ „ 2420 „ .

Da die Durchschlagsspannung im letzten Fall so gering war, wurde das Probestück 14 Stunden lang auf 75⁰ C. erhitzt und wurde dann bei 3760 Volt durchschlagen; das entspricht aber tatsächlich der Durchschlagsspannung der dauernd erhitzten Probestücke.

----

[1]) und [2]) Um Gewißheit zu haben, daß das Probestück durch die Einwirkung der Luft nicht beeinflußt war, wurde die Spannung allmählich erhöht; der Durchschlag erfolgte bei 4300 Volt. Eine wesentliche Änderung war also nicht eingetreten. Danach wurde wiederum die Zeit bis zum Durchschlagen bei 3000 Volt beobachtet und es ergaben sich die beiden letzten Werte.

[3]) Die Durchschlagsspannungen gelten eben nur als Vergleichswerte zur Feststellung des Einflusses der Temperatur, nicht als Anhalt für die Beanspruchung der einzelnen Materialien.   Anm. der Übersetzer.

Für die Bestimmung der Festigkeit wurde eine Art Stanze gebaut, deren Stempel einen halben Zoll Kreisumfang hatte; der Stempel wurde so stark belastet, daß das Material durchbohrt wurde; die Belastung ist in Kilogramm angegeben. Nach den erhaltenen Resultaten scheint diese Methode ein einfaches und dabei sehr gutes Verfahren zur Bestimmung der Festigkeitsabnahme bei höheren Temperaturen zu sein.

Die Anfangsbelastung war so bemessen, daß sie etwa 15 Pfund[1] (engl.) unter der Bruchbelastung war; die Belastung wurde dann um $^1/_2$ Pfund[2] pro Sekunde bis zum Bruch gesteigert.

Die Größe der Belastungszunahme pro Sekunde ist von nicht unerheblicher Bedeutung, wie folgende Resultate ergeben: Geölte Pappe, nicht erwärmt, wurde durchbohrt:

1. normal bei 29, 29, 30, 28 Pfund engl.,
   im Mittel 29 Pfund engl.;
2. bei 27 Pfund in 0 Min. 3 Sek.,
   „ 26 „ „ 0 „   7 „
   „ 25 „ „ 0 „ 23 „
   „ 24 „ „ 0 „ 14 „
   „ 23 „ „ 0 „ 20 „
   „ 22 „ „ 0 „ 30 „
   „ 20 „ „ 1 „ 55 „ .

Um die Biegsamkeit zu untersuchen, wurde das Probestück um runde Zylinder von allmählich abnehmendem Durchmesser gebogen, bis es brach oder starke Risse zeigte. Es wurde dann der entsprechende Durchmesser notiert. Die Zylinderdurchmesser variierten zwischen 300 und 1,6 mm.

Hielt das Material das Herumbiegen um den kleinsten Zylinderdurchmesser ohne zu reißen oder zu brechen aus, so wurde es abwechselnd in der einen und dann in der entgegengesetzten Richtung um diesen Zylinder gebogen, bis zu 10 mal, wenn es nicht vorher brach. In diesem Fall wurde die Anzahl der Hin- und Herbiegungen notiert.

Diese Prüfung gibt scheinbar einen sehr wertvollen Anhalt für die Brüchigkeit des Materials, denn die Zunahme der Brüchigkeit mit der Erwärmung ist bei den meisten untersuchten Materialien sehr ausgesprochen.

---

[1] und [2] Da die Belastungswerte doch nur als Vergleichszahlen zu betrachten sind, ist hier und im folgenden die Maßeinheit des Originalberichtes, Pfund engl., beibehalten.

Bezüglich der Färbung wurde beobachtet, daß die geölten und imprägnierten Materialien mit der andauernden Erwärmung dunkler wurden; die hellgelben geölten Stoffe wurden dunkelbraun.

Die gewonnenen Resultate sind in der Tabelle XLIX (S. 185 bis 188) zusammengestellt.

Es bedeutet:

a, daß das Probestück nicht erhitzt worden war,

b, „ „ „ auf ca. 75—100⁰ C. erhitzt worden war,

c, „ „ „ „ „ 100—125⁰ C. „ „ „

d, „ „ „ „ „ 125—150⁰ C. „ „ „ .

Für jeden Durchschlagswert wurden mehrere Durchschläge vorgenommen, daraus wurde die mittlere Durchschlagsspannung (Reihe 3) bestimmt und die größte Abweichung eines einzelnen Spannungswertes gegen diese mittlere Spannung in Prozenten (Reihe 4) angegeben.

Alle nicht erhitzten Materialien, mit Ausnahme der ganz dicken, hielten das Herumbiegen um den kleinsten Zylinder (1,5 mm) in jeder Richtung mindestens fünfmal aus, es wurden deshalb bei diesen keine entsprechenden Zahlen in Reihe 8 gegeben.

Die verschiedenen Materialien wurden 6 Wochen bis 3 Monate lang den betreffenden Temperaturen ausgesetzt.

In dem Berichte schließen sich hieran die Messungen und Resultate für die Ohmschen Widerstände der Materialien, da indes ein bemerkenswerter Zusammenhang zwischen Durchschlagsfestigkeit und Ohmschem Widerstand nicht daraus hervorgeht und da der letztere für die Maschinenisolation in der Regel nicht in Frage kommt, interessiert dieser Abschnitt hier weniger.

Außerdem wurden noch Materialien, die mit Berritelack behandelt waren, und einige mit anderen Lacken getränkte Stoffe besonders untersucht. Die Erwärmung dauerte 30 Tage, es bedeutet in der folgenden Tabelle L (S. 189):

a, daß das Probestück nicht erhitzt war,

b, „ „ „ auf 75— 85⁰ C. erhitzt war,

d, „ „ „ „ 125—135⁰ C. „ „ .

Weiterhin wurden die erwähnten Materialien noch höheren Temperaturen, nämlich 180—195⁰ C., 25 Tage lang ausgesetzt. Dabei waren aber die meisten so stark verkohlt, daß sie direkt unbrauchbar waren und bei der Berührung zerfielen. Nur ein Material hielt die normale Untersuchung aus, wenn es auch sehr brüchig war.

Tabelle XLIX.

Material	Erwärmung	Durchschlagsspannung, Mittelwert in Volt	Größte Abweichung vom Mittelwert in Prozenten	Dicke in Millimetern	Volt pro Millimeter	Schubfestigkeit in engl. Pfund	Biegung kleinster Zylinder, Durchm. in Millimetern	Anzahl der Hin- und Herbiegungen um 1,6 mm Durchm.
Preßspan . . .	a	2180	9		9 500	55,0	—	
	b	2330	6	0,23	10 200	57,0	1,6	> 10
	c	2330	6		10 200	27,0	19,0	
Preßspan . . .	a	2920	13		5 200	106,0	—	
	b	3550	3	0,56	6 300	105,0	1,6	6
	c	3670	7		6 550	79,0	25,0	
	d	3330	3		5 950	40,0	63,0	
Preßspan . . .	a	6650	2		4 150	> 150,0	—	
	b	> 9000	—	1,61	> 5 600	> 150,0	ca. 125,0	
	c	> 9000	—		> 5 600	> 150,0	ca. 200,0	
Preßspan, lackiert mit Standard Varnish . . .	a	3610	8		10 500	57,5	—	
	b	7120	12	0,34	21 000	74,0	16,0	
	c	> 9000	—		> 26 000	67,0	25,0	
	d	> 9000	—		> 26 000	60,0	44,0	
Manilapapier . .	a	1540	8		5 500	62,0	—	
	b	1540	2	0,28	5 500	25,0	12,0	
	c	1590	5		5 700	20,0	25,0	
Manilapapier . .	a	1620	4		4 300	69,0	—	
	b	1920	4	0,38	5 100	41,0	1,6	4
	c	1840	5		4 800	24,0	44,0	
Manilapapier, lackiert mit Standard Varnish	a	1800	2		5 300	54,0	—	
	b	3400	8	0,34	10 000	47,0	25,0	
	c	4340	8		12 700	42,0	50,0	
	d	4180	9		12 300	37,0	63,0	
Wasserdichte Pappe . . .	a	2420	2		8 300	62,5	—	
	b	3720	7	0,29	12 800	67,0	1,6	> 10
	c	3630	11		12 500	34,0	25,0	
Wasserdichte Pappe . . .	a	3300	4		7 500	94,0	—	
	b	4480	17	0,44	10 200	102,0	1,6	> 10
	c	5200	10		11 800	57,0	25,0	

Material	Erwärmung	Durchschlags-spannung, Mittelwert in Volt	Größte Ab-weichung vom Mittelwert in Prozenten	Dicke in Millimetern	Volt pro Millimeter	Schub-festigkeit in engl. Pfund	Biegung kleinster Zylin-der, Durchm. in Millimetern	Anzahl der Hin- und Her-biegungen um 1,6 mm Durchm.
Öltuch	a	4580	4		21 000	29,0	—	
	b	5110	20	0,22	23 000	27,0	6,3	
	c	4650	14		21 000	24,5	16,0	
	d	3940	12		18 000	19,0	25,0	
Rotes Ölpapier .	a	6600	6		26 000	30,0	—	
	b	6850	11	0,25	27 000	34,0	12,0	
	c	7900	13		31 000	37,0	12,0	
	d	6940	8		28 000	28,0	32,0	
Schwarze geölte Pappe . . .	a	5320	2		17 700	59,0	—	
	b	5460	8	0,30	18 200	61,0	25,0	
	c	6170	3		20 600	55,5	50,0	
	d	4870	4		16 200	33,0	62,0	
Geöltes Leinen .	a	4850	10		21 000	24,5	—	
	b	4390	7	0,23	19 000	28,0	6,3	
	c	4050	4		17 500	27,0	9,6	
	d	3440	2		15 000	20,0	25,0	
Excelsiorpapier No. 1 . . .	a	4150	13		35 000	25,0	—	
	b	6370	6	0,12	53 000	18,5	1,6	6
	c	4950	6		41 000	14,0	3,2	
	d	5170	20		43 000	11,0	12,0	
Excelsiorpapier No. 2 . . .	a	4530	4		35 000	32,0	—	
	b	6530	11	0,13	50 000	24,0	1,6	4
	c	6020	8		46 000	18,0	4,5	
Excelsiorpapier No. 3 . . .	a	6260	10	0,20	31 000	31,0	—	
	b	>9000	—		>45 000	—	—	
Excelsiorleinen No. 3 . . .	a	6700	18		27 000	45,0	—	
	b	>9000	—	0,25	>36 000	—	4,8	
	c	>9000	—		>36 000	—	4,8	
	d	7600	10		30 000	27,5	25,0	
Excelsiorleinen No. 6 . . .	a	3250	8		22 000	36,5	—	
	b	5550	13	0,15	37 000	23,0	2,4	
	c	6500	20		43 000	20,0	4,8	
	d	5420	7		36 000	14,5	6,3	

Material	Erwärmung	Durchschlagsspannung, Mittelwert in Volt	Größte Abweichung vom Mittelwert in Prozenten	Dicke in Millimetern	Volt pro Millimeter	Schubfestigkeit in engl. Pfund	Biegung kleinster Zylinder, Durchm. in Millimetern	Anzahl der Hin- und Herbiegungen um 1,6 mm Durchm.
Excelsiorseide No. 1 . . .	a	910	12		9 100	.19,0	—	> 10
	b	2100	20	0,10	21 000	13,0	1,6	
	c	2320	13		23 200	8,5	2,4	
	d	1950	17		19 500	4,5	9,6	
Excelsiorseide No. 2 . . .	a	2650	7		20 000	19,5	—	4
	b	5000	9	0,13	38 000	21,5	1,6	
	c	4650	18		36 000	16,0	6,3	
	d	4560	2		35 000	12,0	9,6	
Dynamoband . .	a	500	2		3 300	35,0	—	
	b	600	7	0,15	4 000	36,0	—	
	c	560	4		3 700	23,0	—	
	d	615	1		4 100	8,0	—	
Extra dünnes Dynamoband mit Standard Varnish	a	640	9		2 900	32,0	—	> 10
	b	790	9	0,23	3 600	24,0	1,6	2
	c	700	7		3 200	23,5	1,6	
	d	620	13		2 800	11,0	9,6	
Linotape . . .	a	6220	2		23 000	38,0	—	8
	b	9000[1])	—	0,27	33 000	41,0	1,6	
	c	9000[1])	—		33 000	37,0	6,3	
Graue Fiber . .	a	2000[2])	—		3 000	108,0	1,6	> 10
	b	5100	3	0,65	7 900	77,0	87,0	
	c	3950	13		6 000	45,0	200,0	
Graue Fiber . .	b	> 9000	—	1,75	—	—	—	
	c	> 9000	—		—	—	—	

[1]) Bei 9000 Volt schlug das Material sofort durch. Das Durchschlagen mag zuweilen durch ein Überschlagen über die Ränder des Bandes eingeleitet sein.

[2]) Die Leitfähigkeit von Fiber in normalem Zustand läßt einen so großen Strom zu, daß die Bestimmung der Durchschlagsfestigkeit unsicher wird.

Material	Erwärmung	Durchschlagsspannung, Mittelwert in Volt	Größte Abweichung vom Mittelwert in Prozenten	Dicke in Millimetern	Volt pro Millimeter	Schubfestigkeit in engl. Pfund	Biegung kleinster Zylinder, Durchm. in Millimetern	Anzahl der Hin- und Herbiegungen um 1,6 mm Durchm.
Rote Fiber	a	1300[1])	—		2400	108,0	1,6	> 10
	b	4000	4	0,55	7300	77,0	75,0	
	c	4350	6		8000	33,0	101,0	
	d	3960	3		7100	34,5	154,0	
„Berrite“ - Papier A	a	1810	5		9500	31,0	—	
	b	1280	4	0,19	6700	28,0	3,2	
	c	1240	7		6600	27,0	12,6	
	d	1140	4		6000	26,0	16,0	
„Berrite“ - Papier B	a	1830	4		3900	57,0	—	
	b	2420	8	0,47	5150	51,0	16,0	
	c	2000	5		4300	55,0	44,0	
	d	1940	3		4100	45,0	62,0	
Berrite-Fabric No. 1	a	1350	28		3500	33,5	—	
	b[2])	1200	3	0,37	3140	22,0	3,2	
	c[2])	1380	45		3730	16,0	25,0	
	d[2])	1280	26		3460	14,0	62,0	
Berrite-Fabric No. 2	a	2100	2		5500	67,0	—	
	b[2])	1240	3	0,38	3280	45,0	3,2	
	c[2])	1140	8		3000	31,0	37,0	
	d[2])	1200	5		3150	32,0	75,0	
Berrite - Insertion	a	3960	9		1,980	—	—	
	b	3340	14	2,00	1,670	—	—	
	c	3230	10		1,620	—	—	
	d[2])	3000	3		1,500	—	—	

[1]) Die Leitfähigkeit von Fiber in normalem Zustand läßt einen so großen Strom zu, daß die Bestimmung der Durchschlagsfestigkeit unsicher wird.

[2]) Zahlreiche Stichöffnungen.

Tabelle L.

Material	Erwärmung	Durchschlags-spannung, Mittelwert in Volt	Größte Ab-weichung vom Mittelwert in Prozenten	Dicke in Millimetern	Volt pro Millimeter	Schub-festigkeit in engl. Pfund	Biegung kleinster Zylin-der, Durchm. in Millimetern	Anzahl der Hin- und Her-biegungen um 1,6 mm Durch-messer
Papier mit „A"- Berritelack ..	a	4100	17		34 000	25,5	—	
	b	4500	9	0,12	37 500	19,0	1,6	
	d	4450	4		37 000	16,0	6,3	
Preßspan mit „C"- Berritelack ..	a	4650	10		21 000	44,5	—	
	b	4200	12	0,22	19 000	44,0	1,6	10
	d	3400	9		15 500	36,0	9,6	
Leinen mit „D"- Berritelack ..	a	3700	8		22 000	47,0	—	
	b	1600	25	0,17	9 400	34,0	2,4	
	d	1600	19		9 500	20,0	12,0	
Leinen mit „E"- Berritelack ..	a	2700	22		16 000	24,0	—	
	b	3300	40	0,17	19 500	13,5	2,4	
	d	3400	9		20 000	15,0	25,0	
Leinen mit „F"- Berritelack ..	a	3700	8		13 000	40,0	—	
	b	5000	16	0,28	18 000	24,0	1,6	
	d	3650	22		9 500	22,0	19,0	
Preßspan mit „G"- Berritelack ..	a	4200	5		13 500	74,0	—	
	b	4200	7	0,31	13 500	51,0	1,6	10
	d	3700	3		12 000	55,5	2,4	
Excelsiorleinen No. 0	a	4500	9		26 500	29,0	—	
	b	4900	22	0,17	29 000	33,0	1,6	10
	d	4900	10		29 000	21,0	3,2	
Excelsiorleinen No. 3	a	6000	9		28 500	32,0	—	
	b	7900	8	0,21	37 500	39,5	1,6	10
	d	7350	1		35 000	31,0	6,3	
Excelsiorpapier No. 3	a	4800	6		40 000	22,0	—	
	b	7800	5	0,12	65 000	24,5	1,6	
	d	7300	3		60 000	22,5	3,2	
Preßspan mit Standard Var-nish	a	4200	5		14 500	70,0	—	
	b	4700	4	0,29	16 000	75,0	1,6	10
	d	4550	3		15 500	45,0	16,0	
Wasserdichte Pappe	a	3200	12		10 500	57,0	—	
	b	3300	27	0,30	11 000	70,0	1,6	10
	d	3300	37		11 000	51,0	6,3	
Preßspan u. „G"- Berritelack ..	180 bis 195 °	3700	11	0,31	12 000	17,0	75,0	

Die Qualitäten A, B, C etc. sollen nur die Fabrikate der verschiedenen Firmen unterscheiden. Der hier angeführte Berritelack ist nicht identisch mit dem gewöhnlichen Berrite-Isoliermaterial und darf nicht mit diesem verwechselt werden.

Untersuchungen der Firma Crompton & Co., Ltd.,
Arc Works, Chelmsford.

Eine Anzahl von Probestücken, etwa 450×350 mm, wurden von nur tatsächlich verwendeten, auf Lager befindlichen Materialien abgeschnitten und je in 4 Teile geteilt; davon wurde ein Teil beiseite gelegt, um in der normalen Verfassung geprüft zu werden, die anderen wurden 9 Monate lang Temperaturen von 75^0, 100^0 bezw. 125^0 C. ausgesetzt.

Die Öfen besaßen elektrische Heizung und hielten die Temperatur konstant, außer wenn der Betrieb im Werke ruhte. Während der neun Monate betrug die tatsächliche Zeit der Heizung etwa 5100 Stunden. Nach dieser Zeit wurden die Materialen auf Biegung, Abscherung und Durchschlagsfestigkeit untersucht, und zwar in ähnlicher Weise wie bei den Untersuchungen im National Physical Laboratory, nur mit folgender Abweichung: Die sekundliche Belastungszunahme bei der Abscherung betrug 10 Pfund (engl.).

Die Prüfspannung lieferte ein Mordey-Wechselstromgenerator mit Scheibenanker von 50 Perioden und sinusförmigem Wechselstrom, der an einen variabeln Aufwärtstransformator angeschlossen war; die Spannung wurde erhöht bis zum Durchschlagspunkte durch Regulierung im Erregerstromkreise.

Die Probestücke wurden jedesmal zu vier oder fünf aus dem Ofen genommen. Die Zeit, über die sie der Luft ausgesetzt waren, betrug vor der Prüfung im Mittel 15 Minuten.

Die Stücke, welche keine dauernde Erwärmung erfuhren, wurden kurz vor der Messung 2 Stunden lang auf etwa $90—95^0$ C. erwärmt, um die Feuchtigkeit auszutreiben.

Die Resultate sind in der folgenden Tabelle LI (S. 191—193) zusammengestellt, die der Übersichtlichkeit wegen ebenso geordnet und bezeichnet ist, wie Tabelle L.

Glimmerpapier und -leinen zeigen große Unregelmäßigkeiten wohl wegen der Stoßstellen und verschiedenen Dicken der Glimmerplättchen.

Bei dem lackierten Manilapapier wurde besonders bemerkt, daß die Dicke der Lackschicht nicht gleichmäßig war.

Untersuchungen der Firma Siemens, Bros & Co., Ltd.,
Woolwich Works, London.

Probestücke von 300×300 mm von den auf Lager befindlichen Materialien wurden in 4 Teile geteilt, von denen der eine bei

Tabelle LI.

Material	Erwärmung	Durchschlagsspannung, Mittelwert in Volt	Größte Abweichung vom Mittelwert in Prozenten	Dicke in Millimetern	Volt pro Millimeter	Schubfestigkeit in engl. Pfund	Biegung kleinster Zylinder, Durchmess. in Millimetern	Anzahl der Hin- und Herbiegungen
Preßspan . . .	a	2 843	7,3		11 400	68,25	1,6	> 10
	b	2 640	8,3	0,250	10 560	54,60	1,6	> 10
	c	2 778	6,4		11 100	35,25	9,6	
	d	2 888	3,8		11 550	17,20	25,0	
Preßspan . . .	a	5 497	7,0		9 100	139,25	1,6	10
	b	5 403	7,3	0,600	9 000	150,60	3,2	
	c	5 289	6,7		8 800	111,80	25,0	
	d	5 348	2,8		8 900	57,50	100,0	
Preßspan, lackiert	a	7 696	8,4		22 000	75,75	1,6	10
	b	6 243	12,0	0,350	17 800	68,00	6,4	
	c	6 787	12,0		19 400	48,00	12,0	
	d	7 600	8,5		21 700	41,00	25,0	
Manilapapier . .	a	1 847	13,1		6 150	69,80	1,6	> 10
	b	1 712	11,0	0,300	5 700	34,40	6,4	
	c	1 800	5,5		6 000	17,50	38,0	
	d	1 613	9,0		5 370	13,40	50,0	
Manilapapier, lackiert . . .	a	3 270	10,0		9 200	54,50	6,4	
	b	4 800	6,7	0,355	13 500	37,50	38,0	
	c	5 043	33,0		14 200	37,20	50,0	
	d	8 058	22,0		22 700	44,00	62,0	
Wasserdichte Pappe . . .	a	3 083	8,9		12 300	70,20	1,6	> 10
	b	2 718	12,0	0,250	10 900	62,30	1,6	> 10
	c	2 880	4,0		11 500	49,00	3,2	
	d	2 732	16,0		11 000	25,10	25,0	
Rotes Vulkanfiber	a	7 404	6,8		14 000	131,30	1,6	> 10
	b	6 506	7,7	0,530	12 300	103,00	6,4	
	c	6 780	6,8		12 800	66,00	50,0	
	d	5 883	8,2		11 100	54,00	100,0	
Graues Vulkanfiber	a	> 10 000	—		—	>280,00	6,4	
	b	> 10 000	—	1,600	—	>280,00	100,0	
	c	> 10 000	—		—	>280,00	175,0	
	d	ca. 9 500	—		—	>280,00	225,0	

Material	Erwärmung	Durchschlags-spannung, Mittelwert in Volt	Größte Ab-weichung vom Mittelwert in Prozenten	Dicke in Millimetern	Volt pro Millimeter	Schub-festigkeit in engl. Pfund	Biegung kleinster Zylin-der, Durchmess. in Millimetern	Anzahl der Hin- und Her-biegungen
Glimmerleinen	a	2 826	36,0		12 300	27,00	1,6	> 10
	b	3 383	25,0	0,230	14 700	36,80	1,6	> 10
	c	3 618	30,0		15 700	30,00	3,2	
	d	3 288	10,0		14 300	30,80	250,0	
Glimmerpapier	a	2 403	19,0		19 300	33,20	1,6	> 10
	b	2 875	26,0	0,125	23 000	39,00	1,6	> 10
	c	3 500	14,0		28 000	33,80	1,6	> 10
	d	2 840	69,0		22 700	33,40	1,6	> 10
Berrite Fabric	a	1 290	10,0		3 900	27,00	1,6	> 10
	b	1 196	12,2	0,330	3 610	16,00	9,6	
	c	1 815	30,0		5 500	15,00	100,0	
	d	1 127	15,5		3 400	12,80	125,0	
Geöltes Leinen (Universal Cloth)	a	5 750	6,1		28 750	23,20	1,6	> 10
	b	5 826	7,0	0,200	29 100	27,30	1,6	> 10
	c	6 623	14,0		33 100	22,60	3,2	
	d	5 124	12,0		25 600	14,50	12,0	
Excelsiorleinen No. 0	a	7 030	16.0		47 000	34,50	1,6	> 10
	b	5 365	12,0	0,150	35 800	27,25	1,6	
	c	6 300	30,0		42 000	17,80	6,4	
	d	4 470	5,0		30 000	11,25	12,0	
Excelsiorleinen No. 1	a	6 000	10,0		31 600	46,00	1,6	> 10
	b	5 971	13,0	0,190	31 400	28,75	3,2	
	c	5 543	15,0		29 100	23,25	12,0	
	d	4 283	6,0		22 600	14,50	25,0	
Excelsiorleinen No. 3	a	8 187	11,4		34 000	46,50	1,6	> 10
	b	8 930	7,0	0,240	37 200	33,70	3,2	
	c	> 10 000	—		41 700	29,00	9,6	
	d	—	—		—	20,30	12,0	
Excelsiorleinen No. 4	a	6 300	3,6		27 400	44,25	1,6	> 10
	b	7 970	18,0	0,230	34 700	31,25	3,2	
	c	7 687	10,0		33 400	24,00	9,6	
	d	4 466	5,0		19 400	15,30	25,0	
Excelsiorseide No. 1	a	2 593	15,7		25 930	10,40	1,6	> 10
	b	2 895	22,0	0,100	28 950	11,40	1,6	> 10
	c	2 730	11,0		27 300	7,80	1,6	
	d	—	—		—	1—1,5	3,2	

Material	Erwärmung	Durchschlagsspannung, Mittelwert in Volt	Größte Abweichung vom Mittelwert in Prozenten	Dicke in Millimetern	Volt pro Millimeter	Schubfestigkeit in engl. Pfund	Biegung kleinster Zylinder, Durchmess. in Millimetern	Anzahl der Hin- und Herbiegungen
Excelsiorseide No. 2 . . .	a	6277	4,4		46 500	14,50	1,6	> 10
	b	5026	30,0		37 200	20,00	1,6	> 10
	c	5496	15,0	0,135	40 500	16,25	6,2	
	d	—	—		—	9,75	9,6	
Excelsiorpapier No. 2 . . .	a	7400	5,4		59 400	23,00	1,6	> 10
	b	7500	4,0		60 000	20,00	1,6	> 10
	c	7700	7,5	0,125	61 700	14,75	3,2	
	d	9250	8,0		74 000	10,20	6,4	
Kanevas . . .	a	881	9,0		3 830	26,00	1,6	> 10
	b	900	7,0		3 920	20,00	1,6	> 10
	c	892	11,0	0,230	3 880	13,00	1,6	> 10
	d	933	10,0		4 050	7,00	—	
Kanevas, lackiert	a	7025	13,9		17 550	37,20	1,6	> 10
	b	5833	15,0		14 600	22,50	12,0	
	c	3014	25,0	0,400	7 550	17,30	25,0	
	d	1598	7,0		4 000	18,00	37,0	
Dynamoband . .	a	—	—		—	28,00	1,6	> 10
	b	760	12,0		4 220	21,50	1,6	> 10
	c	709	14,0	0,180	3 940	12,25	1,6	> 10
	d	896	18,0		5 000	6,00	1,6	> 10
Dynamoband, lackiert . . .	a	910	6,0		3 960	50,30	1,6	> 10
	b	922	18,0		4 000	31,50	1,6	> 10
	c	860	8,0	0,230	3 740	19,50	6,4	
	d	913	5,0		3 970	12,40	19,0	
Extrafeines Dynamoband . .	a	485	13,0		4 400	30,00	1,6	> 10
	b	493	16,0		4 480	23,80	1,6	> 10
	c	487	11,0	0,110	4 400	10,50	1,6	> 10
	d	—	—		—	0,25—1,00	1,6	> 10
Linotape . . .	a	6600	9,0		24 400	49,70	1,6	> 10
	b	9660[1]	22,0		35 700	37,50	1,6	> 10
	c	8400 bis 10 000[1]	—	0,270	31 000	31,00	6,4	
	d	7250 bis 8000[1]	—		27 000	23,25	9,6	

[1]) Funken um die Ränder herum, daher ungenaue Resultate.

normaler Temperatur, die drei anderen bei Temperaturen von 75⁰,
100⁰, 125⁰ C., und zwar für Zeiträume bis zu 12 Monaten gehalten
wurden.

Die Öfen waren mit Gas geheizt und vor Zugluft geschützt.
Die Temperaturen wurden auf 1—2 Grade genau eingehalten und
alle halbe Stunde die Temperatur abgelesen. Die Temperaturen
hielten 12 Stunden pro Tag an, ausgenommen wenn der Betrieb ruhte.

Am Ende eines jeden Monats wurden folgende Versuchsreihen
ausgeführt: Durchschlagsspannung; Abscherung; Biegung.

Die Durchschlagsspannung wurde bestimmt zwischen Elektroden
von 1 Zoll Durchmesser mit abgerundeten Kanten bei einer Belastung
von 200 g.

Die Prüfspannung lieferten zwei SIEMENS-Wechselstrommaschinen
von 45 und 90 Perioden, Sinusform. Die Spannung wurde durch
Veränderung des Erregerstromes bis zum Durchschlagspunkt erhöht,
bis zu 10000 Volt bei 45 Perioden, über 10000 Volt bei 90 Perioden.
An jedem Probestück wurden drei Durchschlagswerte bestimmt,
daraus das Mittel genommen. Als vierte Messung wurde die Spannung
bestimmt, welche 1 Stunde lang ohne Durchschlagen ausgehalten wurde.

Die Abscherungsprüfung geschah mit einem Stempel von
$^1/_2$ Zoll Umfang, die Belastung wurde pro Sekunde um 5—10 Pfund
(engl.) erhöht.

Die Biegung wurde durch einfaches Hin- und Herbiegen bestimmt, wobei Brüche oder sonstige Schäden vermerkt wurden.

Die Resultate zeigen, daß dauernde Erwärmung bis 75⁰ C. die
meisten Materialien nicht beeinträchtigt.

Bei 100⁰ C. zeigen einige Materialien bereits nach wenigen
Monaten ein Schlechterwerden und werden bei weiterer Erwärmung
ganz wertlos.

Bei 125⁰ C. verfärben und verschlechtern sich die meisten
Materialien in verhältnismäßig kurzer Zeit. Die einzigen, welche
diese Temperatur 12 Monate lang gut ausgehalten haben, sind Asbest,
Mikanit und Ohmulite; aber auch diese haben in starkem Maße gelitten, namentlich das Mikanit, in dem der Klebeschellack verkohlt war.

Im ganzen wurden die elektrischen Eigenschaften nicht wesentlich beeinflußt, bis auf die im Anfang auftretende Verbesserung, die
dem Austreiben der Feuchtigkeit zuzuschreiben ist.

Tabelle LII. Dauer der Erwärmung.

Material	Erwärmung	1 Monat: Dicke in Millimetern	1 Monat: Volt pro Millimeter	1 Monat: Bruchbelastung engl. Pfd.	1 Monat: Zustand
Imprägniertes Segeltuch . .	a	0,711	1 871	97,7	praktisch unverändert.
	b	0,737	1 737	112,0	„ „
	c	0,737	1 764	98,3	„ „
	d	0,737	1 902	79,0	etwas dunkler u. schwächer.
Asbest	a	0,965	2 713	74,2	praktisch unverändert.
	b	1,042	2 882	78,6	„ „
	c	0,914	2 954	64,0	„
	d	1,067	2 534	77,0	etwas dunkler.
Mikanit . . .	a	0,559	25 045	222,0	praktisch unverändert.
	b	0,508	21 660	177,0	„ „
	c	0,635	25 204	298,0	etwas dunkler.
	d	0,635	25 995	265,0	blättert leicht ab.
Preßspan . . .	a	1,118	10 086	233,0	praktisch unverändert.
	b	1,067	11 262	241,0	„ „
	c	1,092	10 515	234,0	„ „
	d	1,067	10 790	88,0	dunkler, brüchig.
Empire Cloth (geölter Kaliko) .	a	0,229	18 390	44,1	praktisch unverändert.
	b	0,229	17 051	26,0	wenig dunkler.
	c	0,229	16 620	12,8	dunkler.
	d	0,229	17 050	13,2	viel dunkler, brüchig.
Imprägnierter Kaliko . . .	a	0,381	658	48,2	praktisch unverändert.
	b	0,406	984	42,0	„ „
	c	0,406	1 181	18,4	„ „
	d	0,406	1 603	4,8	viel dunkler, brüchig.
Kaliko mit Elastic Ins. Varnish .	a	0,508	1 969	40,0	praktisch unverändert.
	b	0,533	2 064	28,7	viel dunkler.
	c	0,559	4 489	24,9	sehr dunkel, etw. schwächer.
	d	0,508	2 264	12,0	„ „ brüchig.
Kaliko mit Volta-Lack	a	0,483	1 867	57,3	praktisch unverändert.
	b	0,483	1 556	42,0	„ „
	c	0,483	2 071	15,0	„ „
	d	0,584	2 056	7,4	brüchig.
Ohmulite (eine Art Hartgummi) . . .	a	1,194	14 256	79,2	praktisch unverändert.
	b	1,219	14 770	90,6	„ „
	c	1,219	16 420	94,3	„ „
	d	1,245	15 280	90,4	„ „

13*

Material	Erwärmung	Dicke in Millimetern	Volt pro Millimeter	Bruch-belastung engl. Pfd.	6 Monate: Zustand
Imprägniertes Segeltuch . .	a	0,686	1 748	109,0	praktisch unverändert.
	b	0,737	1 559	104,0	„ „
	c	0,737	1 697	91,6	„ „
	d	0,737	1 697	11,2	brüchig.
Asbest	a	1,092	2 749	89,0	praktisch unverändert.
	b	1,092	3 206	86,0	„ „
	c	0,889	3 150	73,3	„ „
	d	0,965	3 524	88,0	bedeutend schwächer.
Mikanit . . .	a	0,610	31 188	234,0	praktisch unverändert.
	b	0,483	35 206	148,0	„ „
	c	0,635	31 500	197,0	„ „
	d	0,635	29 928	257,0	dunkler, blättert leicht ab.
Preßspan . . .	a	1,042	12 482	257,0	praktisch unverändert.
	b	1,042	12 955	232,0	„ „
	c	1,067	12 641	157,0	etwas schwächer.
	d	0,991	10 593	86,0	brüchig.
Empire Cloth (ge-ölter Kaliko) .	a	0,229	19 690	51,3	praktisch unverändert.
	b	0,229	16 618	24,0	„ „
	c	0,229	18 822	7,2	brüchig.
	d	—	—	—	„
Imprägnierter Kaliko . . .	a	0,356	1 548	54,5	praktisch unverändert.
	b	0,381	1 969	36,2	„ „
	c	0,381	2 233	5,0	brüchig.
	d	0,406	1 847	3,4	sehr brüchig.
Kaliko mit Elastic Ins. Varnish .	a	0,533	8 622	38,5	praktisch unverändert.
	b	0,508	3 150	25,0	„ „
	c	0,533	3 375	22,4	brüchig.
	d	0,508	1 969	10,2	sehr brüchig.
Kaliko mit Volta-Lack	a	0,483	2 071	60,4	praktisch unverändert.
	b	0,483	2 280	30,4	etwas schwächer.
	c	0,483	2 626	5,7	brüchig.
	d	0,457	2 296	5,0	sehr brüchig.
Ohmulite (eine Art Hart-gummi) . . .	a	1,042	22 092	71,3	praktisch unverändert.
	b	1,143	17 485	88,0	wenig härter.
	c	1,194	17 993	68,3	„ „
	d	1,143	18 351	86,0	wenig brüchig.

Material	Erwärmung	Dicke in Millimetern	Volt pro Millimeter	Bruchbelastung engl. Pfd.	Zustand
		9 Monate:			
Imprägniertes Segeltuch . .	a	0,711	1 969	90,8	praktisch unverändert.
	b	0,737	1 749	109,0	„ „
	c	0,711	1 686	76,7	„ „
	d	0,737	1 359	6,5	brüchig.
Asbest	a	0,940	3 084	72,3	praktisch unverändert.
	b	0,864	3 240	72,1	„ „
	c	0,889	3 600	86,8	wenig schwächer.
	d	0,889	3 375	94,4	bedeutend schwächer.
Mikanit. . . .	a	0,711	25 320	365,0	praktisch unverändert.
	b	0,483	29 010	245,0	„ „
	c	0,635	23 630	263,0	„ „
	d	0,483	37 300	181,0	dunkler, blättert leicht ab.
Preßspan . . .	a	1,040	13 430	235,0	praktisch unverändert.
	b	1,040	12 485	240,0	„ „
	c	0,991	14 140	131,0	wenig schwächer.
	d	—	—	36,5	brüchig.
Empire Cloth (geölter Kaliko) .	a	0,229	20 560	31,8	—
	b	0,229	19 255	15,5	wenig schwächer.
	c	0,203	19 455	6,0	brüchig.
	d	—	—	—	—
Imprägnierter Kaliko . . .	a	0,381	1 311	45,0	—
	b	0,406	1 720	16,2	wenig schwächer.
	c	0,381	2 100	5,0	brüchig.
	d	0,381	1 840	—	sehr brüchig.
Kaliko mit Elastic Ins. Varnish .	a	0,483	8 938	31,0	—
	b	0,559	5 906	16,4	etwas brüchig.
	c	0,533	2 154	11,6	brüchig.
	d	0,533	2 812	8,3	sehr brüchig.
Kaliko mit VoltaLack	a	0,483	2 646	50,2	—
	b	0,508	2 166	10,7	wenig schwächer.
	c	0,457	2 402	4,0	brüchig.
	d	0,457	1 748	—	sehr brüchig.
Ohmulite (eine Art Hartgummi) . . .	a	1,090	17 000	75,0	—
	b	1,120	17 485	75,0	wenig härter.
	c	1,140	19 700	83,3	„ „
	d	1,220	14 770	41,6	wenig brüchig.

Material	Erwärmung	Dicke in Millimetern	Volt pro Millimeter	Bruchbelastung engl. Pfd.	Zustand
		12 Monate:			
Imprägniertes Segeltuch . .	a	0,737	1 492	95,0	praktisch unverändert.
	b	0,762	2 230	103,0	„　　　　„
	c	0,737	1 969	43,3	„　　　　„
	d	—	—	—	—
Asbest	a	0,965	3 315	77,2	—
	b	0,864	3 473	67,2	praktisch unverändert.
	c	0,940	3 620	83,8	wenig schwächer.
	d	0,991	3 331	74,4	bedeutend schwächer.
Mikanit. . . .	a	0,457	30 600	137,0	praktisch unverändert.
	b	0,584	22 250	260,0	„　　　　„
	c	0,610	21 300	203,0	blättert leicht ab.
	d	0,610	22 960	140,0	desgl., wesentlich schwächer.
Preßspan . . .	a	1,020	10 830	215,0	—
	b	1,040	13 900	172,0	brüchig.
	c	1,040	12 485	97,0	„
	d	—	—	—	—
Empire Cloth (geölter Kaliko) .	a	0,229	20 990	33,4	—
	b	0,229	21 430	5,0	brüchig.
	c	—	—	—	—
	d	—	—	—	—
Imprägnierter Kaliko . .	a	0,406	1 725	42,8	—
	b	0,406	2 213	6,2	viel schwächer.
	c	—	—	—	—
	d	—	—	—	—
Kaliko mit Elastic Ins. Varnish .	a	0,508	8 073	29,4	—
	b	0,584	7 010	31,0	brüchig.
	c	—	—	—	—
	d	—	—	—	—
Kaliko mit Volta-Lack	a	0,457	2 400	52,3	—
	b	0,457	2 080	5,0	brüchig.
	c	—	—	—	—
	d	—	—	—	—
Ohmulite (eine Art Hartgummi) . . .	a	1,190	16 740	88,4	—
	b	1,190	20 085	92,2	härter.
	c	1,270	19 700	92,0	
	d	1,270	14 180	67,2	wenig brüchig.

Der Bericht liefert die hier wiedergegebenen Resultate ohne eine weitere Auswertung derselben.

Eine eingehende Betrachtung und Vergleichung der Werte führt zu folgenden Schlußfolgerungen:

Die mechanischen Eigenschaften der meisten Materialien zeigen eine sehr starke Verschlechterung bei einer Temperatureinwirkung von 100^0 C., eine merkbare Verschlechterung bereits bei 75^0 C., und zwar schon nach verhältnismäßig geringer Zeit.

Die elektrischen Eigenschaften, d. h. die Durchschlagsfestigkeit wird in der Regel günstiger bei Erwärmungen bis 100^0 C.; bei Erwärmungen bis 125^0 C. zeigt sie eine leichte Abnahme, immerhin meist einen höheren Wert als bei dem nicht erwärmten Material. Das gilt indes nur für Erwärmungen über kürzere Zeitdauer, höchstens 9 Monate; danach tritt scheinbar eine so rasche Zunahme der Zerstörung der mechanischen und damit auch der elektrischen Eigenschaften bei einigen Materialien ein, daß sie absolut unbrauchbar werden, und zwar schon für Erwärmungen von 100^0 C. Diesen Vorgang zeigt die letzte Tabelle sehr deutlich; man möchte danach 9 Monate geradezu als kritische Dauer der Erwärmung ansehen und muß es außerordentlich bedauern, daß die Versuche des National Physical Laboratory und der Firma CROMPTON & Co., die ja im übrigen sehr umfassend sind, nicht ebenfalls über diese Zeitdauer ausgedehnt sind.

Die einzigen Materialien, welche 125^0 C. auf die Dauer von 12 Monaten einigermaßen unbeschädigt aushielten, waren Asbest, Mikanit und Ohmulit und auch bei diesen ist eine Abnahme der mechanischen Eigenschaften deutlich wahrnehmbar.

Die Fasermaterialien gehen also bei längerer Einwirkung einer Temperatur von 100^0 C. zugrunde. Es scheint hiernach, als ob die von den deutschen Normalien für normale Maschinen und Motoren zugelassenen Erwärmungen reichlich hoch sind, zumal wenn man berücksichtigt, daß die tatsächlichen Temperaturen in der Regel höher sein werden als die mit dem Thermometer oder mit Hilfe der Widerstandsmessung[1]) bestimmten, und daß bei einer im Betriebe befindlichen Maschine die schnelle Erwärmung und Abkühlung, die Feuchtigkeit und andere Umstände noch einen erheblichen Einfluß ausüben werden.

---

[1]) Vergl. Kap. XVIII, S. 231.

Fünfzehntes Kapitel

Die Isoliereigenschaften von Zelluloid.

Die Verfasser haben die Eigenschaften des Zelluloids eingehend untersucht, und zwar zuerst bei Platten von 0,25 mm Stärke einer hellen Sorte. Fünfzig Probestücke wurden zurecht gemacht, 24 Stunden lang auf 100° C. erhitzt und vor dem Versuch wieder abgekühlt. Die Untersuchungen wurden mit Wechselstrom von 100 Perioden ausgeführt, und zwar hielt die Prüfspannung jedesmal eine Minute lang an.

Die Messung wurde folgendermaßen durchgeführt: Fünf Probestücke wurden gleichzeitig einer gewissen niedrigen Spannung eine Minute lang ausgesetzt und die Anzahl der unverletzten Platten notiert. Die Spannung wurde dann um 500 Volt erhöht und wieder 1 Minute lang auf die Prüfplatten geschaltet; so wurde die Spannung allmählich so weit erhöht, bis sämtliche 5 Platten durchschlagen waren. Dasselbe wurde fünfmal mit je fünf Platten ausgeführt bei 20° C. und in derselben Weise bei 100° C. Die Resultate gibt Tabelle LIII.

Tabelle LIII.   Versuche mit klarem Zelluloid (0,25 mm dick).

Temperatur ° C.	Prüfspannung in Volt	Anzahl der unversehrten Proben				
20	3000	5	5	5	5	5
20	3500	5	5	5	5	5
20	4000	5	5	5	4	5
20	4500	5	5	5	4	5
20	5000	5	5	5	3	5
20	5500	5	4	5	3	4
20	6000	4	1	3	2	2
20	6500	0	0	2	0	0
20	7000	0	0	0	0	0
100	1000	5	5	5	5	5
100	1500	5	5	5	5	5
100	2000	4	4	5	4	4
100	2500	1	1	0	0	1
100	3000	0	0	0	0	0

Es zeigt sich, daß bei 20⁰ C. die Platten 3500 Volt, bei 100⁰ C. nur noch 1500 Volt aushalten, das entspricht 14000 und 6000 Volt pro Millimeter. Also macht Erwärmung auch hier die Durchschlagsfestigkeit erheblich kleiner.

Die auf 100⁰ C. erhitzten Proben zeigten eine leichte Verfärbung, als ob eine Veränderung stattgefunden hätte, indes behielt das Material seine Biegsamkeit und zeigte bei der Abkühlung wieder die volle Durchschlagsfestigkeit. Ähnliche Untersuchungen wurden mit 13 verschieden gefärbten Sorten bei 20⁰ C. jedesmal an zwei Proben ausgeführt. Der Farbstoff scheint dabei einen gewissen Einfluß zu haben, die Dicke dagegen fast gar nicht. Die Abstufungen in der Dicke sind allerdings so unbedeutend, daß man aus ihnen nur schwer irgendwelche Schlüsse ziehen kann. Diese Proben wurden vor der Untersuchung nicht erwärmt.

Die Resultate sind in Tabelle LIV (S. 202) aufgestellt.

Im Mittel beträgt die Durchschlagsfestigkeit dieser 13 Sorten bei der schwächsten der beiden Proben rund 19400 Volt pro Millimeter bei 20⁰ C. gegenüber 14000 Volt der klaren Sorte. Es möchte scheinen, als ob das vorherige Erwärmen der klaren Platten auf 100⁰ C. ihre Durchschlagsfestigkeit durchweg verringert hat, indes wurde bereits erwähnt, daß auch andauernde Erwärmung auf 100⁰ C. dem Material nicht schadet, indem es bei der Abkühlung seine ursprüngliche Festigkeit zurückerlangt.

Das spezifische Gewicht des Zelluloids ist 1,44. Durch Eintauchen eines Probestückes von 32,8 g in Wasser für 27 Stunden Dauer ergab sich eine Gewichtszunahme von 0,6 g, d. h. beinah 2 %.

Der Preis beträgt für Platten von 51 × 124 cm bei 1 kg Gewicht:

      bei 0,13 mm Stärke . . . . ca. 27 M.

      „ 0,25—0,75 mm Stärke . . „ 16 „

      „ 1—1,5 mm Stärke . . . „ 14 „

Zelluloid wird in kochendem Wasser weich und läßt sich in verschiedene Formen pressen.

In kaltem Zustande wurde eine Platte von 0,26 mm Dicke und 60 × 60 mm Fläche in einer hydraulischen Presse mit 40000 kg, später bei 80⁰ C. mit 80000 kg belastet, was einem Druck von 2200 kg pro Quadratzentimeter entsprechen würde; dabei traten keine Änderungen in den Abmessungen ein. Andere Messungen an einem Stück 30 × 30 mm zeigten eine geringe Zunahme der Dicke mit der Temperatur, die anderen Dimensionen blieben unverändert.

Tabelle LIV.

Versuche mit gefärbtem Zelluloid.

Anzahl der Proben, welche 1 Minute lang die Prüfspannung aushielten.

Bezeichnung:	I	II	III	IV	V	VI	VII	VIII	IX	X	XI	XII	XIII
Dicke in mm:	0,147	0,167	0,218	0,223	0,231	0,236	0,254	0,254	0,254	0,254	0,276	0,290	0,292
Farbe:	milch-weiß	hell zinnoberrot	fleisch-farben	kobalt-blau	ultra-marin	violett	tief-blau	hell-grün	rot	grau-weiß	hell-blau	gold-gelb	milch-weiß
1000	2	2	—	—	—	—	—	—	—	—	—	—	—
1500	2	2	—	—	—	—	—	—	—	—	—	—	—
2000	0	2	—	—	—	—	—	—	—	—	—	—	—
2500	—	2	2	2	2	2	2	2	2	2	2	2	2
3000	—	2	2	2	2	2	2	2	2	2	2	2	2
3500	—	2	2	2	2	2	2	2	2	2	2	2	2
4000	—	2	2	2	2	2	2	2	2	1	2	2	2
4500	—	1	2	2	2	2	2	2	2	1	2	2	2
5000	—	1	2	2	1	0	2	2	0	0	2	2	2
5500	—	1	2	0	0	—	1	1	—	—	2	2	2
6000	—	0	1	—	—	—	0	0	—	—	0	2	1
6500	—	—	0	—	—	—	—	—	—	—	—	2	1
7000	—	—	—	—	—	—	—	—	—	—	—	0	0
Durchschlagsspannung für die erste der beiden Proben	1 500	4 000	5 500	5 000	4 500	4 500	5 000	5 000	4 500	3 500	5 500	6 500	5 500
Durchschlagsspannung für die zweite der beiden Proben	1 500	5 500	6 000	5 000	5 000	4 500	5 500	5 500	4 500	4 500	5 500	6 500	6 500
Durchschlagsfestigkeit für die schwächste Probe, auf 1 mm bezogen	10 200	24 000	25 200	22 400	19 500	19 100	19 700	19 700	17 700	13 800	20 000	22 400	18 900

Klemmt man ein Stück Zelluloid zwischen die Blätter eines Buches, so daß das Zelluloid etwas vorsteht, so wird beim Anzünden das vorstehende Zelluloid schnell wegbrennen, das übrige wird aber unbeschädigt bleiben. Auf Grund dessen ist die Vermutung wohl nicht unberechtigt, daß Zelluloid als Isolationsmaterial zwischen den Kollektorlamellen durchaus nicht ungeeignet ist.

Bemerkung der Übersetzer:

Die scheinbar höhere Durchschlagsfestigkeit des gefärbten Zelluloids gegenüber dem klaren ergibt sich aus der Ungenauigkeit der Bestimmung der Durchschlagsfestigkeit des gefärbten Zelluloids infolge der geringen Probenzahl (2) pro Farbsorte gegenüber 25 bei klarem Zelluloid.

Vergleicht man die mittleren Durchschlagsfestigkeiten miteinander, indem man für jede Spannungsstufe die Zahl der durchgeschlagenen Platten des klaren Materials und die entsprechende Zahl für das gefärbte Material angibt, so zeigt sich die Überlegenheit des klaren Zelluloids gegenüber dem gefärbten, wie ja auch von vornherein anzunehmen war.

Tabelle LV.

Vergleich zwischen gefärbtem und klarem Zelluloid.

Durchschlags-spannung, bezogen auf 0,25 mm Dicke	Zahl der durchschlagenen Platten			
	bei klarem Zelluloid		bei gefärbtem Zelluloid	
	Zahl	$^0/_0$	Zahl	$^0/_0$
2000	—	—	—	—
2500	—	—	—	—
3000	—	—	2	7,8
3500	—	—	2	7,8
4000	1	4	3	11,5
4500	1	4	3	11,5
5000	2	8	7	27,0
5500	4	16	14	54,0
6000	13	52	22	85,0
6500	23	92	24	92,0

Sechzehntes Kapitel

Die Isolierung von Leitergruppen in Ankernuten.

Um eine gute Raumausnutzung in den Ankernuten, einen hohen „Nutenfüllfaktor" zu erhalten, ist es wesentlich, nicht nur die besten Isolationen zu wählen, sondern auch bei ihrer Anordnung die größte Vorsicht und Aufmerksamkeit aufzuwenden, in der Weise, daß die Isolationsmaterialien, welche mechanisch am meisten beansprucht werden dürfen, die mechanisch empfindlicheren, in elektrischer Beziehung aber besseren Materialien schützend umgeben. Wir haben die Gründe zu untersuchen, die zur Anwendung bestimmter Materialien in verschiedenen Fällen führen.

In der Praxis ist es in vielen Fällen angebracht, mit einem zähen, faserigen Material, das durch geeignete Behandlung wasserdicht gemacht ist, die Eisenwände der Nuten abzudecken, um die Leiter und ihre hochisolierenden Umhüllungen vor mechanischen Beschädigungen zu beschützen. Andererseits wird bei Massenfabrikation diese Nutauskleidung oft fortgelassen und die Formspule direkt in die unausgekleidete Nut hineingezwängt.

Für Nutauskleidungen werden folgende Materialien verwendet, ihrer Zähigkeit nach geordnet: Hornfiber, Leatheroid, Preßspan, rotes Hanf- oder Manilapapier. Diese und entsprechende Materialien kann man fast in jeder beliebigen Dicke erhalten. Gewöhnlich verwendet man mehrere dünne Lagen übereinander, um die erforderliche Dicke zu erhalten.

So sind z. B. zwei oder drei Lagen Preßspan von je 0,25 mm Dicke übereinander biegsamer und geben eine etwas höhere Durchschlagsfestigkeit als eine Lage von entsprechender Stärke. Die Gefahr, daß das Material an den Krümmungen bricht, ist geringer, und wenn die einzelnen Lagen Fehlstellen haben, so ist ein Aufeinandertreffen derselben um so weniger zu befürchten, je größer die

Lagenzahl ist. Jede Lage kann vollständiger ausgetrocknet werden, je dünner sie ist. Schließlich ist es nicht erforderlich, eine größere Anzahl von Materialstärken auf Lager zu haben.

Hornfiber steht in mechanischer und elektrischer Festigkeit obenan; aber es läßt sich nicht sehr gleichmäßig in der Dicke herstellen, sodann ist es verhältnismäßig teuer. Preßspan läßt sich sehr gleichmäßig und glatt herstellen, es ist mechanisch zäh und hat eine hohe Durchschlagsfestigkeit.

Rotes Hanf- und Manilapapier sind billig und werden sehr häufig für Nutauskleidungen benutzt. Man muß jedoch ihre Qualität sorgfältig prüfen. Manilapapier dürfte den Vorzug haben.

Bei der Verwendung von Holz zu Ankerkonstruktionen muß man die größte Sorgfalt für das Austrocknen und Imprägnieren verwenden. Man gebraucht es oft für die Haltekeile in den Nuten, es beansprucht jedoch mit Rücksicht auf die mechanische Festigkeit mehr Raum als andere Anordnungen und Materialien. Die Ableitung der Wärme von den Leitern wird behindert. Ein Werfen und Brechen läßt sich nur schwer vermeiden. Die Nut wird groß, der Zahnquerschnitt verkleinert. Im allgemeinen kann man also sagen: Holzkeile sind in Nuten soweit wie möglich zu vermeiden, wenn sie auch früher sehr viel angewendet wurden.

Es ist besser, die isolierten Ankerspulen direkt bis an die Oberfläche kommen zu lassen und sie durch Bandagen zu halten.

Muß man Holz für die Keile verwenden, so ist sorgfältige Auswahl und Behandlung nötig. Das Holz muß hart und feinfaserig sein, wie z. B. Ahorn oder Pockholz (Pitchpine). Es muß mit der Faser geschnitten sein und soll keine Äste, Knoten und sonstige Unregelmäßigkeiten haben. Es muß gut abgelagert und getrocknet sein. Vor Benutzung muß es im Vakuumofen getrocknet werden und noch heiß in zweimal gekochtes Leinöl getaucht werden, in dem es zwölf bis vierundzwanzig Stunden bleibt, wobei die Temperatur des Öles immer dem Siedepunkte nahe gehalten wird. So saugt sich das Holz vollständig voll, wird wasserdicht und elektrisch widerstandsfähiger. Fig. 93 und 94 sind Beispiele guter Anordnungen für Ankernuten ohne Keile. Holzkeile verwendet man eigentlich nur bei offenen Statornuten, da dort eine andere Befestigung ausgeschlossen ist. Als Beispiel dafür Fig. 95.

Oft achtet man nicht darauf, daß die meisten Papiere und einige Stoffarten eine bestimmte Faserrichtung haben. Bei geeigneter

Berücksichtigung dieses Umstandes bei der Behandlung und Anwendung der betreffenden Materialien würde man wesentlich bessere

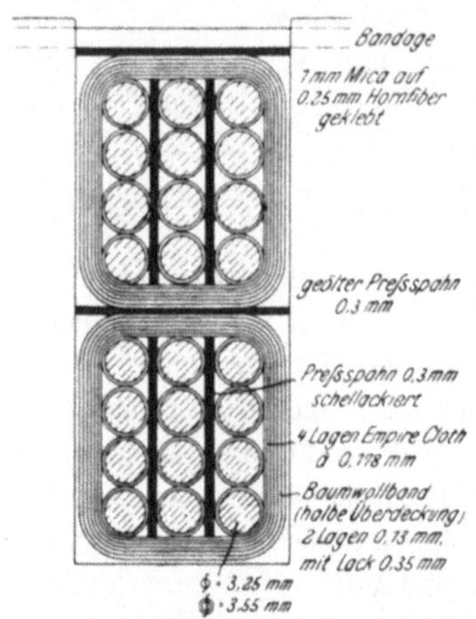

Fig. 93. Nut ohne Nutauskleidnng.

Resultate erzielen, da z. B. für Nutauskleidungen Papier und Preßspan weniger leicht brechen, wenn sie mit der Faser gefaltet werden. Man kann sich leicht hiervon überzeugen, indem man einfach ein Stück Hanfpapier oder Preßspan zunächst in der einen Richtung und dann senkrecht dazu faltet oder knickt. Der Unterschied in der Größe der auftretenden Bruchstelle wird offensichtlich sein.

Glimmer und Mikanit sollte man nur für die Nutauskleidung von Hochspannungsmaschinen verwenden. Ein anderes Material für diesen Zweck ist Glimmerpreßspan, und zwar mit Rücksicht auf den Zusammenbau noch geeigneter.

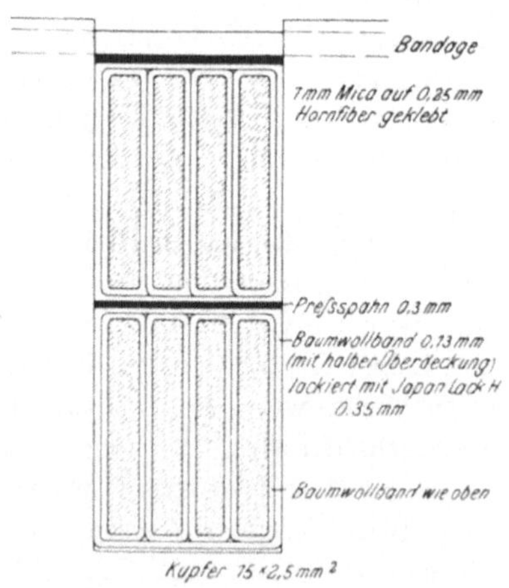

Fig. 94. Nut ohne Nutauskleidung.

Um die Leiter in Gruppen zusammen zu binden oder um die Kupferstäbe zu umwickeln, nimmt man eins oder mehrere der folgenden Materialien:

Baumwollband (mitunter Jakonettband genannt, in der Regel ca. 0,13 mm dick);

Kattun, imprägniert;

Manilapapier mit Isolierlack;

ungebleichte Baumwolle, geölt;

Mikanitpapier.

Eine gute Auswahl hiervon wird bei geeigneter Behandlung und Anwendung gute Resultate ergeben.

Einige Beispiele zur Erläuterung: Leiteranordnung für die
Ankernut eines 500 Volt-Straßenbahnmotors. Die Leiter sind zunächst mit einer dünnen doppelten Baumwollumspinnung versehen.
Natürlich wird der Ankerdraht gleich so geliefert. Die gewickelten
Spulen werden in einem Trockenofen 3 Stunden bei 90° C. getrocknet
und dann mit einem guten elastischen Isolierlack wasserdicht imprägniert. Beim Wickeln der aus mehreren Abteilungen bestehenden
Spule wird zwischen die einzelnen Abteilungen schellackierter Preßspan gelegt; das hat den Vorzug, daß der Schellack seitlich zwischen
die Drähte gepreßt wird, so die Zwischenräume ausfüllt und das
Ganze zu einer festen Masse zusammenklebt.   Der vorhandene
Schellack ist dabei in zu geringen Mengen vorhanden, um
Schaden zu tun. Die beiden
Spulenseiten werden dann in
eine mit Dampf oder elektrisch
geheizte Form gelegt und zu
einer festen, kompakten Masse
zusammengepreßt. Dann werden
die Spulenseiten bedeckt mit
zwei bis vier Lagen lackiertem
Batist (Empire Cloth) und die
ganze Spule mit Jakonettband
(Baumwollband) von 0,13 mm
Dicke, 16 mm Breite mit halber
Überlappung umwickelt. Die
Spule wird dann im Vakuum

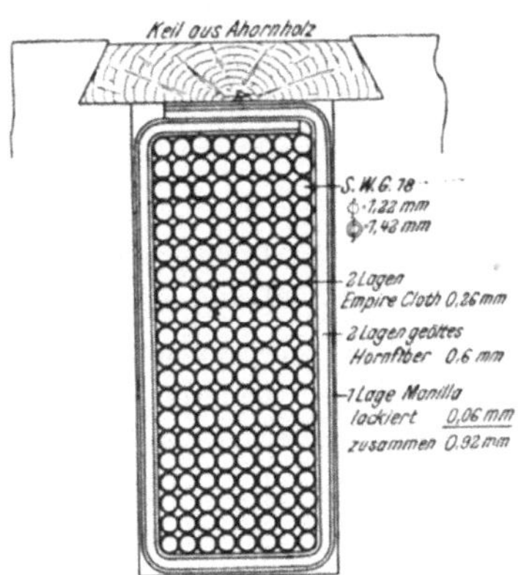

Fig. 95. Statornut.

ofen getrocknet und zweimal mit elastischem Lack getränkt; nach
jedem Tränken wird die Spule 3 Stunden lang im Vakuumofen bei
90° C. getrocknet. Nachdem man dann noch die Spulenseite in
heißes Paraffinwachs getaucht hat, um sie gegen Abscheuern beim
Einsetzen zu schützen, ist die Spule fertig. Einen Schnitt durch
diese fertig eingesetzte Spule zeigt Fig. 93.

Ist die ganze Ankerwicklung fertig und bandagiert, so muß
sie bei dieser Ausführung bei 20° C. für eine Minute eine Spannung
von mindestens 3500 effekt. Volt zwischen Kupfer und Eisen aushalten.

Fig. 94 zeigt eine Unteranordnung mit 8 Kupferstäben. Die
Stäbe sind mit Jakonettband (Baumwollband) umwickelt, getrocknet
und imprägniert mit gutem plastischen Lack. Für jede Lackschicht

sind wieder drei Stunden Trocknens im Vakuumofen bei 90° C. erforderlich. Auch dieser Anker muß 3500 Volt Prüfspannung aushalten.

In Fig. 95 ist die Statornut eines 500 Volt-Induktionsmotors dargestellt.

Für äquivalente Wicklungen bei geringeren Spannungen kann die Isolation etwas verringert werden, aber aus mechanischen Rücksichten nur sehr wenig; denn obwohl die Dicke der Isolierschicht im Verhältnis zur erforderlichen Durchschlagsfestigkeit unnötig stark ausfällt, ist das Risiko der mechanischen Beschädigung dünnerer Isolationsschichten zu groß, wodurch dann natürlich die ganze Isolation nutzlos wird.

Mit Berücksichtigung dessen können die gegebenen 3 Beispiele für andere Anordnungen und Größen als Anhalt für den Entwurf und die Konstruktion dienen.

Vor allem muß man sich sehr genau über die gute Qualität der verwendeten Materialien informieren. Gute Resultate hängen zum großen Teil von einem geeigneten, dauerhaften Lack ab.

Bei Wechselstrommaschinen sollte man mit Rücksicht auf die im allgemeinen höheren Spannungen und auf den geringeren Sicherheitsfaktor, der sich bei vernünftigen Kosten erreichen läßt, bei der Isolation wesentlich vorsichtiger sein. Wenn indes die Spannung 500 Volt nicht überschreitet, so kann man genau die gleiche Isolation wie bei Gleichstrommaschinen anwenden. In der Praxis findet man gegenwärtig oft die Gewohnheit, die Isolation schwächer zu nehmen als für Gleichstrommaschinen gleicher Spannung. Dies ist jedoch ein völlig unrichtiger Grundsatz und hat absolut keine Berechtigung. Tatsächlich sollte eher das Gegenteil der Fall sein, da bei Wechselstrom die maximale Spannung größer ist als der mit der Gleichstromspannung verglichene effektive Spannungswert.

Für Spannungen über 500 Volt ersetzt man in manchen Fällen den Preßspan zweckmäßig durch Hornfiber, wegen der größeren mechanischen und elektrischen Festigkeit. Tatsächlich würde überhaupt oft das bessere Material viel häufiger und mit großem Vorteil angewendet werden, wenn sich nicht auch auf diesem Gebiete eine so klägliche Abhängigkeit von Tradition und alter Gewohnheit breit machte; der geringe Preisunterschied würde auf den Gesamtpreis der Maschine keinen Einfluß haben.

Selbstverständlich soll hiermit nicht der geradezu verschwenderisch teuren Verwendung von Mikanithülsen als Nutauskleidung für 250 oder 500 Volt-Maschinen das Wort geredet werden.

Bei Wechselstrommaschinen über 1000 Volt Spannung ist eine mikanisierte Preßspanisolation sehr geeignet. Einige Firmen verwenden in diesem Fall Mikanitröhren, was indes weniger empfehlenswert ist, nicht nur wegen der höheren Kosten, sondern, was erheblich wichtiger ist, weil Mikanit eher durch Feuchtigkeit und Dämpfe angegriffen wird, so daß schließlich nach längerem Betrieb in dampferfüllten Räumen der Klebstoff aufgelöst wird, die Röhre ihre Festigkeit verliert und weich wird.

Mikanisierter Preßspan wird in folgender Weise hergestellt: Auf eine Schicht geölten Preßspahn von etwa 0,2 mm Dicke wird eine Schicht Glimmerplättchen mit genügender Überdeckung aufgeklebt; so werden drei Viertel der Preßspanplatten bedeckt, ein Viertel bleibt als gleichmäßiger Rand unbedeckt. Der Preßspan wird dann auf einen Kern aufgewickelt und in einer Form erhitzt. Der Kern hat als Dimensionen die lichten Maße der gewünschten Röhre. Die Röhre kann mit Hilfe einer Kreissäge aufgeschnitten werden, wird in die Ankernut eingelegt und die Drähte werden durch den Schlitz eingebracht. Vor dem Auflegen der Glimmerstücke muß der Preßspan 3 Stunden lang im Vakuumofen bei 70º C. getrocknet werden, wird dann 24 Stunden in ein Gefäß mit doppelt gekochtem Leinöl gelegt, das durch Dampfheizung nahezu auf der Siedetemperatur erhalten wird.

Darauf wird der Preßspan wieder in einem Ofen oder in Luft getrocknet, wobei das erstere nur den Vorzug der Zeitersparnis hat. Eine mikanisierte Preßspanröhre von 2,5 mm Wandstärke, die aus sieben Schichten Preßspan und sechs Schichten Glimmer besteht, muß bei sorgfältiger Herstellung eine Durchschlagsfestigkeit von 30 000 Volt Wechselstrom aufweisen.

Bei Mikanitröhren hat sich der Kleblack oft als Quelle der Störung, wie bereits bemerkt, erwiesen und sollte deshalb nur sehr sparsam angewendet werden. Bei dem mikanisierten Preßspan klebt das Leinöl, wenn die Röhre erwärmt wurde, die benachbarten Schichten genügend fest aneinander. Werden dann die Enden der Röhre in heißes Paraffin getaucht, so wird verhindert, daß Feuchtigkeit durch die Öffnungen in die Röhre hineindringt.

Turner-Hobart.   14

Solch eine Röhre aus Preßspan mit Glimmereinlage stellt also eine wasserdichte, säurefeste, gleichbleibende Isolation dar und hat außer dem vorhin erwähnten Vorteil noch den anderen vor Mikaniträhren, daß der Preßspan, der ja ein laufendes Stück bildet, den anderen Bestandteilen einen festen Halt gibt. Bei Mikaniträhren dagegen führt das Eindringen von Feuchtigkeit in dem Klebstoff zur Auflösung.

Eine andere Anordnung für Hochspannungsmaschinen beschreibt FESSENDEN:[1] „Bekanntlich ergibt Asbest mit Natriumsilikat eine gute Bedeckung, die indes mechanisch nicht sehr zuverlässig ist. Die Ankerstäbe wurden nun mit Asbestschnüren umwickelt und dann mit dem Silikat bedeckt. Dies gab, sobald es trocken war, eine äußerst harte Bedeckung, die nur mit dem Hammer entfernt werden kann.

Dabei konnte zuerst eine Batterie von 100 Lampen durch die Isolation hindurch gespeist werden, aber nach kurzem Betrieb trocknete die Isolation bis zu einem außerordentlich hohen Isolationswert. Die Maschine arbeitete vorzüglich, einmal mehrere Stunden lang mit solcher Überlastung, daß, wie ich von zuverlässiger Seite hörte, die Kohlenbürsten bis zur Rotglut kamen."

Es seien an dieser Stelle die neueren Ansichten einiger Fachmänner über die Isolation bei Maschinen von 10 000 Volt und darüber erwähnt. HIGHFIELD schreibt in The Electrician, January 27, 1905 über die Isolation für Spulen von Hochspannungsapparaten: „Von Zeit zu Zeit treten Störungen infolge von Durchschlägen der Spulenisolationen in Generatoren von 6000 Volt und darüber auf. Der Verfasser hatte besondere Schwierigkeiten dieser Art mit einem Generator von 10 000 Volt, der bei verschiedenen Gelegenheiten durchschlug. Bei dieser Maschine ist, wie es tatsächlich bei fast allen derartigen ebenfalls der Fall ist, das Kupfer vom Eisen durch eine feste Glimmer- oder Mikaniträhre isoliert, deren Durchschlagsfestigkeit mindestens viermal so groß ist als die Betriebsspannung; die Enden der Röhren sind in diesem speziellen Fall ebenfalls, wie allgemein üblich, weit genug aus dem Statoreisen herausgeführt, so daß praktisch ein Überschlagen von den Spulen zum Eisen ausgeschlossen ist.

---

[1] Trans. Amer. Inst. Elec. Engrs. 1898, S. 147.

Es mußte also irgend etwas Außergewöhnliches vorliegen, was die Durchschläge hervorrief, und es wurden sorgfältige Untersuchungen angestellt, um die Ursache der Störung zu entdecken.

Die in Frage stehenden Spulen waren mit einer imprägnierten Baumwollbedeckung versehen, die Röhren, außer den vorhin erwähnten Eigenschaften, aus bestem Material bestehend und sehr sorgfältig hergestellt.

Die Enden der Spulen, die aus den Röhren hervorsahen, waren durch Glimmer und das bekannte Empire Cloth mit Preßspan geschützt und schließlich mit schwarzem Isolierband umwickelt. Die Herstellung war also die denkbar beste.

Bei der Untersuchung der Spule zeigte sich sofort nach dem Aufschneiden der Röhre, daß eine vollständige Zerstörung der Isolation stattgefunden hatte; die Baumwollbedeckung war zerfressen, das Kupfer mit grünem Niederschlag bedeckt. An den Enden der Röhre war das Empire Cloth vollständig aufgelöst, naß und zeigte saure Reaktion, während die Baumwollbedeckung noch verhältnismäßig gut war, obwohl sie ebenfalls feucht und sauer war. Beim Öffnen verschiedener Spulen zeigte sich, daß bei einigen diese Zerstörung eine vollständige war. Der grüne Kupferniederschlag ergab sich als Kupfernitrat, es mußte danach freie Salpetersäure vorhanden gewesen sein; in dem Empire Cloth an den Enden der Röhre zeigte sich Schwefelsäure. Da die verarbeiteten Materialien von bester Qualität waren, kam man gleich auf den Verdacht, daß die Salpetersäure durch Büschelentladung und Ozonisierung der Luft gebildet war. Dies wurde durch folgenden Versuch bewiesen: Eine der Röhren wurde sorgfältig gereinigt und in sie ein Streifen blanke Kupfergaze, mit einfachem, nicht besonders getrocknetem Filtrierpapier bedeckt, hineingelegt. Die Röhre wurde außen mit Stanniol bedeckt, das geerdet wurde, und die Kupfergaze an eine 10000 Volt-Leitung angeschlossen.

Tatsächlich wurde Ozon in beträchtlichen Mengen gebildet und nach einer Woche zeigte sich eine große Menge grünen Niederschlags auf dem Kupfer und freie Salpetersäure in dem Filtrierpapier. Die Ursache des Durchschlagens war also vollkommen klar. In den Spulen trat Büschelentladung vom Kupfer zu dem Glimmer hin auf und so bildete sich aus dem Stickstoff der Luft bei dem Vorhandensein von Feuchtigkeit Salpetersäure. Die Säure arbeitet sich allmählich

14*

durch die Rohre hindurch und bildet mit dem Gips des Empire Cloth oder der Baumwolle Schwefelsäure.

Der Grad der Zerstörung bei den verschiedenen Röhren war etwas verschieden, aus dem Grunde, weil einige Spulen trockener waren als andere, und es war kein Zweifel, daß der Zerstörungsgrad ganz erheblich durch die Gegenwart freier Feuchtigkeit vergrößert war.

Nach Prof. E. Wilson beginnt die Ozonbildung bereits bei Spannungen von etwa 2000 Volt und nimmt bei wachsender Spannung in höherem Maße zu als diese. Bei 5000 Volt wird schon eine erhebliche Menge gebildet, bei 10000 Volt weit mehr als zweimal so viel. Also werden sich die erwähnten Störungen bereits bei 2000 Volt-Maschinen beobachten lassen.

Ein zuverlässiges Austrocknen der Spulen während ihrer Isolierung wird jedenfalls den Zerstörungsprozeß weit hinausschieben; aber scheinbar wird kein Verfahren, das den Luftzutritt zwischen Kupfer, Isolation und Eisen gestattet, eine Maschine ergeben, die auf unbegrenzte Dauer hält.

Die einzig sichere Methode ist die, den ganzen Hohlraum der Röhre mit Isoliermaterial auszufüllen, um so den Luftzutritt auszuschließen. Ein bloßes Verschließen der Röhrenenden ist in dieser Beziehung nicht als Hilfsmittel anzusehen, da der Überdruck der Luft im Innern der Röhren bei warmer Maschine und der entsprechende Unterdruck bei kalter Maschine den Zutritt der Luft unterstützt, die stets etwas Feuchtigkeit enthält und mit derselben in das Innere der Spule dringt."

Hierauf äußert sich Büchi, Münchenstein-Basel in einem Brief an den Herausgeber (The Electrician, February 17, 1905): „Ich bin persönlich nicht der Meinung Highfields, daß es unmöglich sein sollte, eine ausreichende Wicklung auszuführen, wenn Luftzutritt zwischen Kupfer, Isolation und Eisen gestattet ist. Wäre dies der Fall, so müßten dieselben Störungen, die Highfield beobachtet hat, sicher in einer großen Anzahl von Hochspannungsanlagen aufgetreten sein, die seit einer längeren Reihe von Jahren auf dem Festland in Betrieb sind, z. B. in Paderno mit 13000 Volt, Hauterive 9000 Volt und zahlreichen anderen in der Schweiz, bei denen die Spulen fast ausnahmslos in Isolierröhren gebettet sind. Die Tatsache, daß derartige Störungen nicht beobachtet sind, beweist, daß Highfields Schlüsse nicht ganz einwandfrei sind.

Wie HIGHFIELD richtig bemerkt, ist die Isolation einer Spule, bei der die Wicklung durch ein geschlossenes Mikanitrohr gezogen ist, ausgezeichnet im Vergleich mit der Methode, bei welcher die Isolation aus Isolierband oder Papier besteht, das um die Leiter herumgewickelt ist. Nach meinen Erfahrungen sind nur dann Störungen aufgetreten, wenn der Konstrukteur aus der hervorragenden Isolierfähigkeit des Mikanitrohrs für sich den Vorteil zog, bei der Isolation auf den Leitern selbst zu sparen. Wo nach kürzerem oder längerem Betrieb Fehler auftraten, war die Isolation einer Anzahl von Leitern an verschiedenen Stellen beschädigt und es fand ein ständiger Stromübergang von Leiter zu Leiter statt. Wird solche defekte Spule vorsichtig aufgeschnitten, bevor die Isolation direkt verkohlt ist, so zeigen sich auf der Isolation des tätigen Leiters schwarze Stellen, wo ein leichtes Verbrennen stattgefunden hat. Diese Stellen entsprechen ähnlichen Stellen des benachbarten Leiters und zeigen so deutlich die genaue Lage des stattgehabten Stromübergangs. Solche Fehlstellen können vorübergehende Störungen hervorrufen und schließlich eine vollständige Neuwicklung der Maschine notwendig machen. Die erwähnten Störungen lassen sich vermeiden, indem man mehr Isolation auf den einzelnen Leitern verwendet und eine geeignete Wicklungsart anwendet. Man sollte nie zu viele Drähte per Spule nehmen — also große Spulenzahl — und die Leiter stets so anordnen, daß die Spannungsdifferenz zwischen benachbarten Leitern so klein wie möglich wird.

Vor allem muß man darauf achten, daß man nur die besten Materialien bei Lacken und Umhüllungen verwendet. Ich habe oft gefunden, daß eine Oxydation des Kupfers auftritt bei der Verwendung von minderwertigem Schellack, der nicht vollständig säurefrei war; dabei konnte er auf dem Leiter selbst, als Klebstoff in dem Mikanit, oder als Imprägnierung in dem Empire Cloth oder anderer Isolation vorhanden sein.

Ward ein guter säurefreier Schellack für die Wicklung gebraucht, waren die Umhüllungen alle gut gesättigt, so daß das Kupfer von einer wasser- und luftdichten Isolation umgeben war, so habe ich nie irgend eine Störung beobachtet.

Ich nehme an, daß in dem von HIGHFIELD erwähnten Falle die Isolierhülle um den Kupferleiter mehr oder weniger porös war und so Luft und Feuchtigkeit hindurchdringen ließ."

Zu demselben Fall äußert sich H. S. Meyer (The Electr., February 3, 1905): „Highfields Beobachtungen und Schlüsse stimmen vollständig mit meinen überein. Bereits 1898, als ich mit der General Electric Co. in Verbindung stand, handelte es sich um Herstellung einer geeigneten Isolation für Hochspannungswechselstrommaschinen und dieselben Erscheinungen wurden damals beobachtet.

Um den verderblichen Einfluß der Salpetersäure, die durch Büschelentladung hervorgerufen wurde, zu vermeiden, warf man die Glimmerröhren beiseite und entschloß sich zu einer Isolierart, bei der alle Feuchtigkeit durch Vakuumverfahren ausgetrieben werden konnte und die Zwischenräume in der Spule vollständig durch eine Asphaltmasse ausgefüllt wurde, die bei der Maschinentemperatur fest blieb.

Diese Füllung, die einerseits also eine Ansammlung von Feuchtigkeit im Innern der Spule unmöglich macht, dient gleichzeitig dazu, die Wärme aus dem Innern der Spule abzuleiten, und zwar in weit besserer Weise, als wenn Luft vorhanden ist; sie führt also zu einer geringen Betriebstemperatur der Spule. Die in dieser Weise gefüllten Windungen werden mit einer Anzahl von Bandlagen umwickelt, von denen jede so behandelt ist, daß sich eine glatte Schicht von oxydiertem Öl bildet, die praktisch undurchdringlich ist und die Fasern des Bandes dicht verkittet.

Die fertigen Spulen sind absolut wasserdicht und bleiben gleichzeitig genügend biegsam, so daß sie beim Einbringen in die Nuten nicht leiden und daß auch Erschütterungen und starke Stöße, wie sie beim falschen Parallelschalten von Maschinen oder bei Kurzschlüssen auftreten, kaum eine Einwirkung zeigen.

Die ersten nach diesem Prinzip gewickelten Maschinen waren einige 750 Kw.-Drehstromgeneratoren für 12000 Volt. Sie wurden 1898 in Mechanicsville, U. S. A. aufgestellt, in direkter Kupplung mit Wasserturbinen, und haben die Kraft für die Schenektadywerke der General Electric Co. seit der Zeit geliefert, soviel ich weiß, ohne irgend eine Störung. Seitdem ist eine große Anzahl von Maschinen in derselben Weise ausgeführt, und zwar von der General Electric Co. und von der British Thomson Houston Co. bis zu Spannungen von 15000 Volt, und zwar mit großem Erfolge; sie beweisen, daß durch diese Anordnung die von Highfield erwähnten Störungen beseitigt sind.“

Die abweichende Ansicht Büchis mag darauf zurückzuführen sein, daß bei den von ihm beobachteten Maschinen die Isolation auf den Leitern selbst eine ausnahmsweise gute war, dann aber, daß die betreffenden Anlagen meist Wasserkraftanlagen sind und in den meisten Fällen einen trockeneren Maschinenraum aufweisen als entsprechende Dampfanlagen; die schwere „Treibhausatmosphäre" in Dampfmaschinenräumen ist ja bekannt.

Auch Farrington beschäftigt sich eingehend mit diesem Falle (Electrical World of New York) und ist der Ansicht, daß die Ozonisierung der Luft durch die auftretenden Büschelentladungen kaum der Grund für das Auftreten der Salpetersäure gewesen sein kann. Farrington sucht die Ursache der Störungen in dem Klebstoff des Mikanits, der in den Röhren vielleicht 5—10 $^0/_0$ der Wandung ausmacht und in der Regel aus Schellack oder einem anderen normalen Lack besteht.

„Schellack enthält aber 14—17 voneinander verschiedene Säuren, die meisten Lacke nicht viel weniger. Es genügt, das Gleichgewicht des Lackes zu stören, um einen Teil dieser Säuren frei zu machen und ihre Wirkungen auftreten zu lassen. Daß dieses Gleichgewicht aber ohnehin sehr leicht gestört wird, ergibt sich daraus, daß Kupferoxydbildung in Maschinen und Spulen auftritt, die nur im Lagerraum gewesen sind, wo also von Ozon- oder Salpetersäurebildung keine Rede sein kann."

Farrington schließt sich vollständig den Auffassungen H. S. Meyers an, hält jedoch die Asphaltmischung für schlecht und empfiehlt statt dessen eine Mischung eines geeigneten Lackes mit Eisenoxyd. Gegen Büchi führt er an, daß die von diesem erwähnten Maschinen voraussichtlich unter günstigen Bedingungen arbeiten und daß deshalb an denselben keine Störungen beobachtet sind.

Die Frage der Nutenisolation ist neuerdings noch von einem der Verfasser[1]) besonders behandelt.

Hobart untersucht die Sicherheit, die bei der Verwendung normaler Isolationsstärken in Hochspannungsmaschinen gegeben ist. Er geht aus von den Isolationsstärken, die Parshall empfiehlt, und von einem Mittelwerte der Isolationsstärken bei ausgeführten neueren

---

[1]) H. M. Hobart, Considerations Relating to the Design of the Armature Slot Insulation in High Voltage Alternating Current Generators. Electrical Review, 28. April 1905.

Maschinen verschiedener Firmen und nimmt aus beiden das Mittel.
das er als maßgebend für moderne gute Verhältnisse als „normal“
hinstellt. Dafür ergibt sich nun folgende Tabelle:

Tabelle LVI.

Betriebsspannung der Maschine in effektiven Volt	Normale Isolationsstärke in der Statornut	Mittlere Spannung pro Millimeter Isolationsstärke
500	1,30	385
1 000	1,75	570
2 000	2,47	816
4 000	3,35	1200
8 000	4,60	1740
12 000	5,67	2120
16 000	6,67	2400

Es ergibt sich hieraus eine Zunahme der Spannung pro Millimeter bei zunehmender Dicke des Materials, während bei den meisten
Isoliermaterialien eine Abnahme der Durchschlagsfestigkeit mit zunehmender Materialdicke zu beobachten ist. Es ist also eine entsprechend größere Sorgfalt bei Ausführung der Isolierung anzuwenden.
Trotzdem wird die Sicherheit bei höherer Spannung noch erheblich
geringer sein, da die Erwärmung durch Effektverluste im Dielektrikum
schneller als mit dem Quadrate der Spannung zunimmt. Es folgt
daraus, daß die normalen Isolationsstärken heute in der Regel zu
gering angenommen werden.

HOBART geht dann speziell auf die Glimmerprodukte ein und
wirft ihnen eine gewisse Unzuverlässigkeit vor, da die Beschaffenheit und Zusammensetzung des Klebstoffs leicht Anlaß zu erheblichen
Störungen geben kann. HOBART glaubt im Anschluß an die Erfahrungen HIGHFIELDS eine Isolation aus Faserstoffen oder Geweben
mit geeigneter Imprägnierung, natürlich nur unter der Bedingung
sorgfältiger Herstellung, für Hochspannungsisolationen empfehlen zu
können. Inwieweit bei diesen Isolierhüllen Glimmer seiner hohen
Durchschlagsfestigkeit wegen mit verwendet werden kann, ist nur
durch ausgedehnte Versuche festzustellen. Aber auch ohne diesen
Glimmerzusatz stehen einige dieser imprägnierten Fasermaterialien.
namentlich die Excelsiorfabrikate, was Durchschlagsfestigkeit anlangt.
mit an erster Stelle.

Es ist zu verstehen, daß diese Ausführungen Hobarts auf einigen Widerspruch seitens der Praxis gestoßen sind, da der Fabrikant neben technischen Rücksichten auch kommerzielle nicht vernachlässigen darf, um „konkurrenzfähig" zu bleiben.

Diese Ansicht drückt sich deutlich in einigen Schreiben der Firma Meirowsky an den Verfasser aus, in denen es unter anderem heißt:

„Der Konstrukteur hat ein Interesse, bei genügender Sicherheit die geringst zulässige Wandung zu verwenden, da infolge einer Vergrößerung der Dicke die Kosten der Maschine unverhältnismäßig wachsen.

Bei großen Dreiphasen-Maschinen, in welchen häufig bis zu 300 Nuten vorhanden sind, würde eine Überschreitung der Dicke von 2 mm, die sich im Durchschnitt aus ihren Kurven ergibt, die jedesmalige Vergrößerung der Nute um 4 mm in der Höhe und Breite notwendig machen, und bei der großen Anzahl der vorhandenen Nuten würde ein Konstrukteur, der die Dicke auf Grund ihrer Kurven wählt, mit anderen, die in der Lage sind, geringere Wandungen zu verwenden, nicht mehr konkurrenzfähig sein, da im Verhältnis zu der größeren Wandung auch die Dimensionen der Maschine wachsen.

Für Isolierröhren für Maschinen von 5000 Volt Betriebsspannung, welche allgemein als Hochspannungsmaschinen bezeichnet werden, wird uns als Lieferanten von Isoliermaterialien in der Regel vorgeschrieben, daß bei der doppelten Prüfspannung die Röhren sich um höchstens 30⁰ C. erwärmen dürfen.

Unter Berücksichtigung dieser Wirkung genügt ein Rohr von 3 mm Wandung für Maschinen, welche mit 10 000 Volt Betriebsspannung arbeiten und längere Zeit hindurch mit 20 000 Volt geprüft werden, während auf Grund Ihrer Tabelle ein Rohr von 5,2 mm Wandung erforderlich wäre.

Wir fügen eine Kurventabelle[1]) bei, welche vor ca. 7 Jahren auf Grund zahlreicher Prüfungen unserer Röhren gezeichnet wurde. Sie werden feststellen, daß bei 20 000 Volt Prüfspannung die Röhren von 3 mm sich nicht mehr als um 28⁰ erwärmen und daher für Maschinen von 10 000 Volt Betriebsspannung genügende Sicherheit bieten.

---

[1]) Fig. 55, VI, S. 92. Anm. der Übersetzer.

Tatsächlich sind eine große Anzahl Maschinen von 10000 Volt Betriebsspannung mit unseren Röhren von 3 mm Dicke ausgerüstet, unter anderen auch die Maschinen in der Charing Cross Central Station, London, welche von der E. A. G. vorm. W. Lahmeyer & Co., Frankfurt a. M., ausgeführt wurden.

Sie erwähnen ferner, daß infolge der mechanischen Festigkeit von Glimmerröhren Wandungen unter 1 mm nicht verwendet werden können. Dies ist nicht zutreffend. Röhren von $^1/_2$ mm Dicke sind genügend stark, um sie in die Nuten ohne Schaden einzuziehen.

Tatsächlich ist unsere Fabrikation von Glimmerröhren von $^1/_2$—1 mm Wandung eine außerordentlich große.

Unserer Ansicht nach kann die jetzt erreichte Höhe der Isolierfähigkeit von Glimmerformstücken mit den bekannten Mitteln nicht mehr übertroffen werden. Es müssen ganz neue Wege eingeschlagen werden, doch haben sämtliche bisher unternommenen Versuche kein Resultat geliefert, welches für die praktische Anwendung sich verwerten läßt.

Es ist uns bekannt, daß die Laboratoriumsversuche für die Verwendung der Isoliermaterialien nur eine theoretische Bedeutung haben und daß erst die Praxis den Beweis der Brauchbarkeit liefert.

Wir beschränken uns aus diesem Grunde darauf, die von uns gefundenen Resultate den Interessenten zu unterbreiten, und überlassen es ihnen, die Schlüsse aus denselben zu ziehen, die ihnen gut scheinen.

Hinsichtlich der Wandung der Röhren für Hochspannungsmaschinen gestatten wir uns darauf hinzuweisen, daß die Konstrukteure die Sicherheitsgrenzen der Dicke des Isolierrohres mit Bezug auf die Spannung in der Weise festgestellt haben, daß, wenn eine gewisse Dicke in der Praxis gute Resultate geliefert hat, bei Neukonstruktionen eine geringere verwendet wurde.

Die Anlage Palermo-Mailand, in welcher unserem Wissen nach zuerst in Europa eine Spannung von 13000 Volt in der Maschine erzeugt wurde, ist mit Isolierröhren von 7,5 mm Wandung ausgerüstet, während heute dieselbe Firma und auch andere bei Neukonstruktionen für die gleiche Spannung noch nicht die Hälfte dieser Dicke verwendet und hierbei einen ganz ausreichenden Sicherheitsfaktor gefunden hat.“

Siebzehntes Kapitel

Die Raumausnutzung der Wicklung.

Der Ausdruck Raumausnutzung oder Füllfaktor bezeichnet das Verhältnis von dem nutzbaren Kupferquerschnitt in einer gegebenen Wicklung zu dem von dem Wicklungsquerschnitt beanspruchten Raume. Bei Ankerwicklungen bezeichnet man mit Füllfaktor oder Nutenfüllfaktor das Verhältnis von dem Kupferquerschnitt per Nut zum Gesamtquerschnitt (Tiefe mal Breite) der Nut.

Lenken wir unsere Aufmerksamkeit zunächst auf den Nutenfüllfaktor, so können wir leicht ableiten, welche Werte sich erreichen lassen, und wie die Verhältnisse zu wählen sind, um günstige Resultate zu erhalten.

Wir machen zunächst folgende Annahmen: Ein bestimmter Konstrukteur hat durch Erfahrung gefunden, daß er bei seinen 500 Volt-Maschinen eine Isolationsstärke von 1,15 mm zwischen Eisen und Kupfer haben muß; ferner soll ein normaler, doppelt mit Baumwolle umsponnener Draht verwendet werden.

Wenn nun auch die Dicke der Baumwollschicht etwas mit dem Durchmesser des Drahtes abnimmt, so genügt für die Auseinandersetzungen dieses Kapitels die Annahme, daß die Baumwollschicht eine Dicke von 0,15 mm hat. Es bleibt somit 1 mm für die Isolation zwischen Eisen und dem umsponnenen Draht. Es mag eine Nutauskleidung von 0,4 mm und eine Spulenumkleidung von 0,6 mm gewählt werden.

Es soll nun der Fall einer Ankerwicklung mit vier Windungen pro Kollektorsegment mit Draht No. 11 S.W.G. (Tabelle XXII) und mit doppelter Baumwollumspinnung betrachtet werden; der Durchmesser des Kupfers blank ist 2,95 mm, der Durchmesser des umsponnenen Drahtes 3,24 mm. Fig. 96 zeigt die Anordnung mit 1, 2, 3, 4 und 5 Kollektorlamellen pro Ankernut, entworfen unter den obigen Annahmen für die erforderliche Isolation.

Die Füllfaktoren sind in Tabelle LVII und in der unteren Kurve der Fig. 98 dargestellt.

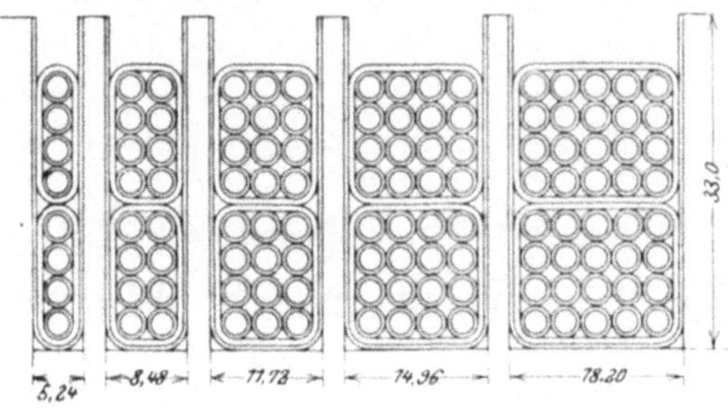

Fig. 96. Anordnungen von runden Drähten (Maße in Millimetern).

Es zeigt sich, daß man im allgemeinen einen um so höheren Nutenfüllfaktor erreichen kann, je größer die Anzahl der in einer Nut untergebrachten Leiter, je geringer also die Nutenzahl ist. Dies gibt offensichtlich einen Weg an, auf einem Anker von gegebenem Durchmesser mehr Kupfer unterzubringen, also die Leistung zu vergrößern bei sonst unveränderten Bedingungen.

Tabelle LVII.

Nutenfüllfaktoren für die Figuren 96 und 97.

Kollektor-Lamellen pro Nut	Windungen pro Spule	Querschnitt eines Leiters in Quadratmillimetern	Gesamtzahl der Leiter in einer Nut	Gesamter Kupferquerschnitt pro Nut in Quadratmillimetern	Breite der Nut in Millimetern	Anordnung nach Fig. 96:			Anordnung nach Fig. 97:		
						Tiefe der Nut in Millimetern	Nutenquerschnitt in Quadratmillimetern	Nutenfüllfaktor $\left(\dfrac{\text{Kupferquerschnitt}}{\text{Nutenquerschnitt}}\right)$	Tiefe der Nut in Millimetern	Nutenquerschnitt in Quadratmillimetern	Nutenfüllfaktor $\left(\dfrac{\text{Kupferquerschnitt}}{\text{Nutenquerschnitt}}\right)$
1	4	6,8	8	54,4	5,24	33	173	0,314	28	146	0,372
2	4	6,8	16	109,0	8,48	33	280	0,390	28	237	0,460
3	4	6,8	24	163,0	11,72	33	387	0,421	28	328	0,498
4	4	6,8	32	218,0	14,96	33	493	0,443	28	418	0,522
5	4	6,8	40	272,0	18,20	33	600	0,454	28	509	0,535

Fig. 97 zeigt die äquivalenten Wicklungen mit rechteckigen Leitern. Der gewonnene Vorteil liegt in der Verringerung der

Nuttiefe. Die Nutenfüllfaktoren sind 18 % höher als vorher, wie sich aus der oberen Kurve der Fig. 98 und aus Tabelle LVII ergibt.

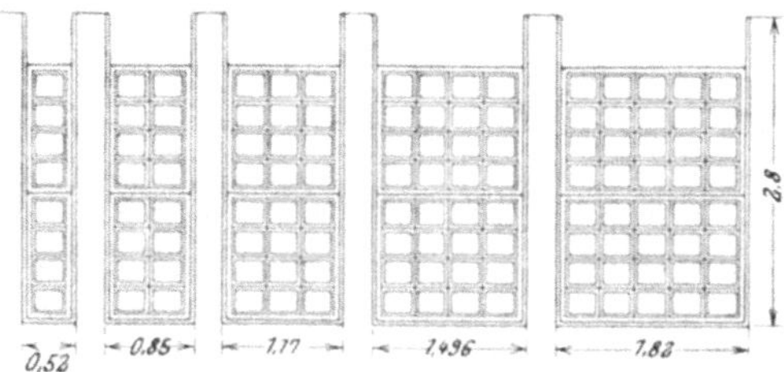

Fig. 97. Anordnungen von rechteckigen Drähten (Maße in Zentimetern).

Eine derartige Wicklung stellt sich beträchtlich teurer in der Ausführung und der Gewinn durch das Flacherwerden der Nut ist oft nur gering; aber man kann den Gewinn durch vergrößerte Leistung bei gleichbleibender Nuttiefe erzielen, und so zeigt dieses Beispiel deutlich, daß man durch Wahl rechtwinkliger Leiter höheren Nutenfüllfaktor und damit größere Leistung bei gegebenen Materialkosten erzielen kann. Der erzielte Gewinn hängt ab von dem erforderlichen Leiterquerschnitt und dem Verhältnis der Seitenlängen des Querschnittes; dies Verhältnis ist bedingt durch Rücksichtnahme auf möglichst leichtes Wickeln.

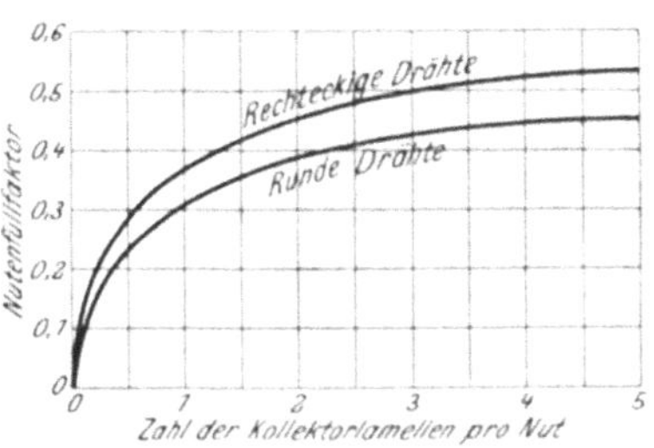

Fig. 98. Nutenfüllfaktor für runde und rechteckige Drähte.

Im allgemeinen kann man wohl sagen, daß viereckige Leiter, wenn sie auch einen günstigen Nutenfüllfaktor geben, mit Rücksicht auf die Schwierigkeit des Wickelns zu vermeiden sind. Das Verhältnis der Querschnittsseiten zueinander sollte mindestens 1,5 sein, und diese Forderung verringert wieder die Vorteile, die sich bei viereckigen Leitern durch großen Nutenfüllfaktor erreichen lassen. Immerhin ist bei diesem Verhältnis noch ein beträchtlicher Gewinn sicher.

In Fig. 99 sind zwei Nuten dargestellt mit runden Leitern No. 4 S.W.G. (Durchmesser blank 5,9 mm) und mit viereckigen Leitern von gleichem Querschnitt.

Fig. 100 und 101 zeigen Nuten mit gleichem Gesamt-Kupfer-querschnitt, aber unterteilt in 5, 4, 3 und 2 Windungen pro Spule für runde und viereckige Leiter. Die Nutenfüllfaktoren sind in Tabelle LVIII und Fig. 102 zusammengestellt.

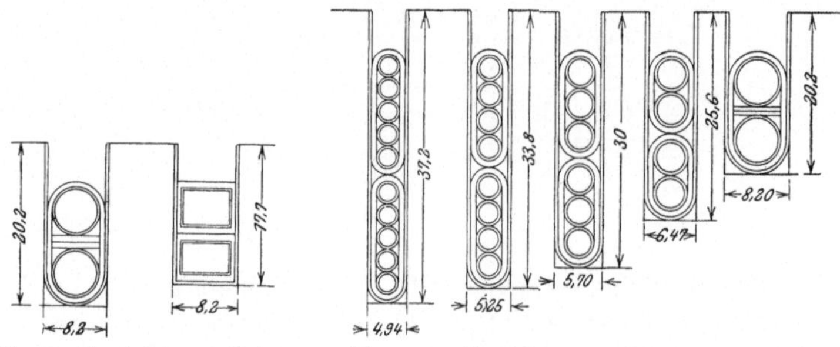

Fig. 99. Vergleich von Nuten mit runden und rechteckigen Drähten.

Fig. 100. Vergleich von Nuten mit runden Drähten von gegebenem Gesamtquerschnitt bei verschiedener Anzahl.

Aus den Figuren 96—102 ergibt sich, welch maßgebenden Einfluß die Anordnung und Dimensionen der Leiter auf den erzielten Nutenfüllfaktor haben, und unter Berücksichtigung dessen kann es nicht wundernehmen, daß in der Praxis die Nutenfüllfaktoren Werte annehmen von wesentlich unter 0,1 bis über 0,7, je nach Leistung, Spannung uud Tourenzahl.

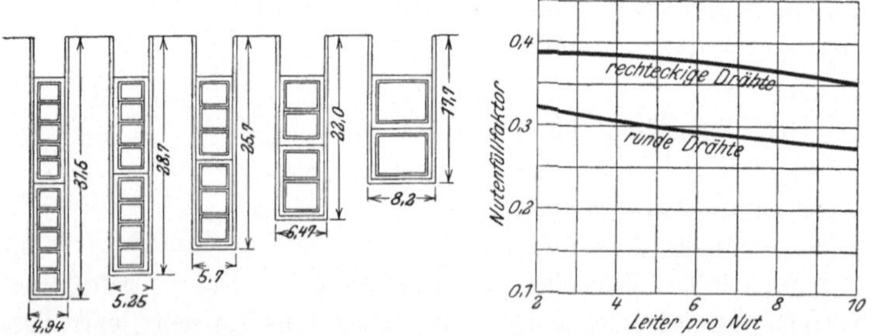

Fig. 101. Vergleich von Nuten mit rechteckigen Drähten von gegebenem Gesamt-querschnitt bei verschiedener Anzahl.

Fig. 102. Vergleich der Nutenfüll-faktoren in Fig. 100 und 101. (Konstanter Kupferquerschnitt.)

Es ist schwierig, für den Entwurf irgendwelche Angaben zu machen, die zu dem höchsten Nutenfüllfaktor führen. Das ist lediglich Sache der genauen Untersuchung und Prüfung in jedem einzelnen Fall. Als allgemeiner Anhalt kann indessen folgende Aufstellung gute Dienste leisten.

Tabelle LVIII.

Nutenfüllfaktoren für die Figuren 100 und 101.

Kollektor-Lamellen pro Nut	Windungen pro Spule	Querschnitt eines Leiters in Quadratmillimetern	Gesamtzahl der Leiter in einer Nut	Gesamter Kupferquerschnitt pro Nut in Quadratmillimetern	Breite der Nut in Millimetern	Anordnung nach Fig. 100: Tiefe der Nut in Millimetern	Nutenquerschnitt in Quadratmillimetern	Nutenfüllfaktor $\left(\frac{\text{Kupferquerschnitt}}{\text{Nutenquerschnitt}}\right)$	Anordnung nach Fig. 101: Tiefe der Nut in Millimetern	Nutenquerschnitt in Quadratmillimetern	Nutenfüllfaktor $\left(\frac{\text{Kupferquerschnitt}}{\text{Nutenquerschnitt}}\right)$
1	1	27,40	2	54,8	8,20	20,2	164	0,334	17,7	145	0,378
1	2	13,70	4	54,8	6,47	25,6	165	0,332	22,0	142	0,386
1	3	9,13	6	54,8	5,70	30,0	171	0,321	25,7	147	0,372
1	4	6,85	8	54,8	5,25	33,8	177	0,310	28,7	151	0,363
1	5	5,48	10	54,8	4,94	37,2	184	0,298	31,5	155	0,354

Der Nutenfüllfaktor ist in der Regel um so höher, je geringer die Spannung, je größer die Leistung, je geringer die Nutenzahl ist, in welche die Wicklung unterteilt ist, je größer die Geschicklichkeit und Erfahrung bezüglich des Wickelns und Isolierens ist und je sorgfältiger die Isoliermaterialien ausgewählt und geprüft sind.

Die schraffierte Fläche zwischen den beiden Kurven der Fig. 103 gibt die Nutenfüllfaktoren für Motoren von 1—100 PS. für mittlere Tourenzahlen und nach unseren heutigen Erfahrungen.

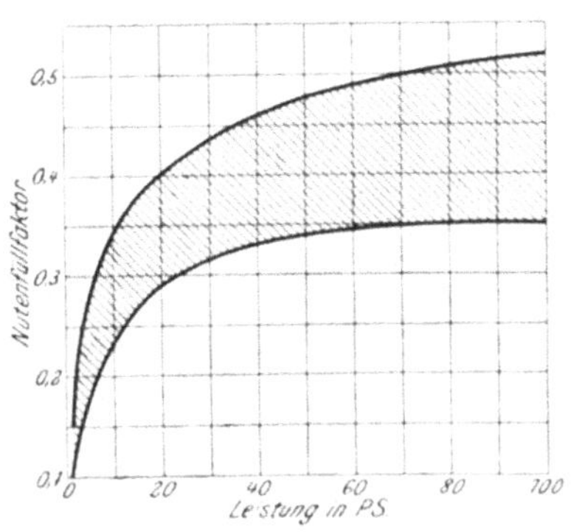

Fig. 103. Normale Nutenfüllfaktoren für Motoren.

Für 600 Volt-Motoren nähern sich die Werte der unteren, für 100 Volt-Motoren der oberen Kurve. Derartige Füllfaktoren ergeben bei peinlicher Berücksichtigung aller für die Isolation wichtigen Einzelheiten folgende Resultate bezüglich der zulässigen Prüfspannung:

Betriebsspannung	Garantierte Prüfspannung bei 60° C. und bei 1 Minute Prüfdauer
100 Volt	2000 Volt effekt.
600　„	3600　„　　„

In Fig. 104 geben die schraffierten Teile der Vierecke für die entsprechenden Verhältnisse den Kupferquerschnitt, die weißen Teile den unausgenutzten Querschnitt der Nut an. Diese Verhältnisse werfen ein sehr schlechtes Licht auf die heutigen Leistungen auf diesem Gebiet. Wenn man z. B. in dem Viereck unten links den unausgenutzten Raum auf $^3/_4$ reduzieren könnte, so würde man die Leistungsfähigkeit der betreffenden Maschine mehr als verdoppeln. In diesem Fall würde seidenumsponnener Draht das einzig Vernünftige und auch Billigste sein, und Lieferanten und Abnehmer würden in

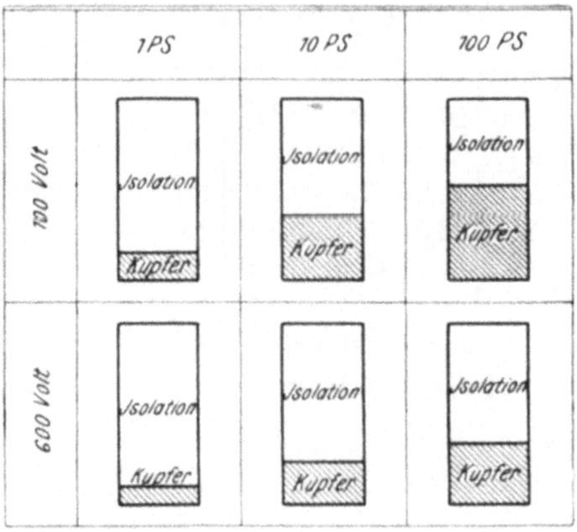

Fig. 104. Vergleich des Raumes für Isolierung und Kupfer.

gleicher Weise den Vorteil davon haben. Hier muß man übrigens beim Entwurf zwei wesentliche Faktoren entsprechend berücksichtigen: Erstens den Raum, den Nutauskleidung oder Spulenumhüllung einnehmen; dieser Raum wird verringert durch Anwendung weniger Nuten. Zweitens den Raum, der durch die Isolierung auf jedem Leiter beansprucht wird. Diese führt zu einem um so schneller anwachsenden Raumverlust, je kleiner die Motorleistung bei gegebener Spannung ist.

In Fig. 100 und 101 waren Leiteranordnungen in Nuten für einen bestimmten Gesamt-Kupferquerschnitt gegeben; setzt man die Nutenteilung weiter fort, so erhält man die Anordnungen nach

Fig. 105, und zwar mit 32, 50, 72 und 98 Leitern pro Nut zu
4 × 8, 5 × 10, 6 × 12 und 7 × 14. Nutauskleidung, Spulen-

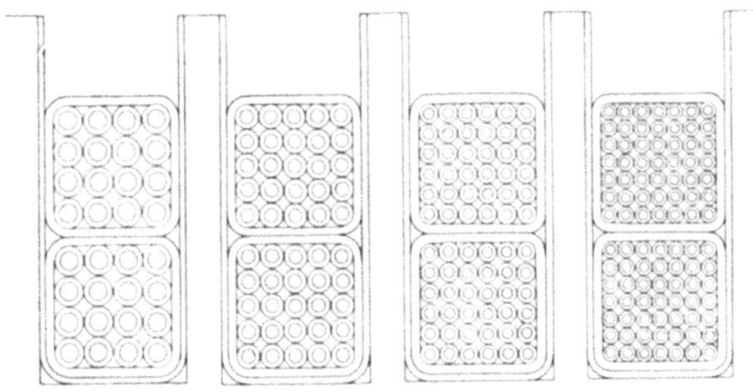

Fig. 105. Nuten mit verschiedener Zahl von Drähten bewickelt,
welche alle dieselbe Isolation haben.

umhüllung und Stärke der Isolation auf jedem Leiter entsprechen
unserer ursprünglichen Annahme;
sind die Nutendimensionen in allen
Fällen gleich, dann nimmt der
Gesamt-Kupferquerschnitt ab entsprechend der unteren Kurve in
Fig. 106.

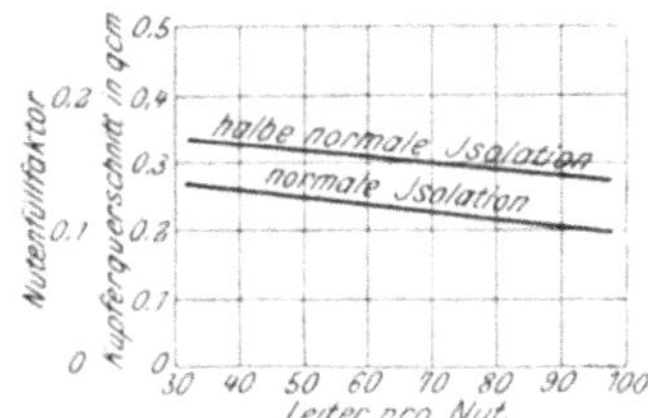

Fig. 106. Vergleich der Fig. 105 und 107.

Genau die gleichen Verhältnisse, nur mit halber Dicke der
Isolation auf jedem Leiter und
entsprechender Vergrößerung des Kupferquerschnittes, zeigen Fig. 107

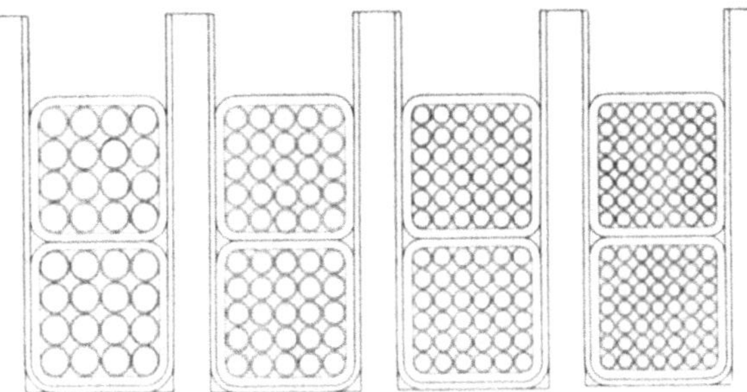

Fig. 107. Anordnung wie in Fig. 105, nur die halbe Isolation der Drähte.

und die obere Kurve der Fig. 106. Man erkennt den Gewinn an
Kupferquerschnitt weniger aus einem Vergleich der Fig. 105 und 107,

Turner-Hobart. 15

als aus einem Vergleich der beiden Kurven in Fig. 106 und aus der Zusammenstellung in Tabelle LIX. Die Kupferzunahme und entsprechend die Zunahme des Füllfaktors beträgt rund 33 %.

Tabelle LIX.

Nutenfüllfaktor für die Nuten Fig. 105 und 107.

Zahl der Leiter in einer Nut	Fig. 105:					Fig. 107:			
	Durchmesser des Drahtes in Millimetern	Querschnitt eines Leiters in Quadratmillimetern	Gesamter Leiterquerschnitt in einer Nut in Quadratmillimetern	Nutenfüllfaktor bei gewöhnlicher Isolation in Fig. 106	Durchmesser des Drahtes in Millimetern	Querschnitt eines Leiters in Quadratmillimetern	Gesamter Leiterquerschnitt in einer Nut in Quadratmillimetern	Nutenfüllfaktor, halbe gewöhnliche Isolation in Fig. 108
32	1,470	1,68	54	0,273	1,620	2,06	66,0	0,332
50	1,114	1,00	50	0,251	1,264	1,25	62,5	0,314
72	0,880	0,62	44	0,225	1,030	0,83	60,0	0,300
98	0,710	0,40	39	0,196	0,860	0,58	57,0	0,276

In der Praxis kann man Seideumspinnungen bekommen, die unter 75 % der Dicke von Baumwollumspinnungen haben; ferner gibt doppelte Umspinnung genügend Sicherheit gegen Durchschläge, wenn man die geringen Spannungsunterschiede zwischen benachbarten Leitern in Betracht zieht. Mit geeigneter Imprägnierung versehene einfache Umspinnungen mit Seide sind ebenfalls praktisch brauchbar und lassen noch günstigere Verhältnisse zu.

Oft kann man einen Mittelweg einschlagen durch Verwendung von einer Lage Seide und einer Lage Baumwolle für die Umspinnung.

Nutenfüllfaktoren für Hochspannungsmaschinen.

Bis hierher waren nur Ankernuten für Maschinen bis 600 Volt berücksichtigt. Bei hohen Spannungen, wie sie namentlich für Wechselstrom in Frage kommen, wird die Sache ganz anders. In diesem Fall muß die Nutauskleidung viel dicker sein, der Nutenfüllfaktor wird meist sehr gering.

Kando gibt die in Tabelle LX und in Fig. 108 wiedergegebenen Werte für Nutenfüllfaktoren bei 500, 3000 und 10 000 Volt an.

Tabelle LX.

Abhängigkeit des Nutenfüllfaktors von der Spannung.

Spannung	Dicke der Nuten-auskleidung in Millimetern	Zahl der Leiter pro Nut	Nutenfüll-faktor
500	1	4	0,63
3 000	4	24	0,25
10 000	6	80	0,06

Die Frage der Füllfaktoren für Nuten von Hochspannungsmaschinen kann natürlich in entsprechender Weise behandelt werden wie für niedrige Spannungen.

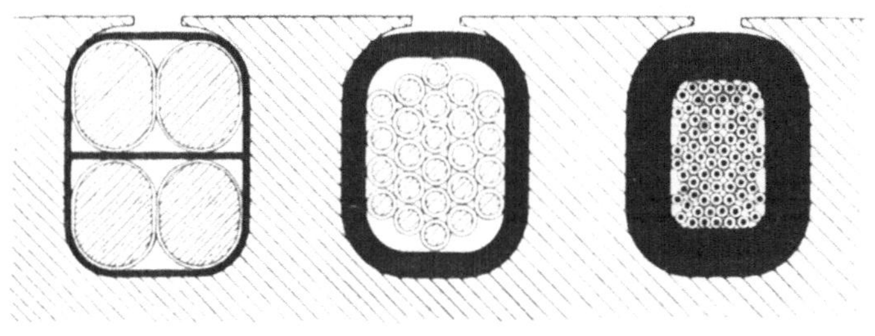

Fig. 108. Isolierung, abhängig von der Spannung. Nach KANDO.

Die Angaben KANDOS genügen, um die Größenordnung der in Frage kommenden Füllfaktoren zu zeigen, und es ist ohne weiteres klar, daß man hier nichts sparen sollte, um das beste Material anzuwenden. Das wird um so wichtiger, je höher die Spannung geht.

Füllfaktor bei Feldspulen.

Bei Feldspulen ist der Füllfaktor ebenfalls oft geringer, als man in der Regel annimmt. Als Windungsraum ist das Produkt von Gesamthöhe × Gesamtdicke der ganzen Spule anzunehmen, in Fig. 109 $A \times B$. Für trapezförmigen Querschnitt ist die mittlere Gesamthöhe einzusetzen, wie in Fig. 110. Bei Spulenrahmen ist die Stärke des Rahmens und der Isolation natürlich nicht mit zu rechnen (Fig. 111).

Der Füllfaktor einer Feldspule ist um so höher, je geringer die Voltzahl pro Spule ist; also wird bei gegebener Leistung, Touren-

15*

zahl und Spannung der Füllfaktor um so größer sein, je größer die
Polzahl ist, da dadurch die Spannung pro Spule um so kleiner wird.

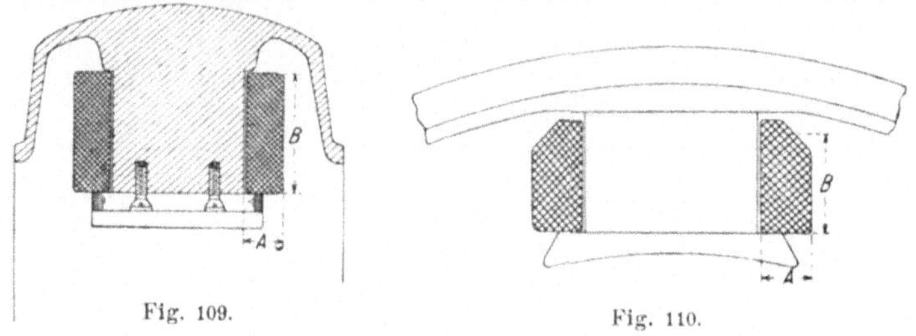

Fig. 109.   Fig. 110.

Feldspulen ohne Rahmen (Spulkasten).

Für Nebenschlußspulen variiert der Füllfaktor von 0,2 bei
500 Volt-Motoren von 1—3 P.S. bis zu 0,55 bei großen langsam-
laufenden Maschinen niedriger Spannung. Augenscheinlich ist es

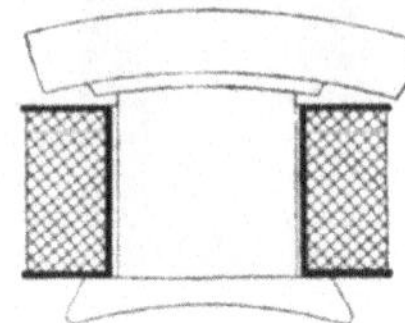

Fig. 111. Feldspule mit
Rahmen.

bei einer Größenordnung des Füllfaktors
von 0,2—0,3 geraten, die Vorteile einer
Seideumspinnung der Drähte zu erwägen.
Bei Hauptstrom- und Kompound-Feld-
wicklungen ist der Füllfaktor höher. Die
Anwendung von Flachkupfer, hochkant gewickelt, führt in der Regel zu gutem Füllfaktor, wenn der Kupferquerschnitt derartig
ist, daß man geeignete Dimensionen für das Flachkupfer wählen
kann. Füllfaktoren bis zu 0,7 und mehr lassen sich auf diese
Weise unter günstigen Bedingungen erreichen.

Eine neue Isolierungsart wird von der Allgemeinen Elektrizitäts-
Gesellschaft seit einiger Zeit für Drähte verwendet, indem die Drähte
bis zu 0,17 mm Durchmesser mit einer Schicht von Zellulose-Tetra-
Azetat, Drähte bis zu 2 mm mit einer Emailleschicht überzogen
werden. Die Schichten sind 0,02 bezw. 0,025 mm stark, nicht
hygroskopisch und unempfindlich gegen Temperaturen bis zu 150
bezw. 200° C., dabei von hoher Elastizität und großer Festigkeit.
Mit der Azetat-Isolation läßt sich der Wickelraum um 25 $^0/_0$ besser
ausnützen als bei der schwächsten Seidenumspinnung. Die Raumausnutzung der Emailleisolation ist höher als für Drähte mit der
feinsten Baumwollumspinnung, bis 0,6 mm Drahtdurchmesser sogar
noch besser als bei Seidenumspinnung.[1])

---

[1]) Elektrische Bahnen und Betriebe 14. Okt. 1905.

Achtzehntes Kapitel

Die Isolation der Feldspulen.

Die Frage nach der besten Isoliermethode und allgemeinen Konstruktion der Feldspulen ist von weitem Interesse und ruft die größten Meinungsverschiedenheiten hervor. Die alte Methode, die Spule zu halten und zu schützen durch Rahmen aus Gußeisen, Rotguß oder anderen Materialien, ist noch nicht vollständig überstanden. Bei großen Maschinen und bei manchen neueren Typen von Straßenbahnmotoren wird sie noch allgemein angewendet. In der Regel aber dient der Rahmen nur zum Absteifen oder zum Halten der Spule, weniger zu ihrem Schutz. In vielen Fällen ist der Rahmen auch nötig, wenn der betreffende Apparat starken mechanischen Stößen und Erschütterungen ausgesetzt ist, wie etwa ein Straßenbahnmotor.

Bei den meisten stationären Maschinen und Motoren mittlerer Größe scheint aber die Anwendung eines Rahmens höchst überflüssig, da die mechanische Erschütterung nur unbedeutend ist.

Bei kleinen Motoren verwendet man heute vielfach die mit Band umwickelten Spulen, wie Fig. 112 zeigt. Aber bei diesen umwickelten Spulen ist die Wärmeableitung stark gehindert und es muß, entsprechend der geringeren Wärmeabgabe, das Kupfergewicht vergrößert werden. Neuerdings nimmt man statt des Bandes Bindfaden, mit dem man die aufgewickelten Drähte in gewissen Abständen umwickelt, um dem Ganzen den nötigen Halt zu geben; die Wärme kann dann durch die Zwischenräume zwischen den einzelnen Fäden entweichen, während sie durch die geschlossene Bandlage zurückgehalten wurde.

Bei Spulen mit Rahmen ist das Austrocknen der Isolation nach dem Aufwickeln mit Schwierigkeiten verbunden und in der Regel muß mit Hilfe des Vakuums getrocknet werden.

Als Isolation genügt in der Regel für Nebenschlußwicklungen bei sechs- oder mehrpoligen Maschinen von nicht über 600 Volt einfache Baumwollumspinnung.

Bei Straßenbahnmotoren ist durch die vollständige Kapselung die Wärmeableitung stark vermindert; man wählt deshalb mit Rücksicht auf eventuelle höhere Temperaturen häufig Asbestumhüllungen direkt auf dem Kupfer, darüber eine Baumwollumspinnung. Verschiedentlich sind sogar doppelte Asbest- und doppelte Baumwollumspinnungen verwandt, so daß jeder Draht im ganzen vier Schutzhüllen hatte. Es erscheint dies indes als zu weitgehende Sicherheit, da andererseits mit einer Asbest- und einer Baumwollbedeckung oder gar mit einer einzigen Baumwollumspinnung, die mit flüssigem Asbest getränkt war, gute Erfolge erzielt worden sind.

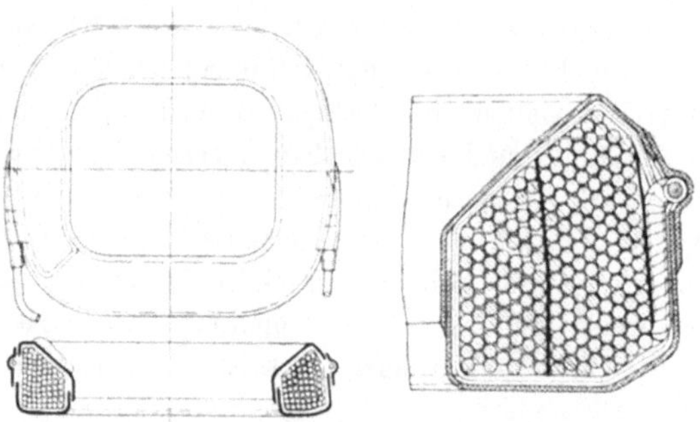

Fig. 112. Bandumwickelte Feldspule.

Dies gibt ein gutes Bild über die Verschiedenheit der Meinungen und Methoden.[1])

Neuerdings verwendet man, um die Wärmeableitung zu verbessern, die sogenannten wärmeableitenden Lacke, wie im neunten Kapitel beschrieben.

Die Möglichkeit, auf diese Weise das Kupfergewicht zu verringern, gewährt namentlich Vorteile bei kleinen Motoren, wo der Wickelraum beschränkt ist und die Spulentemperatur infolgedessen

---

[1]) Man sollte allerdings namentlich bei Hauptstrommotoren, die als Kranmotoren viel Verwendung finden, lieber zu vorsichtig sein, da ein etwas höherer Preis gar nicht im Verhältnis steht zu dem Schaden, den eine Betriebsstörung durch einen Kranmotor, z. B. an einem Gießereilaufkran, im Gefolge hat.   Anm. der Übersetzer.

leicht zu hoch wird. Die mit Hilfe dieser Lackarten gewonnene Ersparnis soll tatsächlich bedeutend sein.

Die Spule wird aufgewickelt aus dem mit dem Lack getränkten Draht, solange der Lack noch feucht ist; dabei beansprucht der Draht nicht mehr Wickelraum, als wenn er nicht imprägniert wird; ist die fertig gewickelte Spule trocken geworden, so bildet sie ein festes Ganzes, wird auch bei starker Erwärmung nicht weich und ist wasser- und säuredicht.

Ventilierte Feldspulen.

Die Wärmeableitung bei den Feldspulen ist wegen der verhältnismäßig erheblichen Dicke derselben sehr behindert.

Neuere Untersuchungen des National Physical Laboratory in Teddington unter Dr. GLAZEBROOK haben nach einem Vortrag RAYNERS[1]) ergeben, daß die Temperatur der Feldspulen im Innern wesentlich höher ist als am äußeren Rande, daß die maximale Temperatur den Betrag der mittleren Temperatur, der durch Widerstandsmessung bestimmt wird, unter Umständen um 20° C. und noch mehr übersteigt, wobei zu berücksichtigen ist, daß die aus der Widerstandsmessung bestimmte Temperatur in der Regel wesentlich höher ist als die mit Hilfe des Thermometers beobachtete. Daß eine um 20° C. höhere Temperatur als die von dem Konstrukteur beabsichtigte die Isolation unter Umständen stark beeinträchtigen kann, ist klar.

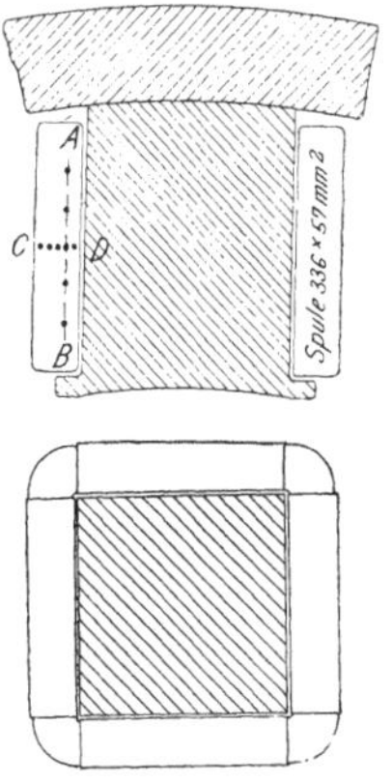

Fig. 113.   Verteilung der Temperatur im Innern der Feldspule.

Die Messung der Temperaturen an den verschiedenen Stellen der Spulen geschah mit Hilfe von Thermoelementen, die aus Eisen- und Heurekadrähten bestanden und direkt in die Spule mit hineingewickelt waren. Die bei der Erwärmung der Lötstelle entstehende EMK. wurde mit einem Drehspuleninstrument gemessen und dadurch nach vorheriger Eichung der Vorrichtung das Temperaturgefälle bestimmt. Aus den sehr reichhaltigen Untersuchungen sei folgendes mitgeteilt:

----

[1]) The Electrician, 17. März 1905.

Fig. 113 zeigt die untersuchte Spule, die schwarzen Punkte in den Richtungslinien AB und CD geben die Lagen der Thermoelemente an. Die gemessenen Temperaturen sind in den Kurven

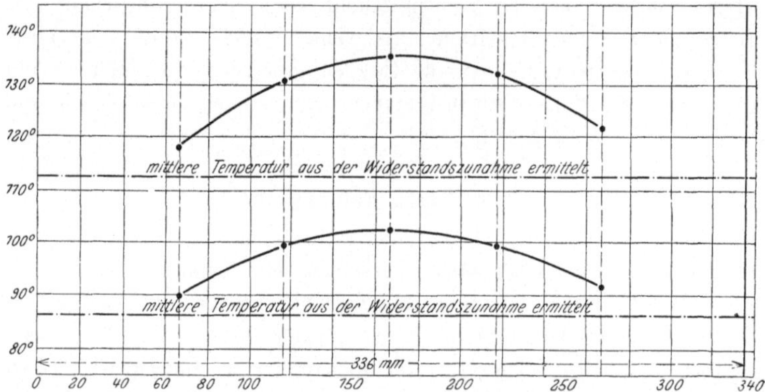

Fig. 114. Resultat der Messung für die Linie AB nach Fig. 113. Obere Kurve bei 8,1 Ampere im Laboratorium, untere Kurve an einer 500 Kw.-Maschine im Betrieb beobachtet. Strom 8,2 Ampere.

der Figuren 114 a und 114 aufgetragen, und zwar wurden die Spulen bei gleicher Stromstärke auf dem Magnetkern und dann an den

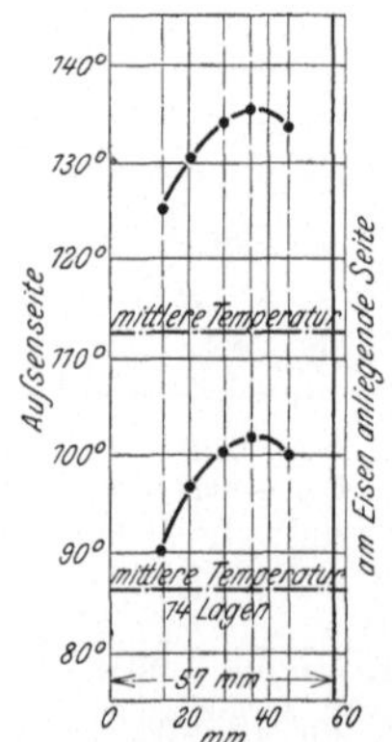

Maschinen im Betrieb untersucht; die geringeren Temperaturen im zweiten Fall sind auf den Einfluß des durch die Ankerumdrehung hervorgerufenen Luftzuges zurückzuführen.

In beiden Fällen sieht man deutlich, daß die Temperatur der Spule ungefähr in einem Abstand von einem Drittel ihrer Stärke, vom Magnetkern aus gemessen, ihren größten Wert hat und nach außen zu stark abnimmt, auch in der Richtung AB zeigt sich eine Temperaturabnahme nach den Spulenenden zu.

Fig. 114 a. Desgleichen wie Fig. 114, nur Verteilung der Temperatur auf der Linie CD in Fig. 113.

Es scheint deshalb empfehlenswert, die Spule so herzustellen, daß die entwickelte Wärme aus dem Spuleninnern abgeleitet werden kann, z. B. durch Ventilation der Spule.

Eine ventilierte Spule kann mit hölzernen Flanschen hergestellt werden, die an der Spule durch Seile befestigt sind, welche durch die Windungen hindurchlaufen; die Windungen sind an diesen Stellen durch Stützen aus Holz oder entsprechendem Material voneinander getrennt und lassen somit Öffnungen für den Luftdurchgang. Die vergrößerte Drahtlänge wird mehr als aufgewogen durch die vergrößerte Ausstrahlung.

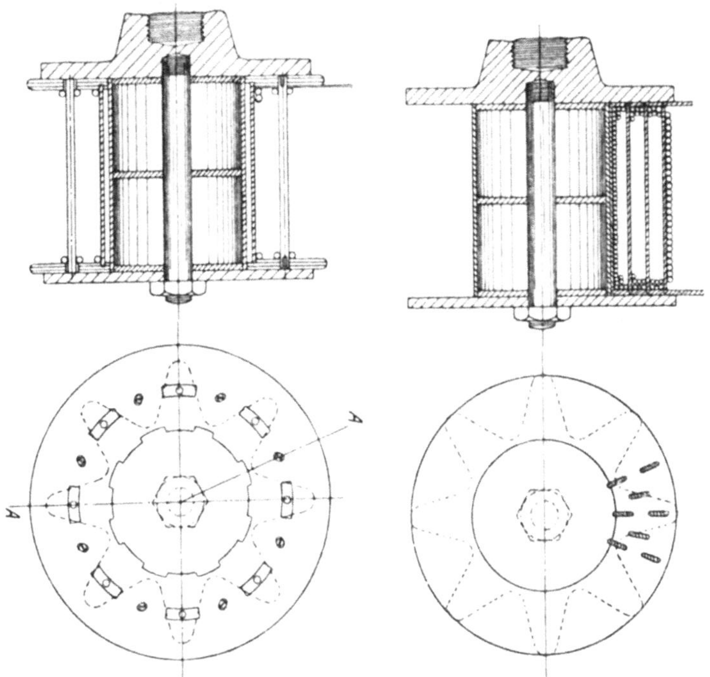

Fig. 115. Ventilierte Feldspule nach TURNER während des Wickelns. Fig. 116. Ventilierte Feldspule nach TURNER während des Wickelns.

Diese Spulenanordnung zusammen mit dem Wickelkern zeigen Fig. 115 und 116. Die zylindrische Oberfläche des Wickelkerns ist der Länge nach mit Seilen bewickelt, welche zeitweise in den hölzernen Endflanschen einen Halt haben. Der Kupferdraht wird dann über diese Seile auf den Kern aufgewickelt und in dem Maße, wie die Wicklung fortschreitet, werden die Seile wieder zwischen die Windungen eingelegt; sie dienen auf diese Weise gleichzeitig dazu, die Windungen zu halten und die gewünschten Luftzwischenräume zu sichern. Mit der letzten Windung werden zweckmäßig

die Seilenden befestigt. Die Spule wird dann von der Wickelform
entfernt, erwärmt, imprägniert und getrocknet. Auf diese Weise hat
die Spule einen guten Halt, läßt die Luft zur Abkühlung leicht
hindurchstreichen und ist durch den Lacküberzug wasser- und
staubdicht.

Es sei noch daran erinnert, daß, wie bei jedem ventilierten
Apparat, die sinnreichste Ventilation nichts nützt, wenn der Luftdurchgang etwa durch ungünstigen Einbau verhindert wird.

Fig. 117. Spule aus Flachkupfer, hochkant gewickelt, während des Isolierens.

Der von der Spule umschlossene Eisenkern kann, wenn es
ratsam erscheint, mit irgend einem zähen, imprägnierten Faserstoff
überzogen werden, bevor die Spule aufgeschoben wird; indes, für die
Wärmeableitung ist dies entschieden nachteilig.

Die Spule erhält ihren Halt auf dem Schenkel durch den Pol-
schuh oder einen Metallflansch, der durch einige Stiftschrauben
gesichert ist.

Ist die Spule nicht mit Band umwickelt, so wird man zweckmäßig die Fläche des Polschuhes oder Flansches, auf der die Spule
aufsitzt, mit irgend einem faserigen Material isolieren.

Bei Kompoundspulen können die Serienwindungen aus hochkant gewickelten Kupferstreifen bestehen, da diese Wicklung in der Regel nur aus einer Lage besteht. Dabei können Papierstreifen als Isolation zwischen den einzelnen Windungen dienen; indes scheint es, als ob ein harter Emailleüberzug mit Vorteil angewandt werden könnte, namentlich wenn man die Emailleschicht durch Sand, pulverisiertes Glas oder ähnliches Material verstärkt, das auf die noch weiche Emaille aufgestreut wird. Ist alles getrocknet, so bleiben diese Teilchen fest in ihrer Lage und gestatten ein Aufeinanderpressen der Kupferwindungen, ohne daß eine metallische Berührung zu befürchten ist.

Da das Kupfer beim Biegen an der Innenseite dicker wird, verwenden einige Firmen Kupfer, das auf der einen Seite dünner gezogen ist; dies ist indes nur in Ausnahmefällen nötig. Auch isoliertes Flachkupfer kann hochkant gewickelt werden und wird viel für Transformatoren angewendet; es hat den Vorteil, daß die Leiter anstatt in mehreren Lagen in einer Lage angeordnet und durch einen Emaillelack zu einem festen, transportablen Ganzen zusammengekittet werden können.

Fig. 117 zeigt eine hochkant gewickelte Spule während der Isolierung.

Neunzehntes Kapitel

Die Isolierung von Transformatoren.

In ganz ähnlicher Weise wie bei Feldspulen verfährt man bei Transformatoren bezüglich der Lüftung und Wärmeableitung.

Für Feldspulen wurden schon die durchbrochene Anordnung und die Imprägnierung mit wärmeableitenden, isolierenden Lacken besprochen. Dies bedeutet einen großen Fortschritt gegenüber der alten Methode, nach der Spulen derartig umwickelt wurden, daß eine Wärmeableitung fast unmöglich war.

Die Wärmeableitung kann beim Transformator noch weiter gesteigert werden. Bei gleicher Windungszahl und gleichem Querschnitt kann die Niederspannungswicklung aus Flachkupfer hochkant aufgewickelt werden und ergibt mit Zwischenlagen aus Band und mit einem geeigneten kittenden Lack einen festen Zylinder, der leicht von dem Wickelkern entfernt und über den Eisenkern des Transformators gestülpt werden kann. Der Eisenkern wird mit isolierenden Bandagen aus faserigem Material umwickelt, welche die Wicklung von Eisen trennen und Zwischenräume lassen, durch welche die Luft oder das im Transformatorkasten befindliche Öl hindurchstreichen können.

Über die Niederspannungswicklung wird ein Mikanitzylinder geschoben; darüber kommt die Hochspannungswicklung, wiederum durch Längsbänder aus faserigem Material von dem Zylinder getrennt, so daß Zwischenräume und Kanäle bleiben.

Die Hochspannungswicklung wird zweckmäßig in mehrere kleine Spulen unterteilt mit Isolierzwischenstücken. Umwicklungen sollten soweit wie möglich vermieden werden, um eine gute Ausstrahlung der Wärme zu sichern. Zwischenlagen sollten so verwendet werden, daß größere unventilierte Wicklungen vermieden werden. Die hierdurch erzielten Vorteile, namentlich was niedrige Temperatur anlangt, sind sehr erheblich.

Einen bedeutenden weiteren Vorteil bringt die Verwendung von Öl in geschlossenen Transformatoren, nicht nur wegen der geringeren Temperatur, die durch die Ölzirkulation bedingt wird, sondern auch wegen des erhaltenden Einflusses, den geeignetes Öl auf geeignete Isoliermaterialien ausübt. Das Öl verhindert eine Oxydation der Isolation und erhält sie auf diese Weise weich und biegsam.

Für Transformatoren ist nur Mineralöl zu verwenden, da vegetabilische Öle infolge der Erwärmung des Transformators beträchtliche Mengen an Kohle absetzen. Die besten Resultate ergibt ein dickflüssiges Öl, das, wenn es auch im kalten Zustande sehr zäh ist, bereits unter dem Einfluß mäßiger Erwärmung dünn wird und durch die Zirkulieröffnungen und Kanäle fließt (es wird dadurch eine erhebliche größere Abkühlung erzielt, als bei irgend einer anderen Vorrichtung möglich ist).

Das Öl muß einen hohen Entflammungspunkt haben, muß frei von Feuchtigkeit und jeder Spur einer Säure oder eines Alkalis sein; es darf sich bei mäßigen Temperaturen nicht zersetzen, auch nicht verflüchtigen, muß ein geeignetes spezifisches Gewicht und bestimmte Viskosität besitzen und namentlich hohe Isoliereigenschaften.

Diese lange Liste von erforderlichen Eigenschaften kann vielleicht manchen Fabrikanten von der Verwendung von Öl zu diesem Zwecke zurückschrecken, indes die erreichten Vorteile wiegen die Kosten reichlich auf, die durch die eingehende Untersuchung und Prüfung aller Eigenschaften des Öls entstehen. Vier bis fünf Millionen Liter Transformatoröl werden jährlich in Amerika verbraucht und nur bezüglich der zu verwendenden Qualität herrscht noch keine Übereinstimmung.

Vor allem darf man nicht an Öl sparen wollen. Augenblicklich verwendet man in der Regel für alle Transformatorengrößen im Mittel etwa 8—10 l pro Kilowatt, aber man kann ohne weiteres mehr Öl nehmen und dabei erheblich an Kupfer- und Eisenkosten sparen. Die Temperaturerhöhung eines Öltransformators ist der Hauptsache nach eine Funktion der äußeren Oberfläche des Transformatorkastens. Solange also die Oberfläche des Kastens genügend groß ist, ist es praktisch empfehlenswert, an Kupfer und Eisen zu sparen, indem das Öl bei geeigneter Konstruktion durch seine Zirkulation die Spulen auf einer ebenso geringen Temperatur halten wird, wie sie bei größerem Eisen- und Kupfergewicht und geringerer Ölmenge erreicht werden kann.

Vielfach wird der Transformator als nebensächlicher Apparat angesehen, auf den man so wenig Kosten wie nur möglich verwenden soll. Von dieser verkehrten Ansicht hat sich allein Amerika vollständig frei gemacht.

Erst neuerdings hat sich C. E. Scott, der frühere Vorsitzende des Amerikan Institut of Electrical Engineers wie folgt hierüber geäußert:

„Für die Verwendung von Wechselstrom und die modernen elektrischen Kraftübertragungen ist der Transformator von fundamentaler Bedeutung.

Ein riesiger Unterschied besteht zwischen dem normalen einfachen Transformator von früher und dem modernen Hochspannungstransformator für einige Hundert oder Tausend Kilowatt. Bei der letzteren haben die verschiedensten Probleme, die zu überwältigen waren, viele Schwierigkeiten theoretischer und praktischer Natur in den Entwurf und die Konstruktion hineingebracht. Von diesen Problemen seien folgende erwähnt: Anordnung der Wicklungen in einer größeren Anzahl von Spulen mit relativ niedriger Spannung, Ableitung der erzeugten Wärme durch große Materialmassen hindurch, ohne daß die Temperaturerhöhung übermäßige Höhe erreicht, Anordnung zum Halten der schweren Wicklungen, die starken mechanischen Kräften ausgesetzt sind, die Erschütterungen und Verzerrungen der Spulen hervorrufen, Isolierung gegen hohe Spannungen, sowohl die im normalen Betriebe als auch gegen ausnahmsweise hohe, die unter besonderen Umständen auftreten, z. B. bei Blitzschlägen, Entladungen usw."

Eine große Anzahl von Transformatoren, einzeln in Einheiten von 1000—2500 Kilowatt, sind zurzeit in regelmäßigem Betriebe, während vor zehn Jahren Transformatoren von einem Zehntel dieser Leistung selten waren. Über eine halbe Million Kilowatt wird jährlich an Transformatoren angeschlossen, indem die Leistung der jährlich angeschlossenen Transformatoren sich innerhalb der letzten drei Jahre verdoppelt hat. Die Gesamt-Leistung der heute im Betrieb befindlichen Transformatoren kann auf über zwei Millionen Kilowatt geschätzt werden gegenüber einem Zehntel dieses Wertes vor 10 Jahren.

Viele große Transformatoren arbeiten mit einer Betriebsspannung von über 50000 Volt. Ein derartiger Transformator liegt vollständig in Öl und ist an seinem oberen Ende von Messingrohren, die ebenfalls in dem Öl liegen, umgeben.

Durch diese Röhren zirkuliert Kühlwasser und hält somit das Öl und den Transformator auf der erforderlichen niedrigen Temperatur. Ein derartiger 2000 Kilowatt-Transformator verbraucht nur ca. 20 bis 25 l Wasser pro Minute, also 0,6—0,75 l pro Kilowatt in der Stunde. Bei Transformatoren bis zu 500 Kilowatt Leistung ist Wasserzirkulation überflüssig, da genügt die ableitende Wirkung des Öls zusammen mit genügender Oberfläche des Transformators.

Über die Wirkung des Öles schreibt J. S. Peck:[1]

„Im Transformator hat das Öl den Zweck, abzukühlen und zu isolieren. Als Isolator hat Öl eine erheblich größere Durchschlagsfestigkeit als Luft und ist von besonderem Werte als Isolation an frei liegenden Stellen, die in Luft bei sehr hohen Spannungen als Konduktoren wirken.

Der flüssige Zustand des Öles gibt einen weiteren Vorzug vor festem Isoliermaterial, indem es sich an einer Durchbruchstelle wieder schließt und die gleiche Durchschlagsfestigkeit zeigt wie vorher. Das Öl schließt also auch Risse und Öffnungen der angewendeten festen Isoliermittel.

Als Kühlmittel wirkt Öl, indem es die Wärme mehr fortleitet, als in sich aufnimmt. Ist es in Berührung mit den tätigen Teilen des Transformators, so erhitzt es sich, steigt in die Höhe und gleitet an den kühlen Außenflächen wieder nach unten, steigt dann wiederum an den heißen Stellen empor usw. So setzt sofort eine selbsttätige schnelle Zirkulation ein und die Wärme wird von der Erzeugungsstelle zu den vorgesehenen Abkühlungsflächen abgeleitet.

Die spezifische Wärme des Öls ist erheblich größer als die der Luft, und infolge seiner Leichtflüssigkeit fließt das Öl auch durch verhältnismäßig enge Kanäle.“

Auch Skinner[2] äußert sich über die Öl-Transformatoren:

„Heute betrachtet man allgemein Öl für Transformatoren höherer Spannung als unerläßlich, auch Niederspannungs-Transformatoren großer Leistung sind vielfach öl-isoliert. Öl bei kleinen

---

[1] Cassiers Magazine, Juni 1904, p. 137.
[2] Electric Club Journal, May 1904, p. 227.

Hausanschluß-Transformatoren ist bei uns ebenfalls fast allgemein die Regel.

Unter Transformatoröl versteht man ein Öl, in das der Transformator vollständig eingetaucht ist, das eine gleichmäßige Isolation für die Teile des Transformators bildet, die sonst nicht besonders isoliert sind, das ferner als Isolationsverstärkung für alle Materialien dient, die öldurchlässig sind, wie die Baumwolle der isolierten Drähte.

Das Transformatoröl dient außerdem als Kühlmittel, dessen Zweck es ist, die Wärme von dem Kupfer und Eisen, wo sie erzeugt wird, aufzunehmen und zu den äußeren, kühleren Teilen des Transformators zu schaffen.

Dadurch, daß sich Öl bei der Erwärmung ausdehnt, steigt das heiße Öl in die Höhe, während das kühlere Öl von den Seitenflächen des Behälters an die Stelle des heißen tritt; so findet ein ständiger Kreislauf des Öls statt, der den Transformator energisch kühlt."

Die Hauptschwierigkeit bei der Konstruktion der Öl-Transformatoren liegt in der Wahl des Isoliermaterials, das durch das Öl nicht angegriffen werden darf; deshalb ist Gummi direkt unbrauchbar, weil es durch Öl aufgelöst wird, also alle Gummiröhren, -Büchsen, -Umwicklungen und -Einführungen sind zu verwerfen. Geölte Baumwoll- und Leinenbänder sind zulässig, ebenso Preßspan und Papier. Tatsächlich würde es einen großen Fortschritt bedeuten, wenn für die Isolation in Transformatoren Papier in wesentlich höherem Maße angewendet würde, als heute üblich ist.

Skinner[1]) macht für Transformatoröl noch folgende Angaben:

„Die Viskosität bei Öl ist natürlich innerhalb gewisser Grenzen nicht von großem Einfluß, obwohl im allgemeinen die Bewegung des Öls in dem Transformatorbehälter um so schneller sein wird, je dünnflüssiger es ist. Bezüglich der Isolationseigenschaften scheint die Viskosität unwichtig zu sein, nur gilt da, daß die leichteren Öle, wie Kerosin, eine sehr hohe, zum Teil höhere Durchschlagsfestigkeit haben wie die sehr dickflüssigen Öle. Untersuchungen der Viskosität erfordern spezielle Apparate und besondere Vorsicht bei der Messung; nach dem Gesagten erscheinen sie auch nicht als notwendig für Transformatorenöl. Es ist ja außerdem zu berücksichtigen, daß das Öl, sobald der Transformator im Betrieb ist, sich erwärmt und dadurch schon leichtflüssiger wird, so daß wegen Trägheit des Öls nichts zu befürchten ist."

---

[1]) National Electric Light Association paper 1904.

Farbe des Öls.[1]) Im allgemeinen ist es wünschenswert, daß das Öl möglichst wasserhell ist; auf keinen Fall aber ist dies notwendig, und da im allgemeinen ein wasserhelles Öl nur durch chemische Behandlung zu erzielen ist, so wählt man besser ein dunkles Öl, als die Möglichkeit mit in den Kauf zu nehmen, auch nur Spuren chemischer Agentien in dem Öl zu haben. Manche Öle werden nach längerem Gebrauch dunkler. Die Qualität des Öls vom Standpunkt der Isolation aus wird aber durch ein Dunklerwerden des Öls infolge der Erwärmung scheinbar nicht geändert.

Schwefelgehalt. Die Wirkung des Schwefels auf die Isolation des Transformatoröls ist zwar noch nicht abschließend untersucht, ist aber nach einigen wenigen Versuchen Skinners geradezu zerstörend; es scheint deshalb als das beste, den Schwefelgehalt vollständig aus dem Öl zu entfernen.

Öl aus den westlichen Staaten Amerikas namentlich zeigt häufig einen Schwefelgehalt und gibt deshalb oft zu Störungen Anlaß. Bei einigen vor kurzer Zeit ausgeführten Versuchen wurde die Isolation eines Modell-Öltransformators, nachdem sie fast ein Jahr lang bei hohen Temperaturen einen sehr guten Wert gehabt hatte, durch Einführung einer geringen Schwefelmenge in das Öl in wenigen Tagen bis auf einen gefährlich niedrigen Wert reduziert.

Niederschlag. Im Betriebe bildet sich oft ein bräunlicher oder schwarzer Niederschlag in dem Öl. Ausführliche Untersuchungen haben nachgewiesen, daß dieser Niederschlag allein durch die Temperatur bedingt wird. Er wird gebildet von dem Öl und den Isoliermaterialien, Lacken etc., die als feste Isolation des Transformators benutzt werden. Der Niederschlag isoliert selbst gut, und der einzige Übelstand liegt darin, daß durch den Niederschlag die Zirkulation gehindert wird, wenn er sich in den Kanälen oder an den Kühlrohren festsetzt.

Bei Transformatoren für sehr hohe Spannungen besetzt dieser Niederschlag, wenn er auftritt, hauptsächlich die Punkte, wo die stärksten Ladungen auftreten.

Da dieser Niederschlag keine Verschlechterung des Öles oder der Transformatorisolation zur Folge hat, genügt eine gelegentliche

---

[1]) Seite 241, 242 und die sechs ersten Zeilen auf Seite 243 sind einer Abhandlung Skinners entnommen.

Reinigung der Stellen, wo sich der Niederschlag gebildet hat, um den Transformator im guten Zustande zu erhalten.

Sind die Transformatoren oben offen, so wird der Niederschlag auch Staub und Schmutz enthalten, der in das Transformatorgefäß hineingelangt. Dies kann unter Umständen natürlich zu Störungen führen.

Wirkungen wasserdichter Zusätze. An vielen Transformatoren verwendet man bei der Isolation wasserdichte Zusätze, Lack etc., die je nachdem in dem Öl des Transformators löslich sind oder nicht. Diese wasserdichten Zusätze müssen natürlich gute Isolatoren sein. Die dafür benutzten Materialien haben Asphalt, Teer oder Leinöl als Grundlage. Die ersteren sind stets in Öl etwas löslich, namentlich wenn dieses warm ist. Leinöl dagegen in vollkommen trockenem Zustande ist unlöslich in den Mineralölen. Bei den löslichen Zusätzen bildet sich durch Verbindung mit dem Transformatoröl eine breiige Masse, welche die Ventilationskanäle leicht verschließt und infolgedessen eine gefährliche Erwärmung des Transformators hervorrufen kann. Vom Isolationsstandpunkte aus läßt sich nichts dagegen sagen, daß diese wasserdichten Zusätze von dem Öl aufgelöst werden, sobald der Transformator im Betriebe ist, wenn nur die Konstruktion eine derartige ist, daß die Ventilierräume sich nicht zusetzen. Natürlich darf keine Isoliermischung zum Zusammenkitten von Transformatorteilen oder zum Verschließen von Zwischenräumen benutzt werden, die in Öl löslich ist.

Die Leinölprodukte sind wasserdicht in dem Sinne, daß sie kein Wasser durchlassen, solange die Schicht nicht durchbrochen ist; aber sie sind nicht wasserdicht in dem Sinne, wie Asphalt und Teer, daß sie Wasser „abstoßen".

Transformatoren mit Leinölimprägnierungen müssen mehr vor Feuchtigkeitsaufnahme bewahrt werden wie die mit anderen wasserdichten Imprägnierungen.

Im Gegenteil zu der landläufigen Ansicht ist bei der Verwendung von Öl in Transformatoren jede Feuersgefahr absolut ausgeschlossen, da Öl an sich fast unentzündbar ist. Bei einer Untersuchung eines Transformators für sehr hohe Spannungen schlug ein Funke über zwischen den Leitungen dicht über der Öloberfläche und entzündete das Fasermaterial der Isolationshüllen. Das Feuer wurde sofort gelöscht, indem Öl aus dem Gefäß über die brennenden Teile geschüttet wurde. In einem anderen Falle hing der Transformator über dem Ölgefäß, da einige Prüfungen unter Strom vorgenommen werden sollten. Infolge eines Isolationsfehlers geriet der Transformator, der völlig mit Öl durchtränkt war, in Flammen und brannte lichterloh. Er wurde in das Ölgefäß eingetaucht und das Feuer erlosch sofort."

Eine interessante Erscheinung ist an Transformatoren beobachtet, in denen die Hochspannungs-Primärspulen aus wenigen Abteilungen von großer Drahtlänge bestehen. Das verursacht eine hohe Spannungsdifferenz zwischen den Enden dieser Abteilungen. In einem besonderen Falle — es handelte sich um einen 30 Kilowatt-Transformator — betrug diese Spannungsdifferenz einige hundert Volt. Die Isolation zwischen den benachbarten Abteilungen bestand aus wenigen dünnen Schichten von rotem Hanfpapier. Dieses reichte für die in Frage kommende Spannung vollständig aus.

Es zeigte sich nun folgendes: Hatte der Leerlaufverlust bei kaltem Transformator einen bestimmten Betrag, sagen wir 200 Watt, so ergab derselbe Verlust, nachdem der Transformator belastet war und eine Temperatur von 50 ⁰ C. angenommen hatte, einen mehr als doppelt so großen Betrag. War der Transformator wieder kalt, so stellte sich der ursprüngliche Verlustbetrag wieder ein. Wiederholte Versuche mit verschiedenen Transformatoren bestätigten diese Beobachtung. Reduzierte man die Spannung pro Abteilung auf die Hälfte, indem man die eine lange Primärspule in zwei Spulen von halber Länge unterteilte, so wurde die Vergrößerung des Verlustes bei zunehmender Temperatur immer noch beobachtet, aber diese Vergrößerung war nicht entfernt so bedeutend wie vorher. Gleichzeitig blieb bei dieser Anordnung der Transformator bei gegebener Leistung erheblich kühler.

Es scheint, als ob bei der hohen Temperatur ein direkter Stromverlust durch die Isolation stattfindet. Dies ist auch ohne weiteres glaubhaft, wenn man überlegt, wie wesentlich der OHMsche Widerstand der meisten Isoliermaterialien bei zunehmender Temperatur abnimmt. Als Beispiel dafür kann die Kurve in Fig. 26, S. 35 dienen. Natürlich bedingt diese Unterteilung der Primärspulen mehr Gesamtraum für Isolation. Dasselbe ließe sich ja auch durch stärkere und bessere Isolation zwischen den einzelnen Schichten erreichen. Genügend genaue Untersuchungen würden außerdem zeigen, daß bei verschiedenen Materialien dieser Wert so verschieden ist, daß die

größere Sorgfalt und der höhere Preis für die Isolierung gerecht-
fertigt sind, wenn man eben ein Material auswählt, dessen Widerstand bei niedrigen Temperaturen hoch ist und bei zunehmender
Temperatur möglichst wenig abnimmt.

Fessenden hat 1898 den Vorschlag gemacht, in dem Transformator-Öl einen festen Körper, der sich nicht zersetzt, in solcher
Menge aufzulösen, daß er bei normalen Temperaturen auskristallisiert
und mit dem Öl eine weiche, gelatinöse Masse bildet, die nicht flüssig
ist, aber doch von dem Öl durchdrungen ist. Die große Wärmemenge, die zur Verflüssigung dieser Substanz — z. B. Paraffin —
nötig ist, verhindert eine Temperaturerhöhung über die Schmelztemperatur der betr. Substanz, solange noch nicht alles davon geschmolzen ist. Würde also die normale Betriebstemperatur etwas
unter der Schmelztemperatur des Paraffins liegen, so würde der
Transformator eine starke Überlastung auf längere Zeit aushalten
können, ohne daß die Temperatur sich wesentlich erhöht.

Dieses Verfahren hat gegenüber einem flüssigen Öl den Nachteil,
daß die Isolation nach einem Durchschlagen nicht gleich wieder
hergestellt wird.

Die Frage der Transformatorisolation und ihrer Prüfung ist
heute außerordentlich wichtig, wo so hohe Betriebsspannungen verwandt werden. Zweitausend Volt-Transformatoren werden in Amerika
mit Spannungen von 8000—10000 Volt zwischen Primärwicklung
und Sekundärwicklung bezw. Kern und Gestell geprüft. Bei höheren
Betriebsspannungen wird der Sicherheitsfaktor etwas geringer, so
daß 10000 Volt-Transformatoren mit 25000 Volt zwischen Primärwicklung und Sekundärwicklung bezw. Kern geprüft werden. Nur
dieser strengen, vorsichtigen Prüfung der Apparate ist es zu danken,
daß elektrische Kraftübertragungen bis zu 60000 Volt erfolgreich
ausgeführt sind.

Die in Deutschland, überhaupt in Europa üblichen Prüf-
anforderungen für Transformatorisolation sind entschieden zu gering.
Sie bestehen in der Regel darin, daß zur Prüfung von 2000 Volt-
Transformatoren die doppelte Spannung, für Transformatoren höherer
Betriebsspannung eine $50\,^0/_0$ höhere Spannung als die Betriebs-
spannung vorgeschrieben wird.

Bei den hohen Prüfspannungen treten nun leicht Störungen
auf, die meist in dem Überschlagen der Spannung durch Luft von
den Endanschlüssen zum Gestell oder Eisen bestehen.

Moody von der General Electric Co. liefert wertvolle Beiträge zu diesen Fragen in einer Abhandlung „Terminals and Bushings for High Pressure Transformers",[1]) aus der das Wichtigste hier ausführlich wiedergegeben sei.

„Unter 40 000 Volt bietet die Isolation der Anschlußklemmen und Kabelenden keine besondere Schwierigkeit. Porzellan- oder Glasbüchsen können leicht in genügender Sicherheit hergestellt werden, sogar wenn der Leiter keine besondere Isolation hat.

Für höhere Spannungen bietet das Problem mehr Schwierigkeit. Ist der Leiter nicht besonders isoliert, so werden die Büchsen so teuer und umfangreich, daß auf einem Transformator normaler Größe kaum Platz ist für so viele Anschlußklemmen, als in der Regel erforderlich sind. Gewöhnlich werden folgende Anordnungen für die Büchsen angewandt:

　　Röhren aus Holz.
　　Röhren aus Hartgummi.
　　Röhren aus Glas oder Porzellan mit einfacher oder
　　　　doppelter Wandung.
　　Verschiedene Formen von Porzellanbüchsen.

Eine derartige Anordnung sieht man an dem Prüftransformator Fig. 15.

Holzröhren der erforderlichen Größe können nicht genügend getrocknet und imprägniert werden.

Hartgummi enthält leicht Unreinlichkeiten, die es ungeeignet machen; außerdem wird es sehr schnell schlecht, wenn Ozon in seiner Nähe erzeugt wird. Glas ist zerbrechlich und muß durch andere Halbisolatoren geschützt werden.

Porzellan und jede glatte Röhre müssen sehr große Oberfläche haben, um in schmutzigem Zustand genügend zu isolieren, und selbst die günstigsten Formen mit gerillter Oberfläche stellen sich groß und teuer, wenn sie bei der Prüfung 75 000—160 000 Volt aushalten sollen.

Unter Berücksichtigung aller dieser Umstände hat der Verfasser folgende Anordnung für Prüfspannungen von nicht über 160 000 Volt für vollständig ausreichend gefunden.

Man isoliert den Leiter mit imprägnierten Umhüllungen, welche mit Sicherheit die halbe Prüfspannung eine Minute lang aushalten;

---

[1]) Trans. Amer. Inst. Elec. Engrs., 18. Dezember 1903.

und führt den Leiter durch eine Porzellanhülse, welche die gleiche Durchschlagsspannung aushält, wie die Leiterumhüllung, und genügende Oberfläche besitzt, um in schmutzigem Zustande ein Überschlagen zu verhindern.

Mit anderen Worten, man macht die Isolation des Leiters ausreichend für die Betriebsspannung; die Isolation des Porzellans gibt dann den gewünschten Sicherheitsfaktor. Diese Anordnung ist wesentlich sicherer als ein blanker Leiter mit einer größeren Porzellanhülse, welche die gleiche Prüfspannung aushält als die beschriebene Anordnung; denn es ist bekannt, daß oxydiertes Leinöl bei ganz kurzer Beanspruchung eine erheblich höhere Spannung aushält als bei längerer Einwirkung, während Porzellan, Glas etc. diesen Zeitfaktor nicht haben.

Bei Leitungen, die eine Prüfspannung von 100 000 Volt und darüber erfordern, tritt eine zusätzliche Schwierigkeit auf durch die Ladung auf der äußeren Oberfläche der Isolation. Bei dieser Spannung treten oft an der Oberfläche Büschelentladungen auf, welche den Widerstand der Oberfläche derartig verkleinern, daß sich die Spannung von 100 000 Volt über einige Fuß ausbreitet.

Es ist unpraktisch, die Isolatoren so lang auszuführen, daß sie die Spannung unter solchen Umständen aushalten; es empfiehlt sich, die Entladung dadurch zu verhindern, daß man glockenförmige Isolatoren aus Hartgummi, Porzellan etc. über den Leiter schiebt, bevor die imprägnierten Umhüllungen aufgelegt werden; dabei müssen diese Isolatoren an dem engeren Ende so geformt sein, daß sie fest von den äußeren Umhüllungen umschlossen werden.

Bei Transformatoren mit Sternschaltung hat man zuweilen einen Anschluß mit dem Gestell geerdet, um die teuren Endbüchsen zu sparen, und nur die an die Leitungen angeschlossenen Enden isoliert; hierbei ist aber die Verwendung von Transformatoren mit Dreieckschaltung ausgeschlossen, sonst scheint dies Verfahren einwandfrei.

In ähnlicher Weise erspart man bei Anwendung von Dreiphasentransformatoren mit innen liegenden Anschlüssen der Phasen große Ausgaben und mögliche Störungen durch die Anschlußklemmen.

Achtzigtausend Volt ist jetzt wohl die höchste praktische Betriebsspannung für Kraftübertragungen, indes müssen Transformatoren und Isolatoren geprüft werden, also liegt ein Bedürfnis für Transformatoren bis zu 200 000 Volt vor.

Die Isolation der Endanschlüsse bei derartigen Transformatoren bietet die größten Schwierigkeiten. Bis jetzt kenne ich keine zufriedenstellende Lösung des Problems, als die Verwendung von ölgefüllten Röhren für die Endanschlüsse.

Ein Endanschluß, der ohne ein Zeichen von Defekt 375 000 Volt aushielt, hatte folgende Konstruktion:

Die Röhre hatte die Form von zwei abgestumpften Kegeln mit den Grundflächen gegeneinander gerichtet, etwa 300 mm Durchmesser in der Mitte, 100 mm an den Enden. Die Röhre bestand aus dünnen Holzringen, die fernrohrartig mit geringem Abstand übereinander geschoben waren und durch den Leiter getragen wurden, der aus mechanischen Rücksichten sehr stark gehalten war, die Achse der Kegel bildete und an beiden Enden der Röhre durch Schrauben-Bolzen gestützt war. Zwischen den einzelnen Holzringen waren Manschetten aus Isoliermaterial befestigt, 75 mm im äußeren Durchmesser größer als die Röhre; sie dienten zur Vergrößerung des Oberflächenwiderstandes. Nachdem die Ringe durch Muttern fest auf den Leiterenden angezogen waren, wurde die ganze Anordnung wiederholt lackiert und getrocknet, sowie an allen Stoßfugen gedichtet. Der Endanschluß wurde so befestigt, daß das eine Ende etwa 100 mm in das Öl des Transformators eintauchte und der größte Durchmesser in einer Höhe mit dem Deckel lag. Das untere Ende der Röhre war dicht verkittet, so daß es die Röhre direkt öldicht abschloß."

Zwanzigstes Kapitel

Die Isolation von Ankerscheiben und -Blechen.

In der Praxis weichen die Methoden, die Ankerbleche voneinander zu isolieren, sehr voneinander ab.

Früher und auch jetzt noch ist dünnes Papier hierfür viel verwendet, indes ist das Verfahren, was Material und Bearbeitung anlangt, teuer.

Einige Firmen verwenden auch jetzt noch gewöhnlichen Schellackfirnis, indes ist dieser ungeeignet, da Schellack Feuchtigkeit annimmt, schon bei mäßigen Temperaturen weich wird und in nicht zu langer Zeit direkt zu Staub zerfällt, und zwar um so eher, je heftiger die auftretenden Erschütterungen sind. Nach einem dritten Verfahren oxydiert man die Bleche durch Säuren oder ihre Dämpfe.

In England ist wohl die heute gebräuchlichste Methode die, die Bleche mit einem schnell trocknenden Japanlack zu streichen. Man muß nur darauf acht geben, daß man einen Lack hat, der weder bei der Wärme weich wird, noch infolge der Hitzeeinwirkung und des Alterns zerfällt.

Die Lamellen können zwischen einem Rollenpaar durchgehen, von denen die untere zum Teil in den Lack eintaucht, diesen der oberen mitteilt, so daß das Blech auf beiden Seiten mit Lack bedeckt wird.

Das Blech, das zwischen den Walzen hindurchgegangen ist, wird durch eine endlose Kette über eine Reihe von Heißluftröhren geführt, die so durchlöchert sind, daß die heiße Luft die zu trocknenden Flächen trifft. Zum Schluß werden die Bleche von einem geeigneten Behälter aufgenommen. Fig. 118 zeigt eine derartige Anordnung.

Die Bleche können verschiedene derartige Walzenpaare nacheinander durchlaufen. Zum Schluß sollten sie mit französischer Kreide bestäubt werden, die einen außerordentlich feinen Überzug schafft, der die Isolierwirkung verstärkt und ein Aneinanderkleben der Bleche verhindert, falls sie beim Sammeln noch nicht vollständig trocken sein sollten.

Es empfiehlt sich, die Walzen aus Metall herzustellen und mit Druckerharz oder einem gelatinösen Überzug zu versehen; Gummi ist nicht zulässig, da es durch die Lösungsmittel des Lackes aufgelöst wird. Die Oberflächen der Walzen müssen vollkommen glatt und rein sein, namentlich frei von allem Öl und von metallischem Staub.

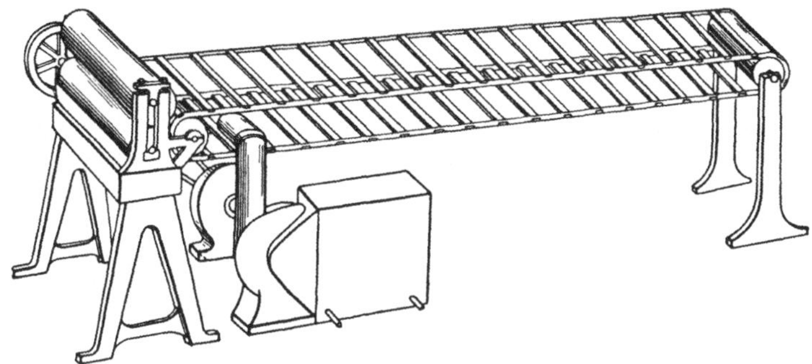

Fig. 118. Apparat zum Lackieren und Trocknen von Ankerblechen.

Ist beim Stanzen Terpentinöl statt des Seifenwassers verwendet, so ist weiter keine Reinigung der Bleche nötig; im Gegenteil, der Lack wird um so besser haften, da Terpentin gewöhnlich in den Lösungsmitteln der Lacke vorhanden ist. Sind die Bleche nach dem Stanzen noch geglüht, so werden dadurch natürlich alle Öl- und Seifenreste entfernt, indes wird man oft auf das Ausglühen der Bleche mit Rücksicht auf die Ausgabe für einen Glühofen verzichten. In diesem Fall müssen die Bleche vor dem Lackieren gereinigt werden, weil sonst der Lack nicht haftet.

Das Trocknen der Bleche kann dadurch beschleunigt werden, daß man die Bleche vorher anwärmt und sie heiß durch die Walzen gehen läßt.

Gilsonite, Asphalt und andere Materialien dieser Gattung liefern die besten Lacke für diesen Zweck.

Das spezifische Gewicht darf nicht über 0,83 sein.

Die Pressung, mit der die Bleche im Anker zusammengefaßt sind, hat auf die Isolation unter den in der Praxis üblichen Drucken keinen Einfluß.

Ein Druck von 8 kg pro Quadratzentimeter ist wohl als guter Durchschnitt anzunehmen.

Um den Einfluß der Pressung zu untersuchen, wurden kreisförmige Bleche mit abgerundeten Ecken und nach Entfernung aller Unregelmäßigkeiten nach der oben beschriebenen Methode lackiert. Zwanzig Scheiben von 32 cm Durchmesser, jedesmal mit einem bestimmten Lack isoliert, gehörten zusammen; die einzelnen Sorten wurden getrennt durch gewöhnliche Blechscheiben, die als Enden dienten und an eine Wheatstone Brücke angeschlossen wurden. Die ganze Anordnung kam in eine hydraulische Presse und es wurden für jeden Druck die Widerstandsmessungen ausgeführt.

Die Pressungen übertrafen bedeutend die gebräuchlichen, um eben besser den Einfluß auf die Verringerung des Widerstandes bestimmen zu können.

Die Resultate bei dieser übermäßigen Pressung zeigten eine gewisse Abhängigkeit von dem Isolationsmaterial.

Die Dicke der lackierten Platten läßt sich in der gewohnten Weise mit der Mikrometerschraube nicht messen, da die Blechstärke zu sehr variiert und da die Verteilung des Lackes nicht genügend gleichmäßig ist.

Nach dem Lackieren muß man die Bleche in Behälter packen, damit die Oberfläche nicht zerkratzt oder verletzt wird.

Eine Reihe von Versuchen zeigten den Wert eines Zelluloidlackes, wie er zur Politur von Messing und ähnlichen Metallen verwendet wird. Es zeigte sich, daß die Eisenbleche, wenn sie in warmem Zustande in den Lack getaucht wurden, sehr schnell trockneten und eine dünne, ebene und hochisolierende Deckschicht hatten, die unempfindlich gegen Hitze, Feuchtigkeit und Säuren und sehr dauerhaft ist.

Die Deckschicht des Zelluloidlackes ist so dünn, daß man mit derselben Menge erheblich mehr Oberfläche decken kann als mit irgend einem anderen flüssigen Isoliermaterial bei gleichem Isolationsvermögen und bei noch gleichmäßigerer Verteilung auf der Oberfläche.

Da ferner das Trocknen mindestens ebenso schnell von statten geht, wie bei irgend einem anderen Lack, so kann man trotz des höheren Preises des Zelluloidlackes doch bei seiner Verwendung an Herstellungskosten sparen.

Ein neues Material für Isolierung von Eisenblechen ist „Insuline". Es soll folgende Vorzüge besitzen:

„Guter Isolator, der wirksam alle Ströme zwischen den Blechen oder Scheiben verhindert; sehr dünn; beansprucht weniger Raum als irgend ein anderer Isolator für denselben Zweck, läßt also eine bessere Ausnutzung des Ankers oder geringere Sättigung des Eisens zu; wird nicht durch irgend eine der in der Praxis vorkommenden Temperaturen beeinträchtigt; quillt nicht heraus und zersetzt sich nicht; deckt bei Nutenankerblechen gleichmäßig Zahn und das übrige Blech; es wird nach dem Stanzen und Ausglühen aufgebracht."

Auch Armalack wird zur Isolation der Ankerbleche empfohlen mit folgender Anweisung:

„Um die Ankerbleche zu isolieren, taucht man sie in Armalack, der mit Petroleum-Naphtha verdünnt ist, bis er in einer Schicht von nicht über 0,025 mm Dicke fließt. In großen Fabriken läßt man die Bleche zwischen getränkten Walzen durchlaufen, von denen die untere in Armalack läuft. Man spart bei der Verwendung von Armalack sehr viel Zeit, da die Bleche in wenigen Augenblicken trocken sind."

Zur Isolation von Blechen ist auch Graphit benutzt worden.

Bandumwickelmaschinen und Bänder.

Bänder aus Zwirn werden so außerordentlich häufig zur Isolierung angewendet, daß man mechanische Hilfsmittel zum Aufwickeln verwendet. In den Fig. 119, 120, 121 sind verschiedene Ausführungs-

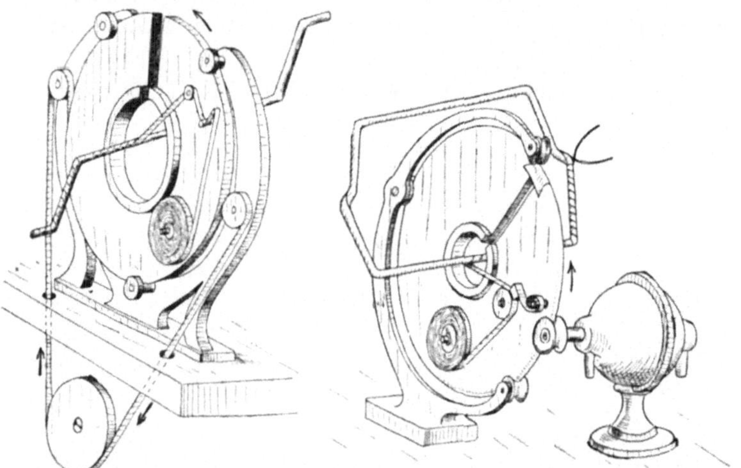

Fig. 119. Bandumwickelmaschine.   Fig. 120. Bandumwickelmaschine.

formen von solchen Bandumwickelmaschinen im Schema gezeichnet und in den Fig. 122 und 123 entsprechende Photographien gegeben. Es ist stets ein Metallring mit Schlitz vorhanden, welcher sich dreht, meist über einem zweiten feststehenden Ring, der als Lager dient und ebenfalls mit Schlitz versehen ist. An dem ersten drehbaren Ring wird die Bandrolle zwischen Klemmscheiben ebenfalls drehbar festgehalten und infolge der Drehung des Ringes um den zu bewickelnden Gegenstand, meist Formspulen für die Ankerwicklung,

herumgeschwungen. Führt
man dann die zu bewickelnde
Spule mit der richtigen Geschwindigkeit durch die Mitte
der drehbaren Scheibe hindurch, so wird das Band
aufgewickelt mit der er-
forderlichen Überdeckung.
Man wickelt immer so, daß
das Band sich halb über-
deckt. Die Maschine wird
durch Riemen oder be-
sonderen Motor angetrieben,
und zwar geschieht Ein- und
Ausrücken vermittelst des
Fußes, so daß die Hände des
Arbeiters frei bleiben für
die Führung der Spule durch
die Maschine hindurch.

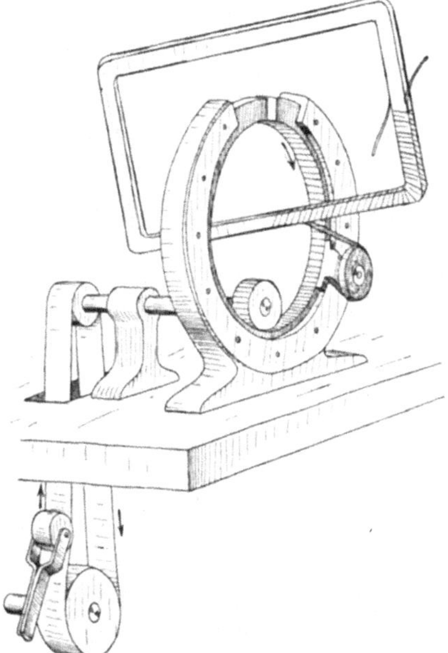

Fig. 121. Bandumwickelmaschine.

Fig. 122. TURNERS Bandumwickelmaschine.

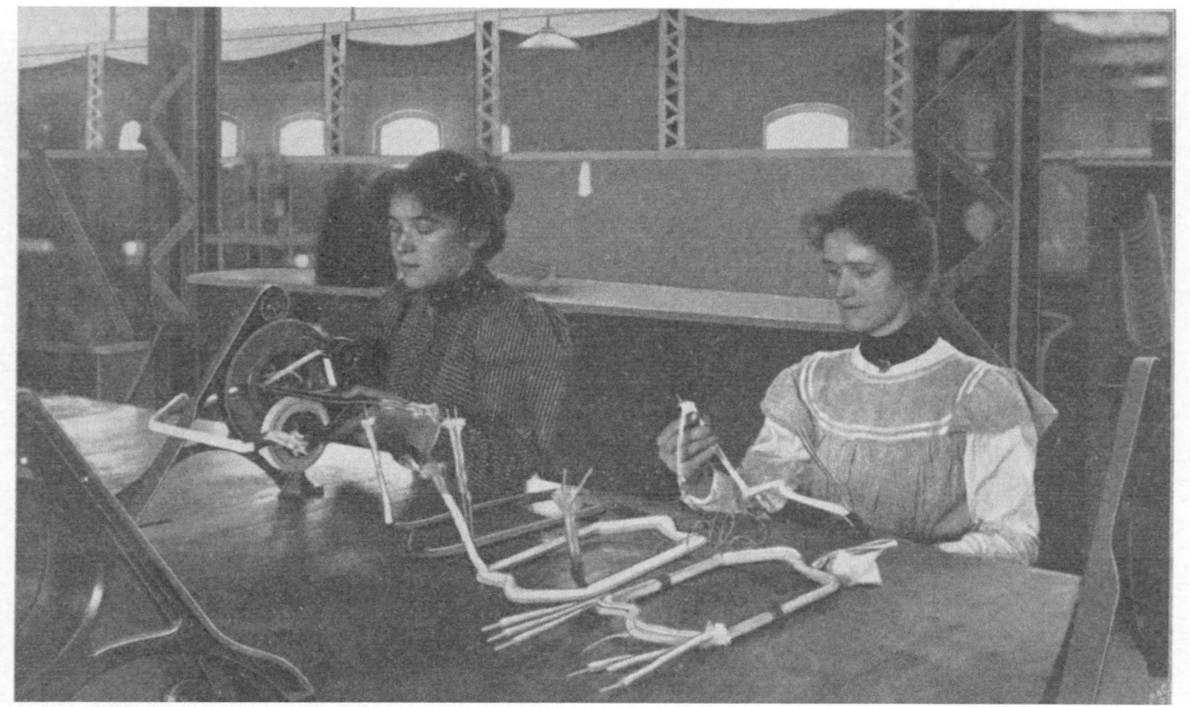

Fig 123. Bandumwickelmaschine.

Eine erprobte und einfache Bandumwickelmaschine des einen Verfassers ist in Fig. 124 gezeichnet. Der Antrieb erfolgt durch einen Riemen, der gegen die Längsnut der drehbaren Scheibe gedrückt wird, wenn man zum Einrücken der Maschine auf den Fußhebel tritt. Die Photographie dieser Maschine zeigt Fig. 122.

Zwirnbänder. In Barmen und Elberfeld befindet sich eine Reihe von Fabriken, welche Bänder zu elektrotechnischen Zwecken herstellen. Solche Bänder müssen fest und biegsam sein. Am meisten wird ein gelbliches, fein gewebtes Band von 0,13 mm Dicke angewendet, die gewöhnliche Breite beträgt 16—18 mm.

Es ist darauf zu achten, daß, wenn die Rolle aus mehreren Bändern zusammengesetzt ist, die Enden derselben zusammengenäht sind, denn es ist vorgekommen, daß kleine Stifte dazu verwendet waren, deren Anwesenheit beim Aufwickeln nicht bemerkt wurde, und welche später ein Durchschlagen der Isolation veranlaßten.

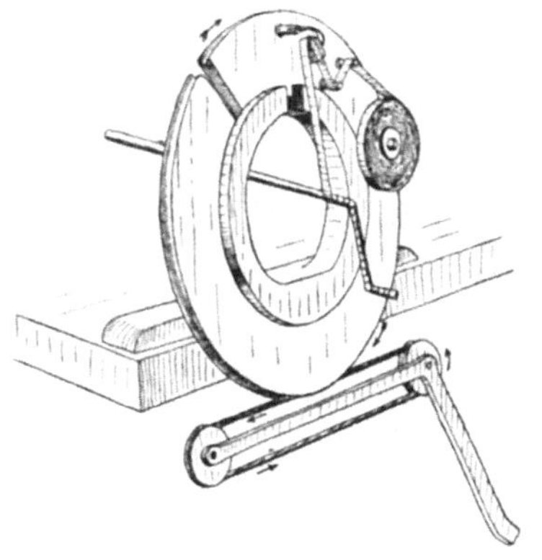

Fig. 124. TURNERS Bandumwickelmaschine.

Damit die Bandrollen bequem auf die Wickelmaschinen aufgesetzt werden können, empfiehlt sich eine innere Weite von 10 mm und ein äußerer Durchmesser von ungefähr 150 mm. Das meist verwendete Baumwoll- oder Halb-Baumwollband führt den Handelsnamen „Jaconet". Es muß daran erinnert werden, daß die Bandumwickelung nur ein Mittel ist, um den Lack oder ein anderes Imprägniermittel aufzunehmen und um die Leiter voneinander zu trennen; es ist deshalb wichtig, gleichmäßig und dünn gewebtes Band anzuwenden und dasselbe so aufzuwickeln, daß es sich überdeckt.

Es hat sich in großen elektrotechnischen Fabriken als vorteilhaft herausgestellt, wenn Bänder verschiedener Breite verwendet werden, sie in Streifen von breiten Rollen abzuschneiden, anstatt die verschiedenen Breiten alle auf Lager zu halten. Der Übelstand des möglichen Ausfaserns wird durch Lackieren behoben. Die Art und Weise, diese Streifen herzustellen, besteht darin, eine Baumwollrolle im Vakuumofen auszutrocknen, in eine Wanne mit Isolierlack zu tauchen und dann direkt aus der Wanne das Tuch auf eine Spindel mit einer Drehbank aufzuwickeln, wobei es über einige Abstreifer läuft, damit es weich bleibt und nur ein dehnbarer, dünner Lacküberzug anhaftet. Das Tuch wird mit großer Spannung auf die Spindel aufgewickelt und kann mit einem Messer, welches am Support der Drehbank befestigt wird, in Streifen von beliebiger Breite zerschnitten werden. Es ist üblich, das Tuch auf der Spindel so lange unzerschnitten aufzuheben, bis es auf der Wickelmaschine gebraucht wird; es ist dann elastischer und gibt eine bessere Isolierung, als auf andere Weise zu erreichen wäre. Isolierlacke werden darauf noch angewendet, um Zwischenräume auszufüllen und eine Oberfläche zu erhalten, welche das Eindringen von Feuchtigkeit verhindert. Der Isolierlack sollte deshalb möglichst plastisch sein, sonst ist es wahrscheinlich, daß er austrocknet und brüchig wird.

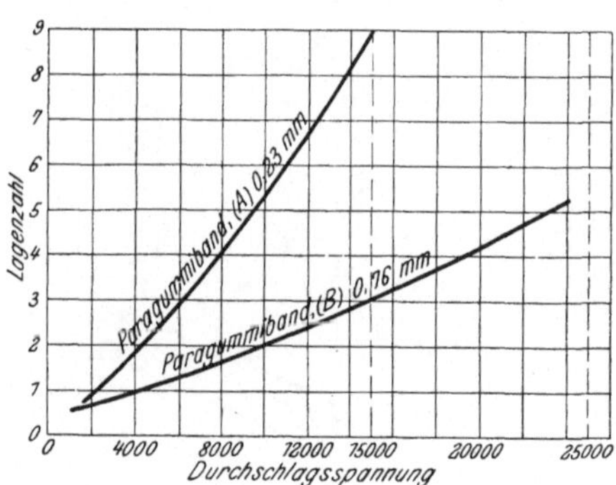

Fig. 125.   Kurven von HOLITSCHER über Paragummiband.

Gummiband sollte überhaupt nicht als Ankerisolation verwendet werden. So vorzüglich es auch sein mag im frischen Zustand, sein schnelles Untauglichwerden auch unter den besten Bedingungen und besonders unter der Einwirkung von Öl verbietet seine Anwendung für elektrische Maschinen.

In manchen Fällen wird ein dünner Gummiüberzug auf Segeltuch aufgewalzt. Wenn das Segeltuch vulkanisiert wäre, würde es noch besser sein. Der Gummi oxydiert aber sehr rasch und außerdem wird er, um das Band billig zu machen, sehr stark verunreinigt, so daß das Gummituch doch wieder ungeeignet ist für Anker- oder Transformatorspulen.

Die Versuche von HOLITSCHER über die Durchschlagsspannung von Paragummiband sind in den Kurven Fig. 125 gegeben.[1]

----

[1] Vergl. auch ETZ. 1902, S. 171.

Das Austrocknen von Isolationsmaterial und die Vakuum-Trockenöfen.

In den ersten Zeiten des Dynamobaues waren sehr rohe Methoden zum Austrocknen von Materialien in Anwendung. In vielen Fällen wurden die auszutrocknenden Gegenstände einfach erhitzt. Auch jetzt wird bei großen Apparaten die letzte Austrocknung oft auf diese Weise herbeigeführt und bei den heutigen Ventilationsschlitzen in der Maschine ist diese Methode auch weit wirksamer als früher. Obgleich teurer, ist aber das Austrocknen der Windungen mit Gleichstrom aus einer fremden Stromquelle in vielen Fällen besser, weil dabei die Windungen keiner hohen Spannung ausgesetzt zu werden brauchen, mit Ausnahme des geringen Spannungsverlustes infolge ihres Widerstandes; sie werden dadurch gut von den letzten Spuren irgendwelcher Feuchtigkeit befreit. Solche Methoden sind aber doch nur roh und auch teuer. Zuweilen war es früher üblich, Holzkohlenfeuer um Feldspulen und Anker anzuzünden und das Ganze mit Eisenblech oder nur mit Brettern, die mit Asbest verkleidet waren, zu umgeben. Heute findet man oft, daß große Anker mit provisorischen Dampfröhren umgeben werden zum Zweck des Austrocknens. Auch Gasöfen werden manchmal verwendet, sie dienen aber mehr zum Austrocknen von Kollektoren und Glimmerisolationen.

Viele Firmen wenden Dampföfen an, durch welche von Ventilatoren ein Luftstrom geblasen wird. Andere erhitzen die Luft zuerst mit Dampfröhren in besonderen Öfen und blasen sie dann durch die Öfen, welche die auszutrocknenden Gegenstände enthalten. Eine derartige Einrichtung zeigt Fig. 126. Eine Batterie solcher Heißluft-Trockenöfen in einer britischen Dynamofabrik zeigt Fig. 127.

Jedoch sind heute „Vakuum-Trockenöfen" in elektrotechnischen Fabriken geradezu unentbehrlich. Sie sind aus Gußeisen (oder Flußeisen) und enthalten innen Dampfschlangen aus einem Stück. Durch Absperrventile kann die Temperatur auf gewünschter Höhe gehalten werden (meist 60—95°). Eine Luftpumpe saugt die Luft und damit die

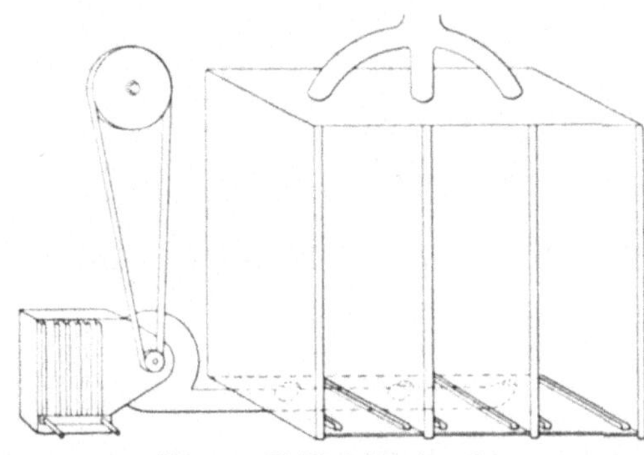

Fig. 126. Heißluft-Trockenofen.

Feuchtigkeit heraus und erzeugt ein Vakuum von 93% und mehr.

Fig. 127. Batterie von Heißluft-Trockenöfen in einer britischen Dynamofabrik.

Da bei 50 mm Druck die Verdampfungstemperatur der Feuchtigkeit 38° ist, bei 25 mm nur noch 25°, so ist klar, daß ein Gegenstand,

auch wenn er nur wenig mehr als z. B. 30 oder 40⁰ über diese Verdampfungstemperatur der Feuchtigkeit erwärmt wird, sicherlich in
sehr kurzer Zeit absolut trocken ist. In solchen Fällen, wo der
Lack Sauerstoff zum Trocknen gebraucht, wird alle halbe Stunde
frische Luft in den Ofen hineingelassen. Wird die Luft vor dem
Eintritt in den Vakuumofen schon ausgetrocknet, so wird der Prozeß
natürlich beschleunigt. Es ist einleuchtend, daß in einem Vakuumofen ein bestimmter Grad von Trockenheit bei einer viel niedrigeren
Temperatur erreicht werden kann als auf andere Weise, und das
ist für viele Substanzen sehr wichtig. Mit den Vakuumöfen läßt
sich die Zeit für das Austrocknen sehr abkürzen und außerdem sind
die Resultate mehr zufriedenstellend. Die Baumwollumspinnung
auf Kupferdrähten enthält 5—15 % Feuchtigkeit und diese sollte am
besten unmittelbar vor dem Gebrauch der Drähte entfernt werden.
Es sollte daher auch Kupferdraht in losen Bunden vor dem Einlegen
in die Ankernuten oder dem Aufwickeln auf die Feldspulen im
Vakuumofen gründlich ausgetrocknet werden. Alle Arten Tuch und
Papier sollten ebenfalls vor dem Eintauchen in Lack gründlich ausgetrocknet werden. Nach dem Eintauchen sollten sie noch einmal
in einen Trockenofen gebracht werden.

Wenn der Trockenofen mit schlechten Wärmeleitern umgeben
ist, um Verluste durch Wärmestrahlung zu vermeiden, dann wird
der Dampfverbrauch für die Heizung außerordentlich klein. Im
Vakuum absorbiert nur der auszutrocknende Gegenstand die Wärme,
und diese mit dem Strahlungsverlust zusammen braucht ja nur
ersetzt zu werden. Ein Trockenofen von etwa 2,20 m Durchmesser
und 3,5 m Länge verlangt ungefähr $^3/_4$ Pferdestärken für den Betrieb
der Luftpumpe, damit bei den unvermeidlichen Undichtigkeiten das
Vakuum dauernd erhalten bleibt; zum ersten Auspumpen der Luft
sind gewöhnlich $1^1/_2$ Pferdestärken erforderlich. Etwa 25 kg Dampf
pro Stunde würde ein derartiger Vakuumofen erfordern, wenn er
mit 75⁰ arbeiten soll und gegen Wärmestrahlung geschützt ist.

Rohe Tuche und Gewebe sollten ebenfalls vor ihrer Imprägnierung im Vakuumofen getrocknet werden. Verschiebt man dieses
Austrocknen bis nach der Behandlung mit Isoliermitteln, so verläßt
die Imprägniermasse die Fasern des Stoffes wieder.

Eine Batterie von vier Trockenöfen mittlerer Größe zeigt die
Abbildung 128. Ein Vakuumofen aus den Werken der British

Westinghouse Co. Manchester ist in Fig. 129 abgebildet. Es sind darin die Dampfheizrohre zu erkennen.

Fig. 128. Batterie von 4 Vakuumöfen in einer Dynamofabrik auf dem Kontinent.

Sehr zweckmäßig ist dann eine Tauchwanne, in welche die Gegenstände, die eben aus dem Vakuum kommen, hineingetaucht

Fig. 129. Vakuumofen aus den Werken der British Westinghouse Co. Manchester.

werden, während sie noch warm sind. Das Imprägniermittel wird dann von den luftleeren Poren eingesaugt und macht daher ein späteres Eindringen von Luft unmöglich.

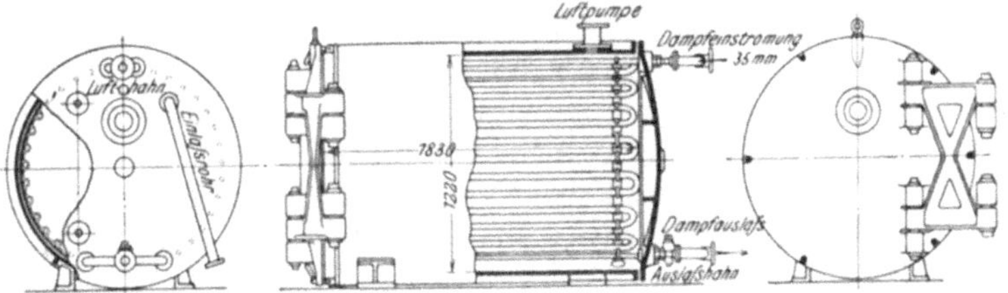

Fig. 130. Wagerechter Vakuumofen zum Austrocknen und Imprägnieren.

In Fig. 130 ist ein wagerechter Vakuumofen abgebildet von einer anderen Type. Er kann verwendet werden nur zum Trocknen und auch zum Trocknen und gleichzeitigen Imprägnieren. Der Kessel besteht aus Gußeisen; seine Innenmaße sind aus der Figur zu ersehen. Der vordere Deckel ist in Angeln drehbar und hat ein Fenster zum Überwachen der Vorgänge im Innern. Der hintere Deckel ist fest und besitzt die nötigen Rohrstutzen für die Dampfleitungen, sowie ein biegsames Rohr zur Verbindung mit einer Wanne, die das Imprägniermittel enthält. Letzteres wird durch das Vakuum angesaugt und fließt beim Einlassen von Luft wieder in seinen Behälter zurück. Der Ofen enthält eine Heizschlange aus Dampfrohren und ist zum Schutz gegen Wärmeverluste mit einem Luftmantel umgeben, der durch das äußere Eisenblech eingeschlossen wird.

Solche Gegenstände, welche imprägniert werden sollen, kommen in eine fahrbare Wanne, die in den Ofen geschoben wird und durch ein biegsames Rohr mit dem schon erwähnten, am hinteren Deckel befindlichen, biegsamen Rohr verbunden wird. Es fließt dann das Imprägniermittel durch die Saugwirkung des Vakuums nur so hoch in die Wanne, als erforderlich ist; es wird infolgedessen ein Absetzen des Imprägniermittels auf den Dampfrohren vermieden. (Für die Mitteilung von Einzelheiten ihrer Vakuumöfen sind die Verfasser den beiden Firmen EMIL PASSBURG, Berlin, und NEVILLE BROS, Liverpool, sehr dankbar.)[1]

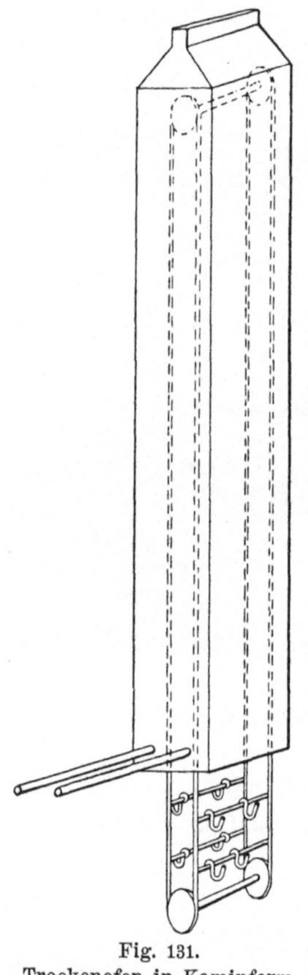

Fig. 131.
Trockenofen in Kaminform.

Ein Trockenofen in Kaminform für Anker- und Magnetspulen ist in Fig. 131 gezeichnet.

---

[1] Die Firma DANIEL ADAMSON & Co. of Dukinfield bei Manchester liefert ebenfalls Vakuumöfen.

Werkzeuge und Hilfsmittel für die Isolierung.

Werkzeuge zum Schneiden der Isolation.

Die Wickler verwenden zum Schneiden der Isolationsmaterialien gewöhnliche Messer und Scheren. In großen Fabriken wird aber

Fig. 132. Schere für Papier, Tuch, Fiber usw.

das Isolationsmaterial von vornherein in der erforderlichen Größe zerschnitten und auf Lager gehalten. Für diesen Zweck werden

Handscheren nach Fig. 132 und 133 a angewendet oder auch Kraftscheren nach Fig. 134 (S. 266). Präpariertes Tuch wird gewöhnlich, bevor es in der richtigen Größe abgeschnitten wird, in Längen von 2—3 m mehrfach gefaltet. Zum Schneiden von runden Isolationsscheiben werden Kreisscheren nach Fig. 135 (S. 266) verwendet.

Abisolierer. Bei der Herstellung von Ankerspulen wird es nötig, von den Enden der Drähte die Isolation zu entfernen, um sie dann zu verzinnen. Ein sehr einfaches Werkzeug zum Entfernen der Isolation zeigt Fig. 136 (S. 267). Es ist ein flaches Stahlstück, etwa 3 mm dick, 12 mm breit und 150 mm lang. An seinen Enden befinden sich Einschnitte mit Schneiden, das ganze Werkzeug ist gehärtet. Die Gabel streckt den Draht und die scharfen Schneiden streifen die Isolierung sehr schnell ab. Damit der Draht selbst nicht eingeschnitten

Fig. 133. Schere für Mikanit, Asbest usw.

wird, muß man ihn auf eine Holzunterlage legen.

Abschneider zum Ausgleichen der Nutenisolation. Damit man die Drähte und Spulen leichter in den Anker einlegen kann, läßt man die Auskleidung der Nuten aus Preßspan, Pappe, Hornfiber usw. absichtlich über die Ankeroberfläche hinausragen und schneidet nach dem Einlegen der Wicklung die überflüssige Isolation glatt herunter bis auf das Eisen des Ankers. Mit einem Messer reißt man leicht die Isolierung ein oder schneidet gar in die Isolierung der Spule. In Fig. 137 (S. 267) ist ein Werkzeug gezeichnet, welches diese Übelstände vermeidet. Die V-förmige, geschärfte Spitze des Werkzeuges wird auf der Ankeroberfläche entlang gestoßen und entfernt dabei alle vorstehenden Isolationsteile.

Werkzeuge und Hülfsmittel für die Glimmerzubereitung.

Das Spalten des Glimmers. Hierzu ist ein gewöhnliches Messer mit scharfer, spitzer Klinge erforderlich, außerdem eine Feile, etwa 30 cm lang, oder ein Streifen Schmirgelpapier und ein Holzblock von etwa $20 \times 30 \times 5$ cm. Zur Ausrüstung gehören dann noch Behälter für den Glimmerblock und die abgespaltenen Glimmerscheiben. Diese vollständige Ausrüstung zeigt die Fig. 138 (S. 267).

Eine Ecke des Glimmerblockes wird zuerst mit der Feile bestrichen, um sie abzuschrägen. Man hält dann den Glimmerblock mit der linken Hand fest, stützt ihn auf den Holzblock und setzt das Messer mit der Spitze gegen die abgeschrägte Ecke des Glimmers. Durch vor-

Fig. 133 a. Schneiden von Glimmer und Mikanit in einer Werkstatt der Allgemeinen Elektrizitäts-Gesellschaft, Berlin.

Fig. 134. Kraftschere für Papier, Pappe, Tuch usw. in großen Mengen.

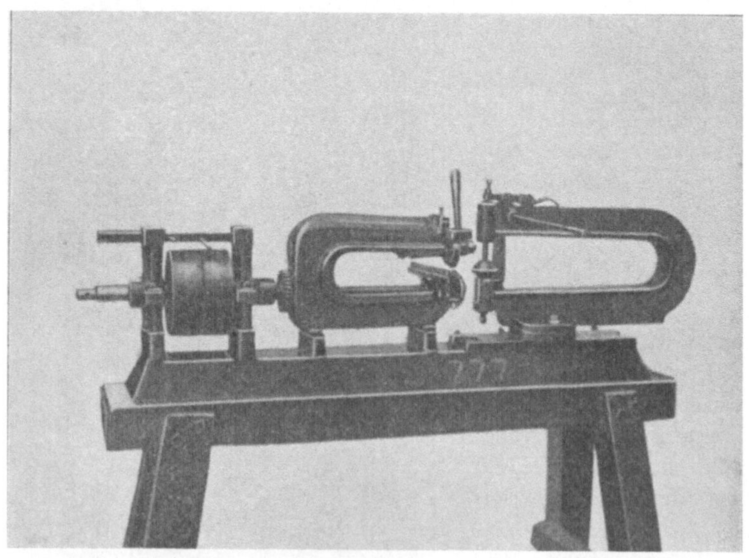

Fig. 135. Kreisschere für runde Scheiben aus Papier, Tuch, Fiber.

sichtiges Einstoßen und gleichzeitiges Drehen des Messers spaltet man die dünnen Glimmerblätter ab. Man zerlegt so allmählich den ganzen Block in Blättchen von 0,02—0,03 mm Dicke. Eine geübte Arbeiterin kann auf diese Weise 5 oder mehr Kilogramm Glimmer täglich spalten; natürlich hängt diese Menge von der Art und Größe des Blockglimmers ab. Es ist ein Irrtum, wenn man

Fig. 136. Abisolierer für Drähte.

kleine Glimmerblöcke wegen ihres geringeren Preises den großen, teuren vorzieht, denn durch die Mehrausgaben für das umständlichere

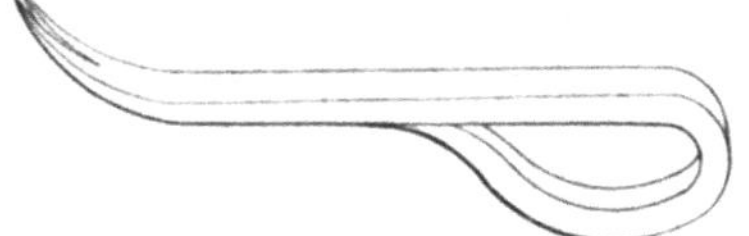

Fig. 137. Abschneider zum Ausgleichen der Nutenisolation.

Spalten der kleinen Glimmerblöcke wird schließlich die Gesamtausgabe zugunsten des größeren Blockes ausfallen. Die gängigen Maße für Blockglimmer sind $5 \times 7,5$ cm und die Kosten dafür betragen etwa 1,25—2,90 M. Ein Block von $7,5 \times 12$ cm wird ebenfalls häufig verwendet, dieser kostet etwa 3,30—4,80 M. pro Kilogramm. Die

Fig. 138. Ausrüstung zum Spalten des Glimmers.

Glimmerblöcke haben unregelmäßige Gestalt, weil sie doch gespalten werden müssen. Legt man mit einiger Sorgfalt die dünnen Spaltblättchen wieder aufeinander, so erhält man einen sehr gleichmäßig gestalteten Körper.

Zuweilen kann es zweckmäßig sein, den Blockglimmer zwischen Rollen nach Fig. 139 zu biegen, damit er dann leichter spaltet; jedoch steht der Gewinn, der durch das Biegen erzielt wird, in keinem Verhältnis zu den Kosten für das Verfahren.

Eine eigene Glimmerspalterei macht sich heute für eine große Firma kaum bezahlt, weil der Spaltglimmer ebenso billig oder gar billiger bezogen werden kann aus Indien, wo die Arbeitskräfte sehr billig sind. Zuweilen ist dieser Glimmer aber zu dünn gespalten, so daß man viel Zeit gebraucht, um die zusammenhängenden dünnen Blättchen voneinander zu bringen, und außerdem tritt auch beim Transport ein Verlust durch Zerstoßen des Glimmers zu Pulver auf. In einer großen amerikanischen Fabrik wird daher zum Glimmerspalten eine Maschine verwendet. Sie spaltet und sortiert gleichzeitig die Glimmerblättchen nach ihrer Dicke. Die Maschine besteht aus einer horizontalen, drehbaren Scheibe, auf welche Schneiden aufgesetzt sind, die bei jeder Umdrehung der Scheibe ein Glimmerblättchen abspalten. Die vier federnden Schneiden sind verschieden eingestellt und spalten deshalb Blättchen von verschiedener Dicke ab. Vier Behälter fangen den Spaltglimmer gesondert nach seiner Dicke auf, weil der Glimmerblock an vier Stellen über der Scheibe aufgestellt werden kann.

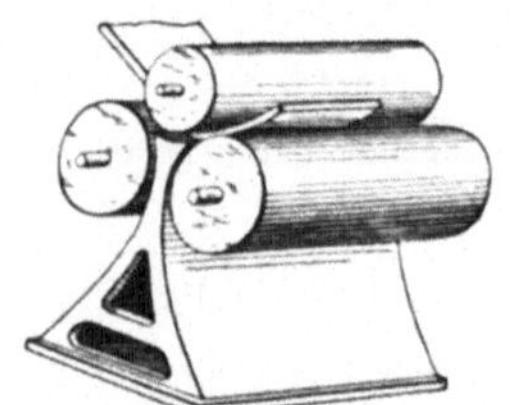

Fig. 139. Rollen zum Hin- und Herbiegen des Blockglimmers vor dem Spalten.

Herstellung von Mikanit. Hierzu sind erforderlich: eine mit Zinkblech überzogene Werkbank, eine Kanne und Pinsel für den Kleblack, Behälter für den Spaltglimmer und dünnes, billiges Papier als Unterlage.

Die Ausrüstung zeigt Fig. 140. Die Kanne enthält ungefähr 1 Liter Inhalt und soll aus Zink oder ähnlichem Metall, keinesfalls aber aus Eisen bestehen, weil Eisen mit dem Kleblack chemische Verbindungen eingeht und letzterer in das Metall einfrißt. Mitten quer über die Kanne wird ein Draht befestigt zum Abstreichen des überschüssigen Lackes vom Pinsel nach dem Eintauchen desselben. Der Pinsel muß flach und breit sein und etwa 8 cm lange Borsten haben, die gut in der etwa 6 cm breiten Blechfassung zu befestigen sind. Der Kleblack besteht meist aus Schellack, der in bestem

Alkohol aufgelöst wird (denaturierter Spiritus ist ungeeignet wegen seiner fressenden Eigenschaften). Der Lack soll ein spezifisches Gewicht von ungefähr 0,84 haben für Mikanit zu Kollektor-Isolationen und etwa 0,88 für Röhren und Formstücke aus Mikanit.

Kopallack, Zinser und verschiedene andere Lacke werden ebenfalls verwendet, jedoch dürfte Schellack allen anderen Arten überlegen sein. Sodann ist es für die Mikanitfabrik vorteilhaft, ihren Schellack selbst zu mischen, je nachdem sie ihn braucht.

Fig. 140. Ausrüstung zur Herstellung von Mikanit.

Eine durch Maschinenkraft betätigte Mischvorrichtung zeigt Fig. 141. Es ist ein Faß mit einem aufschraubbaren Deckel an einem Boden, der ein dort angebrachtes Loch von etwa 15 cm Weite verschließt. Es ist unzweckmäßig, mehr Schellack aufzulösen, als in 2 Tagen verbraucht werden kann, weil der Alkohol gärt und verdunstet. Die richtige Mischung der Schellacklösung hat eine helle, durchsichtige, schwach rötliche Farbe.

Fig. 142 zeigt eine Abbildung der Werkstatt der Allgemeinen Elektrizitäts-Gesellschaft, woselbst Mikanit aus dünnem Spalt-glimmer hergestellt wird. Wenn die Mikanitplatten zu der gewünschten Dicke zusammengeklebt sind, kommen sie in eine Presse, wo sie abwechselnd mit zwischengelegtem Eisenblech kalt und allmählich immer stärker gepreßt werden, etwa zwei Stunden lang.

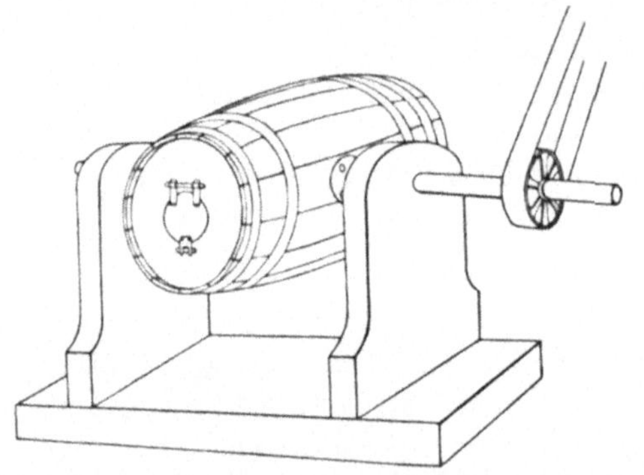

Fig. 141. Drehbares Faß zum Mischen von Schellacklösung.

Einige Firmen legen die Mikanitplatten auf eine heiße Eisenplatte

Fig. 142. Die Werkstatt der Allgemeinen Elektrizitäts-Gesellschaft zur Herstellung von Mikanit.

3—4 Minuten lang und walzen sie dann kalt mit einer 100 kg schweren Walze, bis der Schellack gleichmäßig herausgequetscht ist.

Eine solche Einrichtung zeigt die Abbildung Fig. 143. Wieder andere verwenden Pressen für Wasserdruck oder Kniehebel, die mit Dampfheizung versehen sind, und erhitzen während der Pressung. In Fig. 144 ist eine mit Motor angetriebene und dampfgeheizte Kniehebelpresse abgebildet, welche die British Westinghouse Co. zur Herstellung von Mikanit benutzt, und Fig. 145 zeigt eine dem gleichen Zweck dienende hydraulische Presse der Mica Insulator Co. Beiden Firmen sind die Verfasser wegen der Überlassung der Photographien zu Dank verpflichtet. Eine weitere Kniehebelpresse für Handbetrieb zum Pressen von Mikanit zeigt Fig. 146, welche ebenfalls aufgenommen wurde bei der British Westinghouse Co.

Fig. 143. Platte und Walze zur Herstellung von Mikanit.

Die Isolationen für Kollektorlamellen müssen nach der Herstellung sehr genau auf die verlangte Dicke bearbeitet werden. Dies geschieht in einer Fräsmaschine. Die Fräswalzen haben die bekannten spiraligen Schneiden. Eine genau einstellbare Platte befindet sich unter der Walze, vor und hinter dieser sind Führungswalzen

Fig. 144. Kniehebelpresse mit Motorantrieb und Dampfheizung in den Werken
der British Westinghouse Co.

Fig. 145. Hydraulische Presse der Mica Insulator Co.

angebracht, welche das Mikanit durch die Schneidwalze hindurch-
treiben. Der entstehende Glimmerstaub wird durch eine Haube und
Saugrohre sogleich fortgesaugt. Die Abbildungen 147 (S. 274), 148
und 148a (S. 275) zeigen solche Fräsmaschinen. Wird dann der

Fig. 146. Kniehebelpresse der British Westinghouse Co. für Mikanit zum Handbetrieb.

Kollektor zusammengesetzt, so kann man nur aus praktischer Erfahrung die dabei erforderliche Pressung angeben. Diese Pressung ist
mit der Zahl der Lamellen veränderlich und hängt außerdem ab von
der Lackmenge, die noch aus dem Mikanit ausgepreßt werden soll.
Die Dicke der Mikanitplatten wird genau kontrolliert und darf nicht
mehr als 0,025 mm von dem verlangten Maß abweichen. Dicken-

messer zur Kontrolle der Mikanitplatten sind in den Fig. 149 (S. 276) und 149a (S. 277) abgebildet. Ebene Isolierstücke können aus Glimmer- oder Mikanitplatten ausgestanzt werden. Fig. 150 (S. 278) zeigt eine Reihe derartiger Stanzen. Mikanit für Kollektor-Isolationen wird, nachdem es in etwas breiteren Dimensionen als die der Kupferlamellen geschnitten ist, in einer heißen Presse (wie oben beschrieben) so stark

Fig. 147. Fräsmaschine zum Abschleifen des Mikanit auf die gewünschte genaue Dicke, im Gebrauch bei MEIROWSKY & Co., Köln-Ehrenfeld.

gepreßt, bis nur noch eine Spur von Lack zwischen den Glimmer- plättchen bleibt, gerade ausreichend, um ein Adhärieren der einzelnen Scheibchen aneinander zu bewirken. Aus den zurechtgeschnittenen Isolationsscheiben läßt sich der Lack besser herauspressen, als aus den großen Platten, zu denen das Mikanit ursprünglich zusammen- geklebt wird. Eine Pressung von 50—70 kg auf 1 qcm ist ratsam, während eine Dampfpresse von etwa 7 kg Druck auf 1 qcm zum heißen Pressen der Platten genügt.

Fig. 148. Mikanitfräser der British Westinghouse Co.

Fig. 148a. Mikanitfräser wie Fig. 148 nach Entfernung der Blechhaube.

18*

Formstücke aus Mikanit. Für Formstücke aus Mikanit
sollte weißer indischer Glimmer benutzt werden und als Klebmittel
ein schwerer gemischter Schellack. Die Pressung und Erhitzung
soll nicht allen Alkohol wieder heraustreiben, weil dieser bei Mikanit-
Formstücken notwendig ist wegen der Biegsamkeit. Es soll jetzt

Fig. 149. Dickenmesser für Mikanitplatten.

durch das Pressen der Klebstoff nicht herausgetrieben, sondern nur
gleichmäßig verteilt werden zwischen den Glimmerplättchen. Die
Erhitzung soll vielleicht 3—4 Minuten dauern, worauf die Platte
mit einem Druck von 25 $\frac{\text{kg}}{\text{qcm}}$ etwa 3 Minuten lang, aber nicht länger

gepreßt wird, damit nicht zuviel von dem Alkohol entweicht. Die Formen werden zweckmäßig mit Vaseline eingerieben, um zu verhindern, daß der Glimmer festklebt; unter Umständen genügt auch ein Bestreuen mit französischer Kreide. Zuweilen wird vorgezogen, ganz dünnen Glimmer lose auf die Form aufzulegen, um das Ankleben zu verhüten. Die Formen sollen über einer Bunsenflamme auf 150—180° erhitzt werden, weil das Einpressen dann wirksamer ist und schneller vor sich geht. Eine Abbildung der Mikanitformerei

Fig. 149a. Dickenmesser für Glimmer und Mikanit.

der Allgemeinen Elektrizitäts-Gesellschaft gibt Fig. 151 (S. 279), während die Fig. 152 (S. 279), 153, 154 (S. 280) und 155 (S. 281) Abbildungen aus den Werkstätten von MEIROWSKY & Co. zeigen. In Abbildung 156 (S. 281) ist eine Dampfpresse gezeigt für eine große Anzahl von Formstücken aus Mikanit. Solche Pressen sind mit Dampf- und Kaltwasserleitungen versehen, so daß sie abwechselnd erhitzt und gekühlt werden können. Oder ein Gasofen, in welchem Gas und Preßluft die erforderliche hohe Hitze zum

Fig. 150. Glimmerstanzerei der Allgemeinen Elektrizitäts-Gesellschaft.

Ausbacken des Formmikanits liefern, steht dicht bei einer Presse, über welcher Hauben niedergelassen sind, durch welche ein kalter Luftstrom gegen die Formen geblasen wird. Diese Methode bietet einen erfolgreichen Weg zur schnellen Herstellung von Formmikanit in größeren Mengen. Der Ventilator zum Ansaugen der kalten Luft wird auf einer Plattform dicht beim Dach angebracht; die kalte Luft von draußen wird dann durch ihn angesaugt, in ein Röhrensystem gedrückt und schließlich gegen die Mikanitformen geblasen. Die Herstellung der Formen in den mechanischen Werkstätten zeigt die Figur 153 (S. 280).

Die Herstellung von Isolierhülsen für Nuten. Hierzu ist erforderlich eine Form nach Fig. 157 (S. 282), eine Preßform nach Fig. 158 (S. 282) und einige Klemmhalter nach Fig. 159 (S. 282). Die Form nach Fig. 157 ist keilförmig längsgespalten und wird in folgender Weise benutzt: Preßspan, der zu-

Fig. 151. Mikanitformerei der Allgemeinen Elektrizitäts-Gesellschaft.

Fig. 152. Mikanitformerei von MEIROWSKY & Co.

Fig. 153. Werkstatt zur Anfertigung der Preßformen für Mikanit von Meirowsky & Co

Fig. 154. Formenkleberei für Mikanit bei Meirowsky & Co.

Fig. 155. Preßraum für Mikanitformstücke bei MEIROWSKY & Co.

Fig. 156. Dampfpressen für Mikanitformstücke.

erst im Vakuum getrocknet wurde, dann 24 Stunden in heißes Leinöl getaucht war, hierauf an der Luft getrocknet wurde, ist auf $^2/_3$ seiner Länge mit einer Lage Glimmer bedeckt. Das übrig bleibende eine Drittel, halb auf jeder Seite des Preßspanbogens, bleibt frei von Glimmer, damit beim Aufwickeln des Bogens über die Form in Fig. 157 die erste und letzte Umlegung gut haftet.

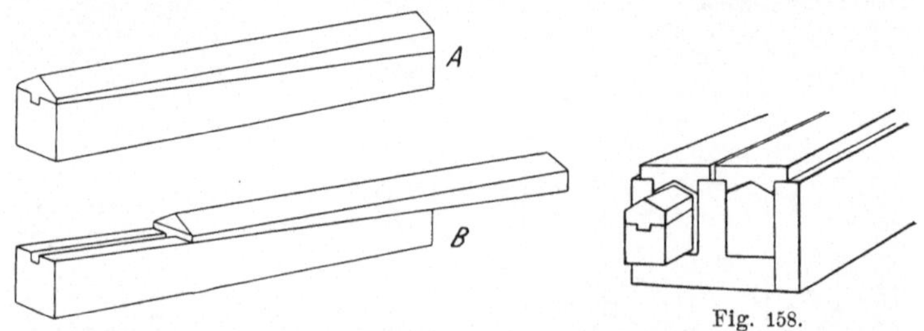

Fig. 157. Form für Mikanithülsen.

Fig. 158.
Preßform für Mikanithülsen.

Bevor man den Glimmerpreßspan aufwickelt, wird die Form nach Fig. 157 B ausgezogen, darauf dünnes Japanpapier zweimal umgelegt, damit die Form nicht klebt. Nachdem hierauf der Glimmerpreßspan umgewickelt ist, bindet man ihn sogleich mit Band fest. Sodann schlägt man mit dem Hammer die auseinandergezogene Form B (Fig. 157) in die Stellung A zurück, wodurch dann wegen der keil-

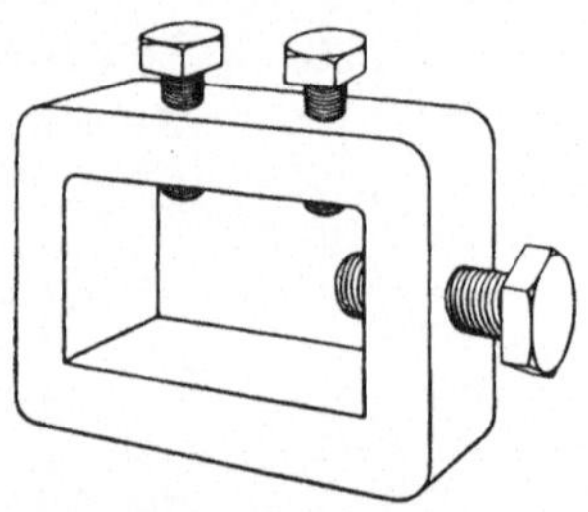

Fig. 159. Klemmhalter zur Preßform in Fig. 157.

förmigen Längsteilung der Glimmer-preßspan sich sehr fest umlegen muß. Je nach der Weite, welche die Hülse erhalten soll, muß die Form vorher verschieden lang ausgezogen werden. Die umwickelte Form wird dann in die Preßform (Fig. 158) gelegt, in der sie erhitzt und getrocknet wird. Mehrere Klemmhalter (Fig. 159) werden dabei aufgesetzt, durch deren Druckschrauben die Preßform auf den Glimmerpreßspan gepreßt wird. Die Preßform ist so ausgeführt, wie die Abbildung zeigt, daß die Hülse genau auf die verlangten Maße gepreßt werden kann. Bei zu starkem Pressen drücken sich die Enden der Hülse infolge ihrer Verlängerung gegen Endscheiben, so daß verhütet wird, daß die Maße der Hülse kleiner werden, wie beabsichtigt wurde. Das Pressen geschieht durch die schon erwähnten

Druckschrauben der Klemmhalter (Fig. 159). Drei oder vier dieser Halter werden auf die Form aufgesetzt, das Ganze dann über Gasbrennern erhitzt, wobei in dem Maße, wie das Backen fortschreitet, die Schrauben nachgezogen werden. Die Erhitzung braucht nur 20 Minuten durchgeführt zu werden; darauf wird 10 Minuten lang die Form gekühlt durch Anblasen von Luft. Man lockert nun zunächst den Kern (Fig. 157) durch vorsichtiges Zurücktreiben der einen Hälfte, löst die Schrauben und kann die Formteile leicht entfernen, besonders wenn sie vorher mit Vaseline oder Öl bestrichen waren. Mit 2 Formen der gezeichneten Art kann ein Arbeiter 6—8 Hülsen in einer Stunde herstellen. Die Hülse wird nach dem Herausnehmen aus der Form auf die nötige Länge abgeschnitten und dann mit beiden Enden in geschmolzenes Paraffin getaucht (etwa 5 cm tief), damit keine Feuchtigkeit in das Innere der Hülse gelangen kann; eine sehr wichtige Bedingung.

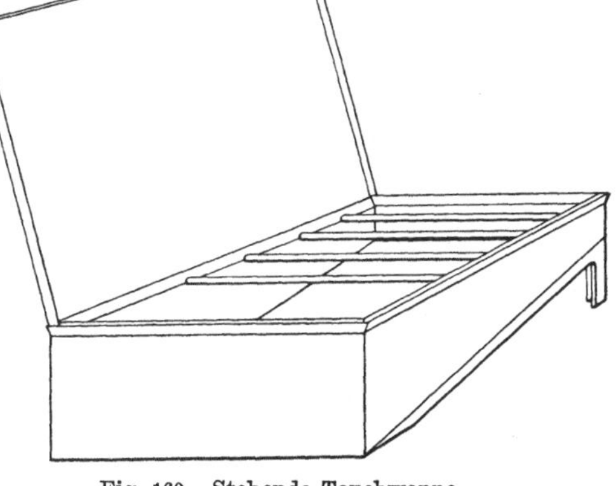

Fig. 160. Stehende Tauchwanne.

Tauchwannen. Ankerspulen mit gewebtem Überzug über den verzinnten Leitern, Formspulen etc. müssen in einen geeigneten Lack getaucht werden, wie schon früher erwähnt wurde. Es ist nun wünschenswert, die dazu nötigen Tauchwannen in einer bequemen und wohlgeordneten Weise aufzustellen, mit einem Minimum von Lack zu arbeiten, damit unnötige Verdunstung vermieden wird, und den Lack vor Feuer zu schützen.

In Fig. 160 ist eine stehende Tauchwanne abgebildet, mit offenem Deckel. Lose Gasrohrenden werden zum Anhängen der einzutauchenden Spulen benutzt. Wenn die Wanne nicht benutzt wird bleibt der Deckel geschlossen; ebenso wird er bei Feuersgefahr zugeklappt, wobei dann die Gasrohrenden mitsamt den Spulen in die Wanne hineingelegt werden. Damit der Lack nicht den ganzen

Boden bedeckt und weniger schnell verdunstet, ist der Boden geneigt. In Fig. 161 ist ein Gestell abgebildet, an welches die Tauchwannen einzeln angehängt werden können. Die Gasrohrenden zum Halten der Spulen stecken oben in dem U - Eisen und die Deckel der Wannen können sämtlich durch eine viertel Drehung der Kurbel zugeklappt werden.

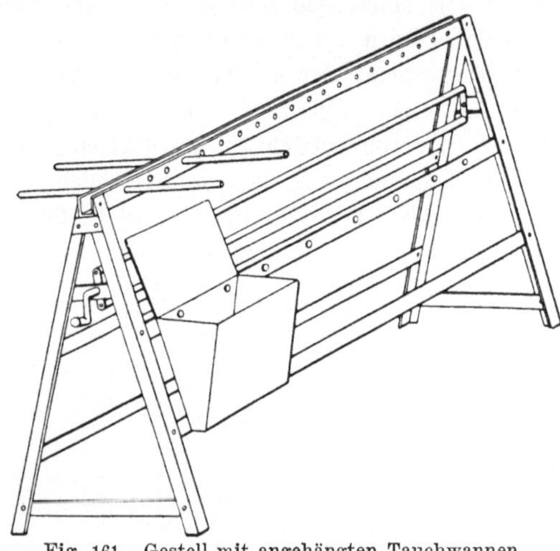

Fig. 161. Gestell mit angehängten Tauchwannen.

Prüfungsvorrichtungen für gewickelte Spulen und Anker.[1]

Es empfiehlt sich, während der Wicklung von Ankern oder Spulen deren Isolation mit besonderen Vorrichtungen zu prüfen. Dies geschieht in bequemer Weise vermittels besonderer Transformatoren, deren Prinzip aus Fig. 162[2] leicht klar wird. Der magnetische Kreis dieser Transformatoren wird durch Aufsetzen auf den Anker geschlossen. Leitet man dann Wechselstrom durch die Spule S_1, so entsteht ein Wechselfeld, welches in der Spule S_2 des Ankers eine elektromotorische Kraft erzeugt, durch welche bei einem Fehler in der Isolierung letztere durchschlagen wird. Während nun bei guter Isolation die Spule S_2 stromlos ist, also i_1 nur den geringen

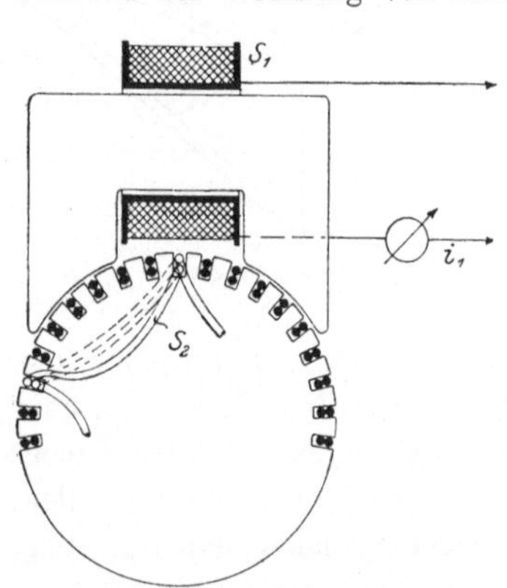

Fig. 162.
Prüftransformator für Ankerspulen.

---

[1] Dieser Abschnitt wurde von den Übersetzern etwas erweitert.

[2] Diese Figur ist entnommen aus: Messungen an elektrischen Maschinen von Rudolf Krause, Berlin 1903, Verlag von Julius Springer.

Betrag des Magnetisierungsstromes darstellt, fließt nach einem Durch-
schlagenwerden der Isolation in der Spule S_2 ebenfalls ein Strom,
der dann bewirkt, daß i_1 plötzlich zunimmt. Man erkennt also sogleich am Amperemeter der Spule S_1, ob die Isolation durch-

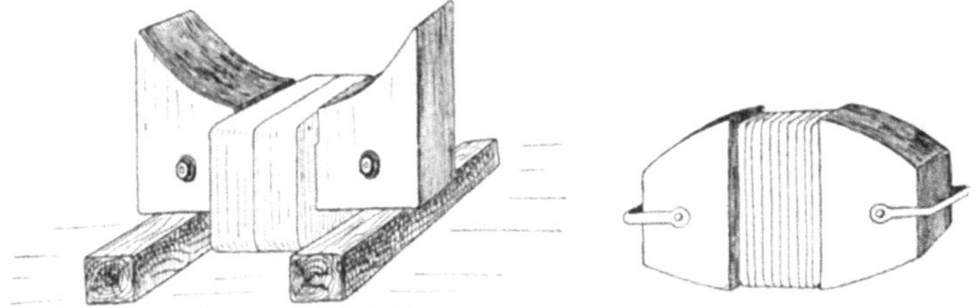

Fig. 163. Prüftransformator für
Gleichstromankerspulen.

Fig. 164. Prüftransformator für
Wechselstromankerspulen.

geschlagen ist. Der Transformator in Fig. 162 wird oben auf den
Anker aufgesetzt. Eine andere Form, bei welcher der Anker auf
den Transformator gesetzt wird, ist in Fig. 163 gezeichnet. Beide
Transformatoren eignen sich wegen ihrer Form für Gleichstrom-
anker oder allgemein drehbare Anker, während die Form Fig. 164
für stehende Anker (Statoren), wie sie bei Wechsel- und Drehstrom-

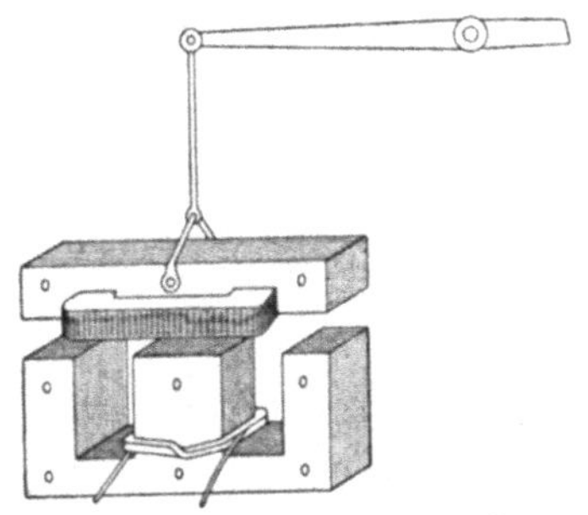

Fig. 165. Prüftransformator für
Formspulen.

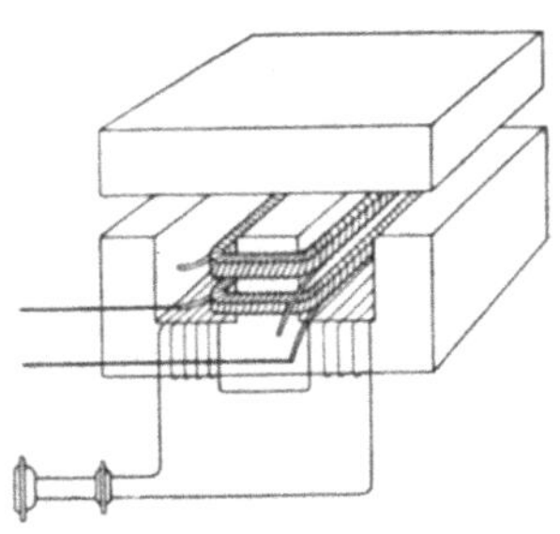

Fig. 166. Prüftransformator für
Formspulen.

maschinen üblich sind, besser geeignet ist. Bemerkenswert ist der
verschiedene Krümmungshalbmesser der beiden Außenflächen, vermöge
deren der Transformator in Anker von sehr verschiedener Bohrung
eingelegt werden kann.

Die Fig. 165 und 166 zeigen Prüftransformatoren für fertig
gewickelte Formspulen. In Fig. 165 können mehrere Spulen über-

den Mittelkern gelegt werden. Beim Aufsetzen der mit der Strom-
spule versehenen oberen Hälfte werden dann die schlecht isolierten
durchschlagen, was sicher am Amperemeter bemerkt wird. Die in
Fig. 166 gezeichnete Vorrichtung, entnommen aus Elec. Club Journal,
March 1904, p. 116, wirkt in folgender Weise: Zuerst wird die zu
untersuchende Formspule auf einen der seitlichen Schenkel aufgesetzt
(aber nicht angeschlossen), während auf dem mittleren Schenkel
eine durch eine Wechselstromquelle erregte Spule ein Wechselfeld
erzeugt. Da aber die Kraftlinienkreise nach links und rechts gleich
stark sind, so heben sich die Induktionen in den Hülfswindungen,
an die das Telephon angeschlossen ist, gegenseitig auf. Sobald aber
die zu untersuchende Spule Schluß hat, wird das Feld unsymmetrisch
und die Induktionen im Telephon hörbar. Man setzt dann die
schlechte Spule mit auf den Mittelkern und legt das Joch auf, dann
wird sie durch das starke Feld vollends durchgeschlagen.

Vorschriften für Isolationen und Isolationsmessungen.

Es ist schwierig, geeignete Prüfungen vorzuschreiben, welche die Sicherheit geben, daß die Isolation irgend eines Apparates genügend widerstandsfähig gegen die Betriebsbeanspruchungen sein wird. Die Betriebsbeanspruchungen können beeinflußt werden durch Überhitzung, Schmutz, Feuchtigkeit, chemische Zersetzung, mechanische Beschädigung, Beschädigung durch Erschütterung, Blitzschlag oder Überspannungen.

P. H. Thomas[1]) berichtet hierüber unter anderem: „Infolgedessen entspricht die Spannungszeitprobe, die gewöhnlich bei elektrischen Apparaten angewandt wird, durchaus nicht allen Bedingungen des normalen Betriebes. Andrerseits ist es selbstverständlich richtig, daß ein Apparat, der eine hohe Spannung aushält, in der Regel sich besser im Betrieb bewährt als einer, der sie nicht aushält, so daß diese Prüfung doch ihren Wert hat."

Prüfungen mit Wechselstrom sind schärfer als solche mit Gleichstrom gleicher maximaler Spannung, infolge der Erhitzung durch die dielektrische Hysteresis.

Die Isolationen werden durch Erwärmung und andauernde Beanspruchung mit hohen Spannungen geschwächt, so daß man gewöhnlich eine Zeit, meist eine Minute vorschreibt, innerhalb deren das Durchschlagen erfolgen muß.

Einige Vorschriften verlangen Prüfungen von einer halben Stunde und darüber. Indes kommt man neuerdings von solchen langdauernden Prüfungen mehr und mehr ab, da sie leicht den Apparat

---

[1]) The Testing of Electrical Apparatus for Dielectric Strength. Amer. Inst. of Elec. Engrs. 1. Juli 1903.

vollständig zwecklos beschädigen. Bessere Resultate erzielt man jedenfalls mit geeigneten Vorschriften und kürzerer Zeitdauer. In vielen Fällen gibt man als Prüfvorschrift Beanspruchung des Apparates mit der 2—5fachen Betriebsspannung während einer Minute.

P. H. Thomas zählt als Nachteile der Überspannungsmessungen an vollständigen Apparaten auf:

1. Eine Durchschlagsprüfung gibt deshalb keine Sicherheit für das Verhalten des Apparates im Betriebe, weil die Bedingungen der Prüfung weder den normalen noch den außergewöhnlichen Beanspruchungen während des Betriebes entsprechen.

2. Durch die Prüfung kann die Isolation ernstlich beschädigt werden, sogar bei scheinbar günstigen Bedingungen, so daß sie in dem folgenden Betriebe eher defekt wird.

3. Prüft man den fertigen Apparat, so ist eine Prüfung jedes einzelnen Teiles auf seine Isolation hin unmöglich, und da vielfach bestimmte Typen und Formen für die Isolation maßgebend sind, so wird natürlich nur der Teil, dessen Isolation gerade für die Prüfbedingungen die schwächste ist, geprüft.

4. Im allgemeinen ist ein Apparat nie in einem für die Prüfung so ungünstigen Zustande, wie sofort nach der Installation.

5. Isolierprüfungen erfordern speziell Prüfapparate und eine geschickte und vor allem erfahrene Leitung, die sehr oft nicht zur Verfügung steht und ohne die solche Prüfungen viele Gefahren bringen.

Die Beanspruchung mit hohen Spannungen hat zwei verschiedene Folgen:

a) Das beständige Bestreben der Spannung, das Dielektrikum zu durchschlagen. Dies hängt ab von den Dimensionen und der Beschaffenheit des Dielektrikums und bleibt wahrscheinlich konstant, solange die Bedingungen, d. h. die physikalischen und chemischen Eigenschaften, die gleichen bleiben. Dies Durchschlagen ist in der Regel ein mechanischer Vorgang.

b) Das Bestreben, Hitze oder chemische Veränderungen in dem Dielektrikum hervorzurufen. Dies hängt ebenfalls von der vorhandenen Spannung ab, ist aber bedeutend wirksamer bei Wechselstrom als bei Gleichstrom. Obwohl namentlich die erzeugte Wärme tatsächlich klein ist, so ist sie doch sehr gefährlich, da sie in dem Isoliermaterial auftritt, das gewöhnlich ein schlechter Wärmeleiter ist.

Niederspannungsapparate können ohne Bedenken mit Überspannungen geprüft werden, wenn man vor dem Prüfen dafür sorgt, daß die Isolation tatsächlich in gutem Zustande ist.

Bei Hochspannungsapparaten treten viel schwierigere Umstände auf. Eine Prüfung mit doppelter Spannung wird in gewisser Zeit durch die infolge der Energieverluste in den Isoliermaterialien auftretende Wärme die Isolation in einem Maße beanspruchen, wie es im Betriebe unter keiner Bedingung auftreten wird.

Bei der Prüfung fertiger Apparate ist es offenbar unpraktisch, die Windungen in mehr als eine ganz geringe Zahl von Teilen zu trennen, z. B. beim Transformator in mehr als vier Teile.

Unterwirft man den ganzen Apparat einer Durchschlagsprobe, so kann das Durchschlagen auf allen möglichen Wegen auftreten, z. B. zwischen Teilen, die nur durch Luft isoliert sind, über die Oberfläche eines Isolators, durch ein festes Isolierstück, das an der einen Stelle mehr, an anderen Stellen weniger beansprucht wird.

Oft sind solche Stellen, die bei der Prüfung die volle Spannung auszuhalten haben, im Betriebe so angeschlossen, daß ihre Beanspruchung erheblich geringer ist. Das würde für den neutralen Punkt eines Dreiphasentransformators mit Sternschaltung gelten.

Es ergibt sich aus dem Gesagten, daß die Strenge der Prüfung sich nach der Isolation der schwächsten Stelle dieser verschiedenen Formen und Arten von Isolationen richtet, während die übrigen Teile nicht genügend scharf geprüft werden.

So kann es vorkommen, daß ein Teil, der im Betriebe weniger leicht zu einer Störung Anlaß gibt, diesen schwächsten Punkt bildet und das Prüfresultat bestimmt, und daß andere Teile, die für den Apparat eine Lebensfrage bilden, ungenügend geprüft werden.

Werden die Prüfungen von Personen ausgeführt, die nicht die nötige Erfahrung in solchen Sachen haben, so liegt die Gefahr sehr nahe, daß die Apparate beschädigt werden, was bei richtiger Ausführung der Prüfungen nicht eingetreten wäre. Derartiges geschieht, wenn die Prüfapparate zu große Selbstinduktion haben, so daß die Spannung ungewöhnlich hoch steigt oder die Stromkurve so verzerrt wird, daß der Maximalwert der Spannung zu groß wird, oder wenn der geprüfte Apparat nicht in guter Verfassung ist, oder wenn bei Vorversuchen die Spannung zu lange eingewirkt hat, selbst wenn sie kleiner ist als die eigentliche Prüfspannung, oder wenn die

Temperatur des Transformators unnötig hoch ist oder aus anderen Gründen, deren Aufzählung hier zu weit führen würde.

Schwierigkeiten, die hieraus hervorgehen, gehören durchaus nicht zu den Seltenheiten und es ist schwer, sie bei großen Hochspannungsapparaten zu vermeiden.

Für die Prüfung elektrischer Maschinen existieren in den verschiedenen Ländern verschiedene Vorschriften. Die Normalien des Verbandes Deutscher Elektrotechniker wurden bereits erwähnt (S. 4); es wurde auch bemerkt, daß sie nicht sehr streng sind und daß die Maschinen der deutschen Firmen in der Regel weit höhere Beanspruchungen aushalten.

Zum Vergleich mögen die Normalien des Comités des American Institute of Electrical Engineers dienen.

Für den Isolationswiderstand des fertigen Apparates ist vorgeschrieben, daß der Stromverlust bei der normalen Betriebsspannung durch die Isolation ein Millionstel des Stromes bei voller Belastung nicht überschreiten darf, daß aber 1 Mcgohm Widerstand als genügend anzusehen ist.

Die Durchschlagsfestigkeit oder Widerstandsfähigkeit gegen das Durchbrechen der Spannung ist durch eine kontinuierliche Beanspruchung mit einer Wechselstromspannung während einer Minute zu prüfen.

Als Stromquelle dient ein Transformator von solcher Größe, daß der Ladestrom des Apparates, z. B. eines Kondensators, nicht mehr als $25\,^0/_0$ des normalen Stromes des Transformators ausmacht.

Bei Wechselstromapparaten soll die Prüfspannung die Periodenzahl haben, für die der Apparat gebaut ist.

Die Hochspannungsprüfung ist nicht auszuführen, solange die Isolation durch Schmutz oder Feuchtigkeit minderwertig ist, aber sie muß ausgeführt werden, bevor der Apparat definitiv in Betrieb genommen wird.

Die Hochspannungsprüfung ist bei der normalen Betriebstemperatur auszuführen.

Hochspannungsprüfungen sind nur an neuen Maschinen auszuführen, um nachzuweisen, daß den Isolationsvorschriften genügt ist.

Die Prüfung ist an dem vollständigen und fertigen Apparat auszuführen und nicht an einzelnen Teilen.

Die Spannung muß angelegt werden:

1. zwischen den Leitern und dem umgebenden leitenden Material,
2. zwischen benachbarten getrennten Stromkreisen, falls solche bestehen, wie bei Transformatoren.

Die Prüfung ist mit Wechselstrom von Sinusform oder, wo dieser nicht zu haben, mit einer Spannung auszuführen, die zwischen Elektrodenspitzen die gleiche Luftstrecke durchschlägt wie die vorgeschriebene Wechselstromspannung, falls nicht ausdrücklich anderes vorgeschrieben ist. Als Elektroden sind neue Nähnadeln zu verwenden. Es wird anempfohlen, dem Apparat während der Prüfung eine Funkenstrecke mit Nadelspitzen für eine $10\,^0/_0$ höhere Spannung parallel zu schalten.

Für die Spannungen und die Funkenstrecken gilt folgende Tabelle.

Tabelle LXI.

Schlagweite in Luft zwischen scharfen Nadelspitzen für sinusähnliche Spannung.

Kilovolt eff. Spannung	Spitzenentfernung in Zentimetern	Kilovolt eff. Spannung	Spitzenentfernung in Zentimetern
5	0,57	60	11,80
10	1,19	70	14,90
15	1,84	80	18,00
20	2,54	90	21,20
25	3,30	100	24,40
30	4,10	110	27,30
35	5,10	120	30,10
40	6,20	130	32,90
45	7,50	140	35,40
50	9,00	150	38,10

Folgende Prüfspannungen sind für Apparate mit Ausschluß der Leitungen und Schalter vorgeschrieben.

(Siehe die Tabelle auf S. 292.)

Ausgenommen sind: Transformatoren bis zu 5000 Volt, welche direkt Verbrauchsstromkreise speisen, Prüfspannung 10000 Volt; Feldwicklungen von Synchronmotoren und Umformern, die von der Wechselstromseite angelassen werden, Prüfspannung 5000 Volt.

Die Erregung von Wechselstromgeneratoren ist mit einer der Erregerspannung angemessenen Prüfspannung zu prüfen, als Leistung ist die Leistung der erregten Maschine einzusetzen.

Betriebsspannung:	Leistung:	Prüfspannung effekt. Wechselstrom:
Nicht über 400 Volt.	Unter 10 Kw.	1000 Volt.
„ „ 400 „	10 Kw. und darüber.	1500 „
400 bis 800 „	Unter 10 Kw.	1500 „
400 „ 800 „	10 Kw. und darüber.	2000 „
800 „ 1 200 „	Jede Leistung.	3500 „
1 200 „ 2 500 „	„ „	5000 „
2 500 „ 10 000 „	„ „	Doppelte Betriebsspannung.
10 000 „ 20 000 „	„ „	10 000 Volt über der Betriebsspannung.
20 000 Volt und darüber.	„ „	50 % höher als die Betriebsspannung.

Kondensatoren müssen mit ihrer doppelten Betriebsspannung und normalen Periodenzahl geprüft werden.

Bei der Isolationsprüfung zwischen zwei benachbarten Stromkreisen, z. B. zwischen Primär- und Sekundärwicklung eines Transformators, muß die Prüfspannung dem Hochspannungsstromkreis entsprechend gewählt werden.

Für Transformatoren über 20000 Volt genügt es, den Transformator mit einer um 50% höheren Spannung als die normale arbeiten zu lassen, wenn nötig, mit erhöhter Periodenzahl, um diese höhere Spannung zu erzielen. Die Messung kann dann so erfolgen, daß erst eine Klemme mit Kern bezw. Niederspannungswicklung verbunden wird und daß dasselbe mit den anderen Klemmen wiederholt wird. Hochspannungsprüfungen sollen sich immer auf die Spannungen zwischen den Leitungen beziehen, an welche die betreffenden Apparate angeschlossen sind.

Sollen Maschinen in Hintereinanderschaltung arbeiten, so ist die Prüfspannung auf die Summe der Einzelspannungen zu beziehen, falls nicht die Maschinengestelle von Erde und voneinander isoliert sind. Die Isolation der Maschinen gegeneinander und gegen Erde müssen mit einer Spannung geprüft werden, die sich im ersten Fall auf die Spannung einer Maschine, im letzten Fall auf die Gesamtspannung bezieht.

H. F. Parshall[1]) gibt folgende gute Vorschläge für die Prüfung von Apparaten:

---

[1]) Traction and Transmission Bd. 1, S. 4.

„Isolation. Die Bearbeitung und Behandlung der Isoliermaterialien ist von so großer Bedeutung für das Endresultat, daß eine genaue Angabe der Art und Stärke der Isolation allein keine Sicherheit für das Resultat gibt.

Bei den Magnetwicklungen von Maschinen aller Arten ist mit Rücksicht auf die Induktionserscheinungen, denen sie beim Ausschalten ausgesetzt sind, die Isolation gewöhnlich stärker wie bei Ankerdrähten. Bis zu 500 Volt kann man es als Norm aufstellen, Magnete und Anker stationärer Motoren, soweit sie nicht unter ausnahmsweise ungünstigen Bedingungen zu arbeiten haben, für die doppelte Betriebsspannung zu isolieren. Straßenbahnmotoren und Apparate ähnlicher Beanspruchung wird man so isolieren, daß sie in der Werkstatt mit der fünffachen Betriebsspannung geprüft werden können.

Bei Generatoren mit besonders hoher Spannung, also von 3000 Volt aufwärts, gilt als Prüfspannung für die aufgestellte Maschine die doppelte Betriebsspannung oder bei Prüfung in der Fabrik die drei- bis fünffache Betriebsspannnng.

Die Prüfung soll an der trockenen und sauberen Maschine mit einem sinusförmigen Wechselstrom bei der normalen Betriebstemperatur durchgeführt werden. Die Dauer der Prüfung soll in der Regel fünf Sekunden nicht überschreiten, da die Isolation bei dauernder Beanspruchung durch hohe Spannungen leidet.“

Zum Schluß seien noch weitere Angaben von P. H. Thomas über Prüfvorschriften angeführt:

„Es sollen an dieser Stelle keine genauen Bestimmungen über die Ausführung von Durchschlagsprüfungen an Apparaten gegeben werden, sondern es sollen nur Vorschläge für solche Punkte gemacht werden, bei denen noch Meinungsverschiedenheiten vorliegen.

a) Für Hochspannungsapparate, d. h. solche über 20000 Volt, sollen Prüfungen mit Überspannungen nur für ganz kurze Zeitdauer vorgeschrieben werden.

b) Solche Prüfungen sind nur dann auszuführen, wenn sich die Maschine sicher in gutem Zustande befindet, möglichst in der Fabrik, und zwar nur durch erfahrene Personen; sie haben den Zweck, nachzuweisen, daß die Bedingungen eingehalten sind, und sollen nicht wiederholt werden.

c) Nach der Aufstellung des Apparates ist eine Prüfung mit bedeutend geringerer Spannung auszuführen, die jede grobe Beschädigung beim Transport oder bei der Aufstellung nachweisen soll.

Jede geringe Verschlechterung der Isolation durch Feuchtigkeitsaufnahme etc. wird bei normalem Betriebe wieder ausgemerzt, vorausgesetzt, daß die Verschlechterung nicht ungewöhnlich groß ist.

d) Es ist vorzuziehen, Hochspannungsprüfungen durch Erhöhung der eigenen Spannung des Apparates bei Erdung eines Poles auszuführen, anstatt die Hochspannung von einer besonderen Stromquelle zu nehmen.

e) Bei Prüfungen von Apparaten sehr hoher Spannung, wie Generatoren und Transformatoren, sollte zur Bestimmung der Spannung keine Funkenstrecke verwendet werden.

Irgend ein Fehler bei der Bestimmung der Spannung wird unwichtig sein, vorausgesetzt, daß die Größe des Prüfapparates genügend ist. In manchen Fällen kann die Spannung mit Hilfe einer Funkenstrecke bestimmt werden, bevor der zu prüfende Apparat angeschlossen ist.

Es sei daran erinnert, daß die vorhergehende Besprechung nur den Zweck hat, die Nachteile der Überspannungsprüfungen und ihre Gefahren für den zu prüfenden Apparat klar zu stellen, daß sie aber nicht die Prüfungen an sich verwirft. Solche Prüfungen können gute Resultate liefern und tun dies in der Regel, und sind daher sehr geeignet, die Güte der Isolation eines Apparates und Innehaltung der Lieferungsbedingungen nachzuweisen.

Nur muß darauf mit besonderem Nachdruck hingewiesen werden, daß die Prüfungen mit großer Sorgfalt auszuführen sind, und daß speziell Prüfungen langer Dauer mit sehr hohen Spannungen möglichst vermieden werden sollen.

Die wichtigsten Vorsichtsmaßregeln für die Ausführung von Durchschlagsproben seien noch einmal zusammengestellt:

a) Die Isolation des zu prüfenden Apparates muß mit Sicherheit trocken sein.

b) Alle Oberflächen von Isolationsteilen und der ganze Apparat sollen rein und frei von allen Fremdkörpern sein.

c) Die Messung des Ohmschen Widerstandes gibt oft eine Vorstellung, ob der Apparat sich in einer zur Prüfung geeigneten Verfassung befindet, und zwar in der Weise, daß nicht der absolute Wert gemessen wird, sondern daß die Kurve für die Änderung des Widerstandes beim Trocknen des Apparates aufgenommen wird. Stieg die Kurve eine Zeitlang, um dann bei gleicher Temperatur parallel mit der betreffenden Achse zu verlaufen, so ist die Austrocknung mit einiger Sicherheit als vollkommen anzusehen. Indes, wo Luft- oder Ölschichten sich innerhalb der isolierten Teile befinden, können diese Schichten für die Isolation maßgebend sein, so daß für den Zustand des tatsächlichen festen Isoliermaterials keine Angaben vorliegen.

d) Bevor die Prüfspannung angeschlossen wird, muß man sich eingehend davon überzeugen, daß kein Teil eine höhere Temperatur hat als die, bei der die Messung ausgeführt werden soll, da die Prüfung durch wesentliche Temperaturerhöhung sehr verschärft wird.

e) Elektrische Apparate von großer Leistung, die natürlich große Eisen- und Kupfermassen haben, bleiben hinter etwaigen Temperaturschwankungen der umgebenden Luft zurück; sie haben infolgedessen, wenn die Luft feucht und wärmer ist, die Neigung, zu schwitzen, d. h. Feuchtigkeit auf ihrer Oberfläche niederzuschlagen. Diese Feuchtigkeit wird schließlich zum Teil von der Isolation aufgenommen und macht den Apparat ungeeignet zur Prüfung.

Es ist folglich wichtig, beim Auspacken die Kiste nur dann zu öffnen, wenn die Luft kühler ist als der Apparat. Bei ölisolierten Apparaten muß die Isolation gegen Feuchtigkeitsaufnahme geschützt sein, wenn der Apparat vor dem Eintauchen in Öl betriebsfertig ausgetrocknet ist.

f) Die Bestimmung des Wertes der während der Messung tatsächlich erreichten hohen Spannung ist mitunter schwer. Hauptsächlich sind zu vermeiden: eine Verzerrung der Wellenform und eine Änderung des Übersetzungsverhältnisses oder ein außergewöhnlicher Spannungsabfall in dem Apparat, der zum Anschließen der Spannung dient, wenn derselbe nicht genügend groß ist für die Ladungsstromstärke des geprüften Apparates. Gerade hierauf hat man großes Gewicht zu legen.

g) Bei der Prüfung soll die volle Prüfspannung nicht direkt auf den Apparat geschaltet werden, sondern sie soll nach dem Anschließen des Apparates schnell in kleinen Stufen oder kontinuierlich erhöht werden, anfangend von dem halben Werte der Endspannung.

Die Spannungserhöhung muß so schnell vor sich gehen, daß die Zeit innerhalb deren Spannung um die letzten 10 oder 20 $^0/_0$ erhöht wird, klein ist im Vergleich zur Dauer die Einwirkung der vollen Prüfspannung.

h) Um eine örtliche Konzentration des Potentialgefälles zu verhindern, die durch einen Funken oder Durchschlag in der Nähe des geprüften Apparates verursacht wird, wenn letzterer Spulen enthält, werden Drosselspulen, statische Unterbrecher und Widerstände in Hintereinanderschaltung mit dem zu prüfenden Apparat verwendet. Die Wirkung beruht darauf, daß durch diese Hilfsapparate verhindert wird, daß ein durch eine der erwähnten Ursachen hervorgerufener Strom, ohne geschwächt oder gemildert zu werden, zu den Windungen des zu prüfenden Apparates gelangt.

Offenbar wird eine Drosselpule in der Leitung nur eine langsame Änderung des Potentialgefälles zulassen; ist die Drosselspule so gebaut, daß ihre drosselnde Wirkung mehrmals größer ist als die des kleinsten Teiles der zu schützenden Wicklung, so ist der erforderliche Schutz erreicht.

Ein Widerstand scheint die gleiche Wirkung zu haben und hat sie in gewissem Maße auch tatsächlich. Indes, da der Widerstand nur eine erhebliche Spannung verzehrt, wenn er von einem größeren Strom durchflossen wird, ist er für plötzliche Spannungsänderungen nicht so geeignet wie die Drosselspule. Der statische Unterbrecher ist lediglich eine Drosselspule, deren Wirkung durch einen Kondensator vergrößert ist, und wirkt in der gleichen Weise, wie es für die Drosselspule beschrieben ist.

In der Regel wird jedoch die Drosselspule vorzuziehen sein, wenn nicht speziell aus anderen Gründen ein statischer Unterbrecher nötig ist."

Schlagwortverzeichnis.

(Die Ziffern bedeuten die Seitenzahlen.)